팩트의 감각

THE PERILS OF PERCEPTION

팩트의 감각

The Perils of Perception

**믿음이 아니라
사실을 바탕으로
생각하는 법**

바비 더피 지음
김하현 옮김

어크로스

프롤로그

팩트의 홍수 시대,
우리는 왜 진짜 이야기에서 멀어지고 있을까?

나는 대학 시절 심리학 수업을 싫어했다. 지금 돌이켜보면 심리학 교수들은 다들 엄청나게 똑똑하고 세련미가 넘쳤다. 하나같이 고루한 교수라기보다는 잘빠진 록 스타에 가까운 외모였다. 키가 크고 늘씬했으며 헤어스타일도 교수 같지 않았다. 가끔 페이즐리 무늬 셔츠를 입기도 했지만 보통은 올블랙이었고 앞코가 과하게 삐죽 튀어나온 신발을 신었다. (솔직히 말하자면, 질투 때문에 인식이 왜곡됐을 가능성도 있다. 생각해봤는데, 방금 내가 묘사한 사람은 영화배우 러셀 브랜드 같다.) 남녀 가릴 것 없이 모든 학생이 교수에게 푹 빠졌다. 반항아 같은 외모 때문이 아니라 우리 생각을 꿰뚫어보는 것 같았기 때문이다. 그 어느 때보다도 혼란스러운 시절을 거치고 있는 청년들에게 자신을 진정으로 이해해주는 사람보다 더 매력적인 사람은 없다.

하지만 난 그게 싫었다. 우리 중 태반이 사고의 오류를 범하고 있음을 까발리는 그 인지적 속임수들이 싫었다. 우리는 정해진 대답을 이끌어내도록 고안된 질문에 답하거나 실험에 참여해야 했고, 이내 우리 뇌가 얼마나 천편일률적인지가 만천하에 드러났다. 불안정하지만 한편으론 오만했던 그 시기에 나는 특별하고 종잡을 수 없는 사람이 되고 싶었다. 하지만 내 대답은 다른 사람들의 대답과 정확히 일치했다.

메릴랜드 대학의 한 교수가 했던 질문을 예로 들어보자.

시험에서 추가점을 얻을 기회가 있다. 당신은 최종 시험에서 2점을 추가로 얻을지 6점을 추가로 얻을지 선택해야 한다. 하지만 여기에는 작은 함정이 하나 있다. 수업을 듣는 학생 중 10퍼센트 이상이 6점을 선택하면 2점을 선택한 사람을 포함해서 아무도 추가 점수를 받을 수 없다.[1]

'공유지의 비극tragedy of the commons'을 생생하게 체험할 수 있는 매우 중요한 순간이다. 이 이론에 따르면, 개인은 한정된 자원에서 최대한 이득을 챙기기 위해 평등하게 나눈 몫이나 현재의 상태를 유지해주는 몫 이상을 가져가려 하고, 그 결과 자신을 포함한 어느 누구도 자원을 이용하지 못하게 된다. 물론 학생들은 정확히 이 비극을 재현하면서 추가 점수 획득에 실패했다. 수업을 듣는 학생 중 약 20퍼센트가 6점을 선택했고, 아무도 추가 점수를 얻지 못했던 것이다. 실제로 교수가 다소 잔인한 이 실험을 시작한 이래 8년 동안 한 학기에 한 반 정도만이 추가점을 얻었다.

나는 여전히 심리학의 속임수가 탐탁지 않다. 그러므로 이런 테스트를 진행하는 게 나의 주요 업무라는 사실은 아이러니가 아닐 수 없다. 나는 지난 20년간 입소스모리Ipsos MORI라는 여론조사 전문 기관에서 일하며 사람들이 어떤 생각을 하고 왜 그런 생각을 하는지 이해하기 위해 전 세계에서 여론조사를 실시하고 결과를 분석했다. 그리고 지난 10년간은 대중의 잘못된 인식(우리는 '인식의 위험'이라 부른다)에 관해 여러 국가에서 수백 가지 설문을 실시하며, 성행위에서 부터 개인의 재정 상태에 이르기까지 다양한 사회·정치적 이슈를 조사했다. 현재까지 우리는 40개국에서 10만 명 이상을 대상으로 설문을 실시하며, 사람들의 현실 인식을 가늠해볼 수 있었다. 우리가 세상을 어떻게 바라보는지, 또 왜 그토록 자주 세상을 잘못 인식하는지를 보여주는 특별하고도 흥미로운 자료다. 이전까지의 연구들은 주로 한 가지 이슈나 한 가지 생활 영역에만 초점을 두었고 전 세계를 대상으로 설문을 실시한 경우도 많지 않았기 때문이다. 입소스모리의 연구 전체를 살펴보고 싶다면 www.perils.ipsos.com을 방문해보라.

이민자 수, 10대 임신율, 범죄율, 비만율, 세계적인 빈곤 문제의 동향, 페이스북 이용자 수를 포함해 우리가 다룬 거의 모든 주제에서 전 세계 사람들은 대부분 틀린 답을 내놓았다. 하지만 여기서 정말 중요한 질문은 '왜?'다.

질문 하나로 이야기를 시작해보자. 우리가 앞으로 살펴볼 사회·정치적 현실과는 별 관련이 없지만 왜 이렇게 인식과 현실이 다른지를 잘 보여주는 질문이다. '우주에서 만리장성이 보일까?' 만약 당신이 평범한 사람이라면 '그렇다'라고 대답할 확률이 50퍼센트다. 조사 결과 응답자의 절반이 우주에서 만리장성이 보일 거라고 대답했기 때문이다.[2] 하지만 틀린 대답이다. 우주에서 만리장성은 안 보인다.

만리장성은 가장 두터운 지점이라고 해봐야 기껏 9미터로, 작은 집 한 채 정도의 두께다. 게다가 주변의 산과 비슷한 색깔의 돌로 지어져서 배경과 쉽게 구분되지 않는다. 이처럼 조금만 생각해보면 우주에서 만리장성이 보일 거라는 생각은 상당히 터무니없음을 금방 알 수 있다. 하지만 우주에서 만리장성이 보일 거라고 생각하는 데에도 타당한 이유가 몇 가지 있다.

첫째, 이건 당신이 깊이 생각해봤을 질문이 아니다. 나와 달리 당신은 만리장성의 두께나 우주로부터의 거리를 찾아보지 않았을 것이다(그러다 나처럼 끝없는 토론에 휘말릴 일도 없었을 것이고). 참고할 만한 적절한 정보가 없었던 것이다.

둘째, 당신이 알아채지 못한 사이에 누군가가 우주에서 만리장성이 보인다고 말하는 것을 언뜻 들었을 수 있다. 심지어 인쇄물이나 텔레비전에서 봤을 수도 있다. 트리비얼 퍼슈트Trivial Pursuit라는 보드게임은 몇 년 동안이나 '우주에서 만리장성이 보인다'를 (사실은 틀렸지만) 정답으로 표시했다. 당신이 중국 교과서를 봤을 가능성은 별로 없지만 중국 교과서에도 이게 사실로 적혀 있다. 어쨌거나 당신은 어딘가에서 이 이야기를 들었으나 이를 반박하는 내용은 접하지 못했기에 이 주장이 머릿속에 사실로 자리 잡았을 것이다.

셋째, 당신은 뒷부분을 빨리 읽고 싶어서 분명 곧장 질문에 답했을 것이다. 이런 사고방식은 노벨상 수상자인 행동과학자 대니얼 카너먼이 널리 알린 '빠른 사고'의 일종이다. 빠른 사고를 할 때 우리는 머릿속 지름길을 달음질치기에 여러 가지 척도를 혼동하기 쉽다. 우리는 중국 만리장성이 몹시 '크다'는 사실을 알고 있다. 실제로 만리장성은 지구상에서 인간이 만든 가장 커다란 구조물 중 하나다. 하지만 그건 넓이 때문이 아니라 길이 때문이고, 길이는 우주에서 만리장성이 보이게 해줄 만한 특성이 아니다.

가장 중요한 요인은, 이 소소한 퀴즈 맞히기가 감정과 밀접하게 결부되어 있다는 것이다. 조금만 시간을 들여 찾아보면 몇몇 우주비행사도 우주에서 만리장성이 보인다고 주장했다는 사실을 발견할 수 있다. (닐 암스트롱은 공식적으로 우주에서 만리장성이 보이지 않는다고 말했다. 난 이 정보만으로도 충분하다.) 우주에서 본 만리장성이라는, 출처가 꽤 그럴듯한 사진도 있다(그중 하나는 운하 사진이다). 만리장성처럼 거대한 무언가가 있으면 우리는 우주비행사도, 외계인도, 심지어 신도 우리의 작품을 볼 수 있으리라 믿고 싶어 한다. 우리가 우주에서 만리장성이 보이길 원하는 것은 만리장성에 감동을 받았기 때문이다. 그리고 이러한 감정적 반응은 우리의 현실 인식을 바꾸어놓는다.

틀린 사전 지식에 의지하고, 자기가 받은 질문이 아닌 엉뚱한 질문에 대답하고, 여러 척도를 잘못 비교하고, 빠른 사고에 의존하고, 우리가 세상을 바라보고 생각하는 방식에 감정이 어떤 영향을 미치는지를 간과하는 것. 우리가 매일 마주 하는 인식의 위험이다. 중국 만리장성은 물리적으로 현존하는, 측정 가능한 물체다. 그렇다면 복잡하고 논란이 많은 사회정치적 현실에 관해서는 이 같은 인식의 문제가 얼마나 큰 말썽을 일으킬지 상상해보라.

이게 끝이 아니다. 지금까지 우리는 만리장성이 우주에서 보이지 않는다는 증거를 짚어보았고 아마 당신은 이 증거를 믿을 것이다. 만약 만리장성이 우주에서 보일 거라고 막연하게 생각했다면 아마 그 생각을 바꿀 것이다. 물론 이건 의견이 팽팽한 논쟁거리도, 정체성이나 자신이 속한 집단과 관련된 문제도 아니므로 어깨를 으쓱하고 그리 어렵지 않게 생각을 업데이트할 수 있다. 하지만 새로운 사실에 맞닥뜨렸을 때 우리가 생각을 바꿀 수 있다는 것은 중요한 의미를 갖는다.

사소한 질문으로 이야기를 시작하긴 했지만, 책이 말하고자 하는 바는 이게 아니라는 점을 분명히 해두고 싶다. 물론 (다른 사람의) 무지와 허무맹랑한 신념에 대해 듣는 것은 상당히 재미있고 흡족한 일이다. 우리는 다음과 같은 사실에 킬킬대기를 좋아한다. 프랑스 사람 열 명 중 한 명은 여전히 지구가 평평하다고 믿는다. 오스트레일리아 국민의 4분의 1은 원시인과 공룡이 같은 시기에 존재했다고 생각한다. 영국인 아홉 명 중 한 명은 9·11 테러가 미국 정부의 음모라고 여긴다. 미국인의 15퍼센트는 미디어나 정부가 텔레비전 방송에 사람들의 마음을 통제할 수 있는 신호를 비밀스럽게 숨겨놓는다고 믿는다.[3] 하지만 이 책의 관심사는 어리석은 자들의 재미난 이야기나

음모론이 아니라 훨씬 더 보편적이고 널리 퍼져 있는, 개인과 사회, 정치 현실에 대한 잘못된 인식이다.

간단한 질문을 하나 해보자. 이번에는 이 책의 주제와 훨씬 가까운 사회 현실에 관한 문제다. '당신이 살고 있는 국가에 65세 이상 인구는 몇 퍼센트일까?' 한번 생각해보라. 어쩌면 국가가 고령화 문제를 겪고 있다거나 인구학적 '시한폭탄'에 직면했다거나 젊은 사람들이 부양하기에는 은퇴 인구가 지나치게 늘어나고 있다는 이야기를 들어본 적이 있을지도 모르겠다. (특히 이탈리아나 독일 같은 국가에서) 미디어는 점점 늘어나는 노인 인구가 경제에 부담이 된다는 점을 상당히 자주 강조한다. 심지어 일본에서는 어른용 기저귀가 아기 기저귀의 판매 속도를 추월했다는 뉴스도 있었다. 이런 이야기들은 출처가 불분명하지만 어쨌거나 매우 선명한 이미지를 만들어내고, 그 이미지는 우리 머릿속에 끈끈하게 들러붙는다.

그렇다면 당신의 대답은 무엇인가?

14개국 국민에게 질문한 결과, 사람들이 생각하는 노인 인구의 비율은 실제보다 훨씬 높았다. 단 한 국가도 빠짐없이 말이다. 노인 인구 비율은 이탈리아가 21퍼센트이고 일본이 25퍼센트다. 높은 수치다. 이탈리아에서는 인구 다섯 명 중 한 명, 일본에서는 네 명 중 한 명이 노인이며, 이는 한두 세대 전에 비해 거의 두 배에 달하는 수치다. 하지만 각국 사람들이 생각하는 노인 인구 비율은 실제 비율의 두 배에 가까웠다. 이탈리아 사람들은 전체 인구의 48퍼센트(거의 절반이다)가 65세 이상일 거라고 생각했다.

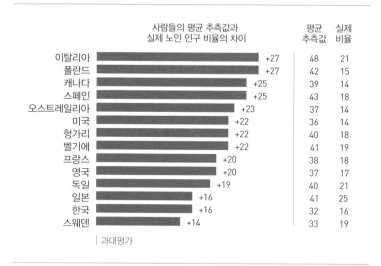

	사람들의 평균 추측값과 실제 노인 인구 비율의 차이	평균 추측값	실제 비율
이탈리아	+27	48	21
폴란드	+27	42	15
캐나다	+25	39	14
스페인	+25	43	18
오스트레일리아	+23	37	14
미국	+22	36	14
헝가리	+22	40	18
벨기에	+22	41	19
프랑스	+20	38	18
영국	+20	37	17
독일	+19	40	21
일본	+16	41	25
한국	+16	32	16
스웨덴	+14	33	19

과대평가

표 1 모든 국가에서 65세 이상 인구 비율이 심각하게 과대평가되었다.

이 단순한 사례에서도 알 수 있듯, 잘못된 인식은 현재 우리가 정치적으로 과열된 시기를 살아가고 있기 때문에 발생하는 것만은 아니다. 노인 인구가 실제보다 훨씬 많다고 우리를 설득하기 위해 페이스북이나 트위터에서 자동화 봇을 돌리며 대대적으로 캠페인을 벌이는 것도 아닌데 우리는 여전히 현실을 잘못 인식한다. 잘못된 인식은 범위가 넓고 깊은 데다가 오래 지속된다. 정치적 무지는 민주주의가 싹틀 때부터 줄곧 염려의 대상이었다. 플라톤은 대중이 너무 무지해서 직접 정부를 구성하고 정부에 책임을 물을 수 없을 거라고 불평했다.

잘못된 인식이 오래전부터 만연했음을 증명하기란 쉽지 않다. 그러려면 표본 조사를 해야 하는데 사회과학자들이 여론조사를 철저하게 실시하기 시작한 것은 비교적 최근의 일이기 때문이다. 20세기 중반만 해도 사람들의 인식을 조사하는 일은 드물었고, 조사를 한다고 해도 주로 단순한 정치적 문제에 한정되었다. 예를 들면 어느 당이 정권을 잡고 있는지, 그 당의 정책은 무엇이며 당대표는 누구인지 같은 것들이었다. 하지만 1940년대에 처음 물었던 이 질문을 최근 다시 물어본 결과(앞으로도 알게 되겠지만) 거의 바뀐 게 없었다.[4] 옥스퍼드 사전이 '탈진실post-truth'(객관적인 사실보다 개인의 감정과 믿음이 여론 형성에 더 큰 영향을 미친다는 의미)을 '올해의 단어'로 뽑은 2016년 이전에도 사람들은 요즘 사람들만큼 세상을 잘못 인식하고 있었던 것 같다.

그렇다고 해서 현재의 관념 주도적 담론과 사회적 기술의 폭발적 증가가 우리의 현실 인식에 아무런 영향도 미치지 않는다거나, 또는 우리가 현재 살고 있는 시대가 유난히 위험하지 않다는 뜻은 아니다. 사실 기술 발전은 우리가 세계와 주요 이슈를 바라보는 방식에 엄청난 영향을 끼친다. 우리의 선택권이 비약적으로 커지고 다른 사람이 우리에게 자신의 '개인적 현실'을 들이밀 수 있게 되면서 기존 세계관을 선호하고, 상충하는 정보는 피하는 식으로 뿌리 깊은 편견이 강화되었기 때문이다.

이게 바로 핵심이다. 우리의 바깥에 무엇이 있는지, 세상이 우리에게 무슨 이야기를 하는지에만 집중한다면 문제의 핵심을 놓치게 된다. 문제는, 우리의 사고방식 또한 우리가 세상을 잘못 인식하는 원인 중 하나라는 것이다.

'인식의 위험' 연구에서 중요한 지점이 바로 여기에 있다. 이 연구의 목적은 무지를 찾아내 뿌리 뽑는 게 아니라 잘못된 인식을 발견하는 것이다. 이 둘은 비슷해 보이고 실제로 둘을 엄격하게 구분하는 것은 어려울 때가 많지만, 그래도 원칙은 반드시 필요하다.

무지는 말 그대로 '알지 못함' 또는 '익히지 못함'을 뜻한다. 하지만 잘못된 인식은 현실을 완전히 오해한 것이다. 미국 다트머스 대학의 정치학 교수 브랜든 나이한Brendan Nyhan과 그의 동료는 이렇게 말한다. "잘못된 인식이 무지와 다른 점은, 사람들이 굳은 확신을 품고 자신의 신념을 고수하며, 스스로 잘 알고 있다고 생각한다는 것이다."[5] 조사에 응한 사람 중에 스스로 무지하다고 생각한 사람은 거의 없었다. 사람들은 자신이 진실이라고 믿는 바를 이야기했다.

현실에서 무지와 잘못된 인식은 깔끔하게 구분되지 않는다. 그보다는 틀린 믿음이라는 스펙트럼의 양 끝에 무지와 잘못된 인식이 자리 잡고 있는 것에 가깝다. 대개 사람들은 생각을 잘 바꾸고 확신도 별로 없다. 하지만 무지와 잘못된 인식을 구분하면 정보를 더 많이 전달하는 것만으로는 잘못된 인식을 바꿀 수 없다는 사실을 깨닫게 된다. 사람들은 자신의 사고방식과 행동을 교정해줄 정보가 채워지길 기다리는 빈 그릇이 아니기 때문이다.

무지가 아닌 잘못된 인식을 조사하다 보면 여론은 무언가 쓰이길 기다리는 빈 서판이 아니라 다양한 의견과 신념을 가진 다양한 이들의 인식으로 바뀐다. 그리고 이런 다양한 인식의 기저에는 동일한 사고방식이 있다. 여기서 '우리는 왜 우리가 믿는 것을 믿는가'라는 중요한 질문이 생겨난다. 인식의 위험을 이해하려는 진짜 목적이 바로 여기에 있다. 잘못된 인식은 우리가 가장 두려워하는 것이 무엇인지, 그리고 걱정해야 하지만 실제로는 별로 걱정하지 않는 것이 무엇인지를 보여주는 단서를 제공하는 것이다. 앞으로 살펴보겠지만, 10대의 임신이나 테러 공격같이 이목을 집중시키는 이야기를 들으면 이런 일이 실제보다 더 흔하다고 생각하게 된다. 반면 우리 내면의 자기부정은 전 인구의 비만율을 과소평가하게 한다.

잘못된 인식은 좀 더 미묘한 교훈을 주기도 한다. 다른 사람들이 무엇을 하고 무엇을 믿는다고 생각하는가, 즉 무엇이 '사회규범'이라고 생각하느냐에 따라 행동도 크게 달라진다(심지어 우리가 그 규범을 어이없게 오해할 때조차도 그렇다). 예를 들면 우리는 은퇴 후에 사람다운 삶을 보장해줄 연금을 너무 적게 넣는다. 하지만 우리는 연금을 적게 넣는 사람이 실제보다 많다고 생각한다. 우리가 '군중' 속에 있을 때는 본능적으로 안정감을 느낀다는 점을 고려하면, 저축하지 않는 것이 평범한 일이라는 잘못된 인식은 우리 행동에 부정적인 영향을 미칠 수 있다.

또한 다른 사람에 대한 생각과 자신에 대한 생각을 비교해보면 우리가 특정 행동을 어떻게 바라보는지를(예를 들면 어떤 행동을 부끄럽게 여기는지를) 파악할 수 있다. 우리가 어떤 행동을 부끄러워하는지 살펴보면 놀라울 때가 많다(그리고 몰랐던 것을 알게 된다). 1장에서 살펴보겠지만, 사람들은 운동을 안 하는 것보다 설탕을 많이 먹는 것을 더 부끄러워한다. 개인과 사회가 더욱 건강해지려면 우리가 자신의 설탕 소비량을 속이고 있을 가능성이 크다는 사실을 반드시 깨달아야 한다. 세계에 대해 꽤나 잘 알고 있다고 느낄지라도 우리 모두는 아직 배울 게 많다. 틀린 생각은 지독한 무지에서 나오는 것이 아니다. 우리 모두는 개인적 편향과 외부 요소에 영향을 받으며, 이 편향과 외부 요소가 우리의 현실 인식을 왜곡한다.

잘못된 인식의 원인을 밝히는 여러 다양한 설명은 다음 두 가지로 나뉜다. 바로 우리의 사고방식과 우리가 듣는 이야기, 즉 개인적인 요인과 사회적 요인이다.

우리의 사고방식이 문제다?

먼저 우리 뇌가 숫자와 수학 계산 그리고 통계적 개념과 어떻게 씨름하는지를 알아봐야 한다. 이 세상과 우리의 인식을 숫자로 표현해야 하는 경우가 얼마나 많은지를 떠올려보면 세상을 이해하기 위해 수리능력이 매우 중요하다는 사실을 알 수 있다. 하지만 데이터 증가 속도에 대한 통계 수치부터 이해하기가 어렵다. 놀랍게도 인터넷에 있는 데이터의 90퍼센트 이상이 지난 2년 사이에 만들어진 것이다. 2016년에는 매일 440억 기가바이트의 자료가 새로 생성되었고, 2025년쯤에는 하루에 4630억 기가바이트의 자료가 생성될 것으로 예상된다.[6] 우리와 관련된 데이터가 기하급수적으로 증가하고 전달되는 상황에서 수리능력은 그 어느 때보다도 중요하다.

오늘날 우리에게 요구되는 수학 계산은 사실 대다수가 쉽게 할 수 있는 것이 아니다. MRI로 인간(과 원숭이!)의 뇌를 살펴본 결과 우리에게는 타고난 '숫자 감각'이 있는 것으로 드러났지만 그 감각은 숫자 1, 2, 3까지로 한정된다. 물체의 개수가 세 개를 넘어가면 (작은 차이가 아닌) 큰 차이만 감지할 수 있다.[7] 우리는 고작 이 정도로 진화된 수리능력에 의지해 수학 계산을 하는 것이다.

하지만 일상에서 우리는 작은 숫자들의 상대적 크기를 비교하는 수준을 넘어서는 복잡한 계산을 하게 된다. 한 세기 전의 위대한 공상과학소설가인 H. G. 웰스는 이렇게 말했다.

수학적 분석 방법을 적절하게 훈련받은 사람만이 끝없는 사회·정치적 문제를 이해할 수 있고 이에 관해 사고할 수 있다. 현재 전 세계에 새로 생겨나고 있는 대형 복합 국가에서 유능한 시민으로 완벽하게 탈바꿈하려면 읽고 쓰기뿐만 아니라 계산하고 평균을 내고 최대량과 최소량을 생각할 줄도 알아야 한다.[8]

웰스는 '끝없는 사회·정치적 문제'를 수학적으로 이해하는 것이 얼마나 중요한지를 강조했다. 요즘 시대에 딱 들어맞는 이야기 같다. 하지만 웰스의 상상을 전부 만족시키려면 아직 갈 길이 멀다. 실험을 반복해보아도 늘 국민의 약 10퍼센트는 단순한 백분율을 이해하지 못한다는 결과가 나온다.[9] 확률을 이해하지 못하는 사람은 이보다 많다. 프랑스 학자 라플라스는 확률을 '수학으로 표현된 상식'이라고 했지만 실제로 사람들은 확률 계산을 그만큼 잘하지 못한다.[10] 예를 들어보자. 동전을 두 번 던지면 앞면이 두 번 나올 확률은 얼마나 될까?

답은 25퍼센트다. 같은 확률로 네 가지 결과(앞면 두 번, 뒷면 두 번, 앞면 한 번과 뒷면 한 번, 뒷면 한 번과 앞면 한 번)가 나올 수 있기 때문이다. 영국 전체에서 표본을 뽑아 조사한 결과, 걱정스럽게도 네 명 중 단 한 명만이 정답을 맞혔다. 심지어 객관식으로 보기를 제시했을 때도 결과는 마찬가지였다.[11] 이 조사는 세계의 주요 이슈를 이해하는 능력을 판단하기엔 다소 관념적으로 보일 수도 있다. 하지만 확률적 사고는 정확한 사회 현실 감각을 개발하기 위한 기반이다.

하지만 더욱 걱정스러운 문제는 따로 있다. 사람들이 기본적인 수학 능력이 부족하다는 사실에 별로 개의치 않는다는 것이다. 영국 왕립통계학회와 공동으로 연구한 결과, 웰스의 상상과는 달리 사람들은 숫자보다 언어를 더 중시했다(나와 왕립통계학회에겐 약간 맥 빠지는 결과다). 아이가 단어를 잘 다루는 것과 숫자를 잘 다루는 것 중 무엇이 더 자랑스럽겠느냐는 질문에 아이의 수학능력이 더 자랑스럽다고 답한 사람은 오직 13퍼센트뿐이었고 55퍼센트가 아이의 읽고 쓰는 능력이 더 자랑스럽다고 답했다(나머지 32퍼센트는 아무것도 자랑스럽지 않다고 대답했다).[12]

확률 통계를 완벽하게 알지 못한다고 해서 잘못된 인식이 발생하는 것은 절대 아니다. 지난 수십 년간 행동경제학과 사회심리학 분야의 선구자들은 인간 정신이 흔히 저지르는 실수와 머릿속의 지름길(이를 '편향'이나 '휴리스틱'이라고 한다)을 찾아내고 이해하기 위해 수천 번의 실험을 실시했다. 그 결과 우리가 기존 신념을 뒷받침하는 정보에 치우치고, 부정적인 정보에 더욱 관심을 기울이며, 쉽게 고정관념을 갖고, 다수를 모방하기 좋아한다는 사실을 알아냈다. 대니얼 카너먼과 그의 오랜 동료 아모스 트버스키가 세운 가설처럼, 우리의 판단과 선호는 대개 빠른 사고의 결과다. 그리고 느리고 의도적인 추론으로 이 판단을 수정하거나 기각하지 않는 한, 이 생각은 변하지 않는다.[13]

우리가 흔히 저지르는 실수 가운데 짚고 넘어갈 것은(이 실수는 비교적 낯선 것인 데다 앞으로 살펴볼 잘못된 인식에서 매우 중요한 역할을 한다) 바로 '감정적 수맹emotional innumeracy'이다. 이 개념에 따르면 어떤 사회적 현실을 잘못 인식할 때 그 원인과 결과는 양방향으로 작용한다. 예를 들어 사람들이 자국의 범죄율을 실제보다 높게 여긴다고 해보자. 범죄를 걱정하기 때문에 범죄율을 높게 추정하는 걸까, 아니면 범죄율을 높게 추정하기 때문에 범죄를 걱정하는 걸까? 둘 다 옳다. 그런데 이런 잘못된 인식의 피드백 루프가 일단 형성되면 부수기가 매우 어렵다.

마지막으로, 오로지 우리 뇌의 본능적인 움직임 때문에 잘못된 인식이 생겨날 가능성이 있다. 이는 정신물리학 분야에서 처음 제기된 주장으로 이제 막 사회문제에 적용되기 시작했다(정신물리학은 우리가 물리적 자극에 어떤 심리적 반응을 보이는지 연구하는 학문이다). 인디애나 대학의 조교수 데이비드 랜디David Landy와 대학원생인 엘리너 브라우어Eleanor Brower, 브라이언 과이Brian Guay의 분석에 따르면, 사회 현실을 판단할 때 저지르는 실수 가운데 상당수는 외부 자극에 대한 편향으로 설명이 가능하다. 예를 들면 사람들은 커다란 소리와 매우 밝은 빛은 실제보다 작고 약하게 느끼고, 조용한 소리와 어두운 빛은 실제보다 크고 강하게 느낀다. 꽤 예상 가능한 반응이다. 그런데 바로 이 패턴이 우리가 사회·정치적 현실을 인식할 때도 나타난다. 확신이 없을 때 사람들은 중간을 선택한다. 그러므로 사람들의 세계관은 사실 겉으로 보이는 것만큼 그리 편견에 치우치지 않았을 수도 있다.

하지만 우리가 살펴볼 문제들은 소리나 빛과는 달리 사회의 영향을 받을 때가 많다. 또한 사람들의 대답은 (그들이 옹호하고자 하는) 분명한 의미를 지니고 있으며, 또 다른 사고방식과도 연결되어 있다. 그럼에도 나는 잘못된 인식을 이해하는 데는 정신물리학이 도움이 된다고 생각한다. 우리는 우리가 생각하는 것만큼 틀린 게 아닐 수도 있다. 더 정확히 말하면, 우리의 실수는 편견에 가득한 세계관을 나타내는 게 아닐 수도 있다.

우리가 듣는 이야기 탓이다?

우리가 세상을 어떻게 생각하는지에 영향을 미치는 두 번째 요소는 외부적인 것들이다.

첫째로 미디어가 있다. 컨퍼런스에서 인식의 위험에 대한 조사 결과를 발표할 때마다 가장 먼저 이런 '말'들을 듣는다. 예외 없이 말이다. (영국에서는) "그건 《데일리메일Daily Mail》 효과일 거예요!" 아니면 (미국에서는) "그건 〈폭스뉴스Fox News〉 효과일 거예요!" 아니면 (장소와 상관없이) "그건 가짜 뉴스 효과일 거예요!"

2017년 한 개 이상의 사전 출판사가 '가짜 뉴스'를 '올해의 단어'로 선정하면서 순식간에 엄청난 반향이 일었다. 하지만 나는 이 단어가 별 쓸모가 없다고 생각한다. 이 개념은 몇 가지 이유에서 우리가 살펴볼 일부 잘못된 인식과 미약한 관련이 있을 뿐이다.

사실 가짜 뉴스는 너무 협소한 개념이다. 잘못된 인식 중에 핵심적인 것들은 창작자나 매체가 클릭으로 돈을 벌기 위해 미끼로 만들어낸, 완전히 날조된 이야기에서 비롯되지 않는다(앞으로 살펴보겠지만 더 악독한 이유로 가짜 뉴스를 만들어내는 경우도 있다).

심지어 이 협소한 의미마저 훼손되고 있다. '진짜' 가짜 뉴스의 생산자인 도널드 트럼프 때문이다. 트럼프는 자신이 동의하지 않는 미디어 보도와 개인적 발언을 가짜 뉴스라고 불렀다. 예를 들어 공화당 홈페이지에 올라온 '2017년 가짜 뉴스 시상식'에는 당황스러운 목록이 실렸다. 그 내용은 실제 보도 실수에서부터 한 기자의 트위터 계정에 올랐다가 삭제된 트윗, 사람 수가 실제보다 적어 보이는 사진, 무례한 잉어밥 투하 사건, 거절당한 것으로 알았으나 사실은 받아들여졌던 악수까지 다양했다(모두 트럼프를 비판하거나 트럼프의 잘못을 지적한 것들이다. 예를 들어 잉어밥 투하 사건은 2017년 일본을 방문한 도널드 트럼프 대통령이 도쿄 아카사카궁 연못에서 물고기 사료 통을 통째로 쏟아 붓는 동영상이 찍힌 것이다. 전 세계에서 비난이 쏟아지자 트럼프는 아베 총리를 따라한 것뿐이라고 해명했다-옮긴이). 그리고 이 목록은 결국 2016년 러시아의 대선 개입을 부정하는 내용으로 마무리됐다.

앞으로 살펴보겠지만 잘못된 인식은 '가짜 뉴스 효과'로만 치부해버릴 수 없다(하지만 허위 정보 문제가 얼마나 심각한지 살펴보기 위해 실제 가짜 뉴스 중에 유명한 사례를 뽑아 거기 내포된 신념이 얼마나 충격적인지 살펴볼 것이다).

사람들이 문제를 지나치게 단순화하면서 미디어만 비난하고 있긴 하지만, 잘못된 인식을 만들어내고 강화하는 시스템 안에서 미디어가 핵심 역할을 하는 것은 사실이다. 하지만 미디어는 영향력이 크기는 해도 잘못된 인식의 근본 원인은 아니다. 미디어는 우리가 받아 마땅한, 또는 받기 원하는 정보를 제공한다.

오늘날 정보기술과 소셜미디어는 정보 인식을 그 어느 때보다도 어렵게 만들고 있다. 우리는 온라인에서 접하는 정보를 마음대로 거르고 재단할 수 있으며, 그 과정은 우리가 알아채지도 못하는 사이에 발생한다. '필터 버블filter bubbles'(구글이나 페이스북 같은 인터넷 정보 제공자가 이용자에 맞게 필터링한 정보만을 제공함으로써 이용자가 특정 정보만을 접하게 되는 현상-옮긴이)과 '에코 챔버echo chambers'(자기 생각과 유사한 정보만을 믿고 공유함으로써 자신의 신념을 강화하는 현상-옮긴이)는 잘못된 인식을 무럭무럭 키운다. 전에 없던 알고리즘과 우리의 선택 편향 selection bias은 자기만의 현실을 창조하는 데 일조한다. 이처럼 현실과의 괴리를 만들어내는 기술은 무서운 속도로 발전하고 있으며, 너무 복잡하고 막기 불가능할 정도로 강력해졌기 때문에 손쓸 도리가 없다. 몇 년 전만 해도 사람들이 온라인에서 각자 자기만의 현실을 경험하게 될 거라는 주장은 TV시리즈 〈블랙미러Black Mirror〉의 내용처럼 들렸지만 이제는 다들 어깨를 으쓱하며 받아들이는 사실이 되었다. 위험한 상황이다. 우리의 가장 뿌리 깊은 심리적 특성, 즉 기존 관점을 옹호하고 여기 이의를 제기하는 정보는 본능적으로 피하려는 특성을 자극하기 때문이다.

어쩌면 최근 페이스북을 둘러싼 스캔들이 자기만의 세계에 푹 빠진 사람들을 흔들어놓지 않았을까. 얼마 전 정치 컨설턴트 회사인 케임브리지애널리티카Cambridge Analytica가 2016년 미국 대선 캠페인과 브렉시트 투표 당시 약 8700만 명에 달하는 페이스북 사용자 정보를 타깃 커뮤니케이션에 이용한 사실이 드러났다. 하지만 이런 충격적인 사건에도 불구하고 사람들은 '필터링된 세계'를 전면 거부하겠다고 나서지 않았다. 기술 모니터링 전문 회사의 조사에 따르면 한창 이 사건이 보도되고 있을 때에도 전 세계의 페이스북 사용량은 평소와 그리 다르지 않았다.[14]

정치 체제와 정치 문화 또한 잘못된 인식에 직접적인 영향을 미친다. 현직 정치인과 주기적으로 직접 연락하는 사람은 거의 없다. 우리가 정치인과 정부로부터 듣는 이야기는 대부분 미디어를 통해 전달되며, 특히 선거 캠페인 중에 미디어는 정치인의 발언을 더욱 많이 쏟아낸다. 그리고 최근 몇 년 동안 우리에게는 중요한 선거가 넘쳐났다. 도널드 트럼프의 미국 대통령 당선과 영국의 브렉시트 투표로 기만적 커뮤니케이션이 정점에 달했다는 이야기가 곳곳에서 흘러나왔고, '대안적 사실alternative facts'이라는 신조어까지 생겨났다. 물론 정치적으로 100퍼센트 정확한 소통이 이루어진 황금시대는 그 어느 나라에도 존재한 적이 없다. 예를 들어 프랑스는 1600년대 중반의 내란 당시 왕실이 반란을 진압하자 악의적 내용이 담긴 팸플릿이 돌며 왕실을 향한 분노에 배출구를 제공해주었다. 팸플릿에는 루이 14세의 수상이었던 추기경 마자랭Cardinal Mazarin이 근친상간 등 문란한 성생활을 했다는 거짓 고발도 들어 있었다.[15]

물론 정치인이 소셜미디어를 통해 사람들과 직접 소통하는 사례도 점점 늘고 있다. 트럼프 대통령은 트위터를 위주로 커뮤니케이션을 하기 때문에 언론 담당 보좌관이 트럼프의 트윗이 공식 발표임을 확인해주어야 했다. 그 결과 트럼프에게 차단당해 트럼프의 트윗을 보지 못하게 된 트위터 사용자들이 트럼프를 고소했고, 트럼프의 트윗을 국가기록보관소에 보존해야 한다는 요구까지 일었다. 어쨌든 안심해도 된다. 'covfefe'는 미래 세대를 위해 보존될 테니까(2017년 5월 31일 새벽 트럼프 대통령은 트위터에 "Despite the constant negative press covfefe[계속되는 부정적 언론 covfefe에도 불구하고]"라는 트윗을 올렸다. covfefe는 사전에 없는 단어로 '보도'를 의미하는 coverage의 오타로 추측된다-옮긴이).[16]

마지막으로 우리가 실생활이라고 부르는 것이 있다. 우리가 눈으로 직접 보는 것, 가족과 친구 그리고 동료들의 이야기, 우리가 세상에서 마주하는 것들이 실생활이다. 사회문제를 바라보는 시각은 텔레비전이나 트위터를 통해서만 형성되는 게 아니다. 하지만 곧 살펴보겠지만 자신의 경험이 매우 평범하다고 가정하는 것은 상당히 위험하다. 먼저 1장에서 우리가 건강을 어떻게 돌보고 있는지 살펴보면서 그 이유를 알아보자.

*

이어질 장에서는 노후 자금을 얼마나 모아야 하는지에서부터 이민 문제에 대한 우려에 어떻게 대응해야 하는지와 어떻게 전 세계적인 빈곤 문제에 관심을 촉구해야 하는지에 이르기까지 오늘날 매우 중요한 문제에 대해 우리가 어떤 생각을 하는지 살펴볼 것이다. 그리고 우리가 어떤 점을 잘못 인식하고 있는지 살펴보고, 더 나아가 어떻게 (개인과 사회 차원에서) 오해를 바로잡을지도 고민해볼 것이다. 우리는 현실을 더욱 정확하게 인식한 다음 의견을 결정할 수 있다. 잘못된 인식의 위험에 희생될 필요가 없는 것이다.

앞으로 이어질 장에서 우리의 잘못된 인식과 그 원인을 살펴볼 때 다음 다섯 가지를 기억해주기 바란다.

1. 많은 사람이 사회·정치와 관련된 기초적 사실을 수없이 오해한다.
2. 우리가 사실을 오해하는 이유는 사방에서 들려오는 이야기 때

문이기도 하지만 그에 못지않게 우리의 사고방식 때문이기도 하다. 즉 우리의 잘못된 믿음이 전부 미디어나 소셜미디어, 정치인 때문이라고 비난할 수는 없다.

3. 잘못된 인식은 종종 한 방향으로 치우친다. 감정적 반응이 현실 인식에 영향을 미치기 때문이다. 그러므로 잘못된 인식은 우리가 그저 웃어넘기거나 무시할 수 없는 중요한 단서를 제공한다.

4. 우리가 세상을 오해하는 진짜 이유를 이해하면 개인과 집단 차원에서 잘못된 인식을 더욱 잘 고칠 수 있다.

5. 최소한 두 가지 측면에서 상황은 그리 암울하지 않다. 세상은 우리가 생각하는 것만큼 나쁘지 않으며, 오히려 나아지고 있을 때가 많다. 그리고 우리는 겉으로 보이는 만큼 잘못된 사고의 노예가 아니다. 우리는 생각을 바꿀 수 있고, 그런 점에서 사실 정보는 여전히 중요하다.

고맙게도 나는 그동안 여러 매력적인 연구에 참여하며 다양한 관점에서 잘못된 인식을 바라볼 수 있었다. 잘못된 인식이 하나의 원인에서 나온다고 생각하고 싶지 않고, 모든 것이 하나의 방법으로 해결된다고도 생각하고 싶지 않다. 현실 속에서 잘못된 인식의 원인은 다양하고, 취해야 할 조치 역시 다양하다.

한 가지 강조해야 할 점이 있다. 나는 사실 정보는 여전히 중요하고 우리의 관점과 행동 형성에 일정 역할을 한다고 믿는다. 목적에 부합한다는 이유로, 또는 사람들이 옳다고 느끼는 것과 관련이 있다는 이유로 잘못된 인식을 만들어내거나 부추기는 것은 결코 옳지 않다. 우리의 감정과 사고방식 역시 잘못된 인식의 주요 원인이라는 사실을 인식해야 한다. 우리의 생각이 틀린 이유를 온전히 이해하는 것만이 현실에 더욱 가까워질 유일한 방법이다. 우리의 목표는 사실을 토대로 세상을 이해하고 그 관점을 고수하는 것이다.

희망은 있다.

현실은 우리가 생각하는 것보다 괜찮으며, 그동안 훌륭하게 변화해왔다. 이 책에서 살펴볼 여러 사회문제에서도 놀라운 발전이 있었다. 모든 것이 완벽하다거나 더 이상 할 일이 없다는 뜻이 아니다. 여러 주목할 만한 사실들을 보건대, 낙관해도 좋다는 뜻이다.

앞으로 살펴볼 사회심리학적 증거들이 우리의 편견을 선명하게 보여주겠지만, 그렇다고 해서 우리가 새로운 정보와 근거에 아무런 영향도 받지 않는 로봇이라고 결론 내려서는 안 된다. 그리 놀랍진 않겠지만, 나는 인간 정신을 완벽하게 예측하는 것은 불가능하다는 학생 시절의 믿음을 아직 내려놓지 못했다. 이 책이 여러분께 균형 잡힌 시각을 제시할 수 있길 바란다. 이 책은 놀랍도록 잘못된 인식을 살펴보고, 대개는 우리의 사고방식이 원인임을 보여줄 것이다. 이와 동시에 상황은 겉보기보다 희망적이며, 사실 정보는 여전히 중요하다는 점도 강조할 것이다.

잘못된 인식 연구에서 매력적이었던 것은 여러 국가에서 다양한 사회문제에 대한 정보를 모을 수 있다는 것이었다. 이를 통해 현실이 얼마나 우려스럽고 또 희망적인지 알 수 있었을 뿐만 아니라, 국가에 따라 행동과 관점이 무척 다양하다는 것도 알 수 있었다. 우리에게 내재된 편향 중에는 다른 사람들이 우리와 비슷할 거라고 가정하는 것도 포함된다. 이 자료들은 그러한 가정이 틀릴 때가 많다는 것을 증명해준다. 이 책을 통해 세상이 얼마나 다채롭고 놀라운 곳인지를 보여줄 수 있기를 바란다.

1장

건강

나 정도면 비만 아니야

건강에 대한 조언이 넘쳐난다. 새로운 식단과 운동법이 당장 건강을 약속하고, 끝없는 '슈퍼푸드'의 물결이 만병통치를 약속한다. 염소와의 요가는 실제 존재하는 프로그램으로, 오리건과 암스테르담에서 수업을 받을 수 있다.[1]

하지만 건강한 삶이 무엇인지 제대로 이해하지 못하게 방해하는 것은 겉모습만 번드르르한 온갖 유행들만이 아니다. 솔직히 스피룰리나와 치아시드, 고지베리와 아몬드만 먹으면 건강해질 거라고 생각하는 사람은 헷갈려도 마땅하다. 매번 새로운 식품을 악마로 규정하고 중요한 연구를 뒤틀어 세상이 미쳤다고 생각하게 하는 타블로이드지의 헤드라인만 문제인 것도 아니다. "이제는 이유식과 비스킷도 암과 관련이 있다." 영국 《데일리메일》의 탄식이다.[2]

공식 지침의 변화도 문제다. 신체 작용에 대해 더 많이 알게 되면서 지침 역시 변화해왔다. 2005년 미국의 식단 지침은 포화지방과 불포화지방 구분 없이 총 지방 섭취량을 줄이는 데에만 집중했다. 최근 지침은 처음으로 미국인에게 "너무 많은 설탕을 먹고 마시고 있다"고 경고했다. 신체 활동에 대한 지침도 마찬가지다. 얼마나 자주,

얼마나 길게, 어떤 강도로 운동해야 하는지에 관한 지침은 전 세계에서 시간의 흐름에 따라 다양한 형태로 바뀌어왔다.

도서관은 면밀한 연구를 담은 책들로 가득하다. 그중 어떤 것들은 서로 상충한다. 정보는 본래 복잡하고 불확실하며 변하는 것이기 때문이다. 개별 영양소가 신체에 어떤 영향을 미치는지 구분하기란 거의 불가능하며, 같은 식단과 운동이라도 사람마다 효과가 다르다. 유전적 특성에 따라 신진대사 과정도 달라지기 때문이다. 게다가 기본적으로 식단에 관한 자료는 대부분 결함이 있다. 앞으로 살펴보겠지만 사람들이 실제로 무엇을 먹는지(사람들이 스스로 무엇을 먹는다고 '말하는' 것과는 다르다) 측정하고 통제하기란 매우 어렵기 때문이다.

행복에 관해서도 마찬가지다. 어쩌면 더 나쁘다. 만족스러운 삶에 진짜 필요한 것이 무엇인지 알려주는 훌륭한 연구와 가짜 연구들이 끝도 없이 이어진다. 확실한 게 하나 있다면 바로 건강과 행복은 우리가 생각하는 것보다 훨씬 밀접하게 연결되어 있다는 것이다. 영국에서 실시된 연구에 따르면 우울과 불안을 해소하면 고통이 20퍼센트 줄어든다. 반면에 정책 입안자가 빈곤을 해소할 경우에는 고통이 단 5퍼센트만 줄어들었다.[3]

그러니 잘못된 인식 조사에서 나타난 반응처럼 사람들이 혼란스러워하는 것도 당연하다. 우리의 잘못된 인식에서는 자기부정과 자기기만 그리고 눈길을 끄는 무시무시한 이야기에 특히 주목하는 위험한 성향이 잘 드러난다.

나 정도면 비만 아니야

우리가 건강을 얼마나 잘못 인식하고 있는지 파악하는 것은 중요하다. 그러다 보면 스스로 건강을 어떻게 돌보고 있는지 들여다보게 되기 때문이다. 많은 경우 건강 관련 통계는 충격적일 정도로 우리의 예상을 빗나간다. 몸무게와 다이어트에 관해서는 더더욱 그렇다.

33개국을 대상으로 조사한 결과 평균 57퍼센트의 성인이 과체중이거나 비만이었다. 잠시 생각해보면 이게 얼마나 무서운 결과인지 알 수 있다. 열 명 중 거의 여섯 명이 의료진이 권장하는 건강 몸무게보다 무거운 것이다.

미국에서는 인구의 66퍼센트가 과체중이거나 비만이다. 영국은 62퍼센트다. 사우디아라비아는 더욱 심해서 71퍼센트가 비만이다. 서유럽에서는 오직 프랑스와 네덜란드만이 과체중이거나 비만인 사람이 인구의 절반 이하다. 하지만 이 두 국가도 건강한 국가의 표본은 아니다. 두 국가 모두 과체중이거나 비만인 인구 비율이 딱 49퍼센트이기 때문이다.

또 하나 중요한 사실은, 각국 국민이 건강한 몸무게 유지에 어려움을 겪는 인구 비율을 심각하게 과소평가했다는 것이다. 사우디아라비아가 극단적인 경우다. 그들은 국민의 28퍼센트만이 과체중이거나 비만일 거라고 생각했다. 터키와 이스라엘, 러시아 사람들도 과체중이거나 비만인 인구 비율을 실제의 절반 이하로 추측했다. 조사 대상국 중에는 오직 세 국가(인도, 일본, 중국)만이 과체중이거나 비만

Q 20세 이상 국민 100명 중 과체중이거나 비만인 사람은 몇 명일까요?

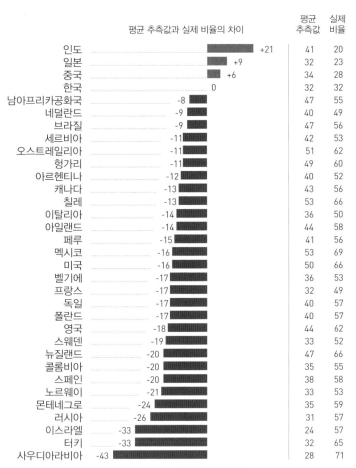

	평균 추측값과 실제 비율의 차이	평균 추측값	실제 비율
인도	+21	41	20
일본	+9	32	23
중국	+6	34	28
한국	0	32	32
남아프리카공화국	-8	47	55
네덜란드	-9	40	49
브라질	-9	47	56
세르비아	-11	42	53
오스트레일리아	-11	51	62
헝가리	-11	49	60
아르헨티나	-12	40	52
캐나다	-13	43	56
칠레	-13	53	66
이탈리아	-14	36	50
아일랜드	-14	44	58
페루	-15	41	56
멕시코	-16	53	69
미국	-16	50	66
벨기에	-17	36	53
프랑스	-17	32	49
독일	-17	40	57
폴란드	-17	40	57
영국	-18	44	62
스웨덴	-19	33	52
뉴질랜드	-20	47	66
콜롬비아	-20	35	55
스페인	-20	38	58
노르웨이	-21	33	53
몬테네그로	-24	35	59
러시아	-26	31	57
이스라엘	-33	24	57
터키	-33	32	65
사우디아라비아	-43	28	71

과소평가 | 과대평가

표 2 전반적으로 사람들은 과체중이거나 비만인 인구 비율을 심각하게 과소평가했다.

인 인구를 실제보다 많게 추측했고, 오직 한 국가(한국)만이 정확한 답을 맞혔다.

어째서 우리는 건강의 가장 중요한 척도 중 하나인 몸무게를 이렇게나 잘못 알고 있는 걸까? 여기에는 몇 가지 설명이 있다.

첫 번째로, '과체중' 또는 '비만'의 뜻을 즉시 떠올리지 못하기 때문이다. 이 단어들은 체질량지수BMI에 따른 분류를 나타낸다. 체질량지수는 1800년대 중반에 만들어진 개념으로 체중(킬로그램)을 키(미터)의 제곱으로 나눈 것이다. 단순하지만 쉬운 계산은 아니다. 체질량지수는 주로 어떤 집단 내의 사람들을 비교하는 단순한 지표이며, 환자에게 식단 문제를 지적할 때도 쓰인다. '정상'과 '과체중', '비만'을 나누는 기준도 다소 유동적이다. 예를 들면 홍콩의 의원관리국은 체질량지수가 23~25인 사람을 과체중으로 규정하는 반면 미국과 영국, 유럽연합에서는 이 지수를 정상으로 분류한다.[4]

195개국을 대상으로 연구한 결과 2015년 전 세계적으로 약 400만 명이 과체중 또는 비만으로 인해 추가로 목숨을 잃었다. 2015년 전체 사망 인구의 거의 7퍼센트에 달하는 수치다.[5] 너무 뚱뚱해서 잃어버린 장애보전손실년수disability-adjusted life years(조기 사망으로 줄어든 수명 햇수에 장애를 가지고 생활한 햇수를 더한 것)는 총 1억 2000만 년이다. 여기서 중요한 점은 이 햇수의 거의 절반이 비만이 아니라 과체중 때문에 손실된다는 것이다.

어쩌면 응답자 중에는 과체중이거나 비만인 인구가 아니라 오로지 비만인 인구만 생각한 사람이 있을 수 있다. 미디어는 비만 인구 수치만 다룰 때가 많고, 사람들은 미디어에서 접하는 수치에 익숙해진다. 많은 국가에서 사람들의 추정치는 두 수치의 중간이었다. 예를 들어 미국인의 평균 추측값인 50퍼센트는 과체중과 비만을 합한 수치(66퍼센트)와 비만 수치(33퍼센트)의 딱 중간이다.

이러한 결과는 우리 사고방식에 뿌리 깊게 내재된 편견을 잘 보여준다. 앞에 나온 것과 비슷한 질문을 받으면 우리는 행동과학자들이 '가용성 휴리스틱availability heuristic'이라 부르는 것에 의존한다. 가용성 휴리스틱은 우리를 즉시 이용 가능한 정보로 이끄는 머릿속의 지름길을 뜻한다. 이때 이 정보가 상황에 들어맞지 않거나 충분한 설명이 되지 않는다고 해도 상관없다. 가용성 휴리스틱은 1973년 행동심리학자인 대니얼 카너먼과 아모스 트버스키가 처음 서술한 개념이다. 유명한 실험에서 카너먼과 트버스키는 사람들에게 여러 이름을 들려주고 목록에 남자가 더 많았는지 여자가 더 많았는지를 물었다. 일부 실험 참가자는 유명한 남자들과 그보다 덜 유명한 여자들의 이름이 들어 있는 목록을 들었고, 일부는 그 반대의 목록을 들었다. 이후 연구원에게 질문을 받자 사람들은 유명인이 많았던 성별이 목록에 더 많았다고 답했다. 연구원들은 이러한 결과가 머릿속의 정보를 쉽게 끌어오는 사람들의 특성과 관련이 있다고 보았다. 우리는 결정이나 판단을 내려야 할 때 쉽게 기억할 수 있는 정보에 과도하게 의존하는 경향이 있다.[6]

몸무게에 관해서도 우리는 즉시 이용 가능한 기준에 손을 뻗는다. 틀린 자기 이미지를 통해 일반화를 하고, 주변에서 보이는 정보를 끌어다 쓰는 것이다. 실제로 우리는 매우 잘못된 자기 이미지를 갖고 있다. 영국에서 실시된 실험에서도 1도 비만(체질량지수가 30~34.9인 가장 낮은 단계)인 사람 다섯 명 중에 오직 한 명만이 스스로를 비만으로 분류했다. 더욱 충격적인 사실은 2도와 3도 비만(체질량지수가 35 이상인, '심각한 비만'이나 '병적인 비만'이라고 불리는 단계)인 사람 중 단지 42퍼센트만이 스스로를 비만으로 분류했다는 점이다. 열 명 중에 여섯 명이나 심각하게 자기부정을 하고 있는 현실이 실감나도록 설명을 덧붙여보면, 키가 180센티미터인 남자가 이 정도의 체질량지수를 가지려면 최소한 108킬로그램은 되어야 한다. 사람들이 자신을 기준으로 타인을 판단한다면 비만 문제를 과소평가하는 것도 당연하다.

의사 니컬러스 크리스타키스Nicholas Christakis와 정치학자 제임스 파울러James Fowler의 연구 결과, 사람들은 주변에 자신과 비슷한 사람을 두는 경향이 있다. 그리고 시간이 지날수록 서로의 행동을 모방한다(여기에는 먹기와 운동하기 같은 활동도 포함된다).[7] 이렇게 사회적 기준이 마련되고, 그 결과 집단의 평균적인 건강 수준이 바뀐다. 우리는 사람들과 어울리고 싶어서 다수를 모방한다. 즉 우리에겐 '양떼 편향herding bias'이 있다. 과체중이거나 비만인 사람은 역시 과체중이거나 비만인 친구와 가족을 가졌을 확률이 높다는 뜻이다. 이 두 효과(자기부정, 그리고 우리가 실제보다 정상에 가깝다는 잘못된 믿음)가 합쳐져 문제의 심각성을 가리고, 그리 걱정할 필요가 없다고 우리를 설득한다.

설탕 섭취량에 대한 우울한 진실

잘못된 인식은 사람들이 건강한 삶의 핵심 요소들을 얼마나 차별하고 있는지에서도 드러난다. 우리는 6개국(미국, 영국, 프랑스, 독일, 캐나다, 오스트레일리아) 국민을 대상으로 설탕 섭취량과 운동량을 조사했다. 이 조사에서는 '지나친 설탕 섭취량'과 '주당 최소 권장 신체 활동량'을 설명한 다음 조사 대상자에게 자신이 이 기준을 만족시키는지, 아니면 설탕을 너무 많이 먹거나 운동을 너무 적게 하는지 물었다. 조사 대상자들이 이 기준에 따라 자신의 행동 습관을 평가한 뒤에는 설탕을 너무 많이 먹고 운동을 너무 적게 하는 사람이 전 국민의 몇 퍼센트일 것 같은지 물었다.[8]

조사 결과는 흥미로웠다. 신체 활동량과 관련해서 응답자들은 자신이 정부의 신체 활동량 기준을 충족시키는 만큼(40퍼센트) 다른 사람도 활동량 기준을 지킬 거라고(역시 40퍼센트) 생각했다. 하지만 설탕 섭취량의 경우 자신이 설탕을 지나치게 많이 섭취한다고 말한 사람보다(40퍼센트) 다른 사람들이 설탕을 과잉 섭취할 거라고 생각한 사람이 훨씬 많았다(66퍼센트).

이 결과는 사람들이 이 두 가지 행동을 어떻게 바라보는지에 대한 흥미로운 단서를 제공한다. 같은 조사에서 질문한 다른 행동과 비교해보면 그 단서는 더욱 명확해진다. 설탕 섭취량에 대한 반응은 탈세 또는 회사에 꾀병으로 병가를 내는 것처럼 불법적이거나 비도덕적인 행동에 응답자들이 보인 반응과 매우 유사했다. 물론 '비도덕

사회규범에 대한 인식

Q 100명 중 몇 명이 설탕을 1일 권장량보다 많이 먹을까요?

자신의 행동

Q 당신은 1일 권장량보다 많은 양의 설탕을 먹습니까?

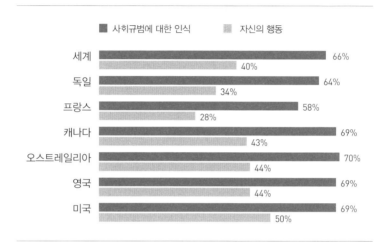

■ 사회규범에 대한 인식　　■ 자신의 행동

세계	66% / 40%
독일	64% / 34%
프랑스	58% / 28%
캐나다	69% / 43%
오스트레일리아	70% / 44%
영국	69% / 44%
미국	69% / 50%

표 3　모든 국가에서 설탕을 과잉 섭취하는 인구 비율을 추측한 값(설탕 소비량에 대한 사회규범 인식)과 스스로 설탕을 많이 먹는다고 인정한 사람의 비율(자신의 행동) 간에는 큰 차이가 있었다.

적'인 행동은 국가마다 다르다. 미국인은 자신이 거짓말로 병가를 낸적이 있다는 사실을 순순히 인정했다(미국인 응답자의 37퍼센트가 자신이 가짜 병가를 낸 적이 있다고 말했다. 프랑스는 6퍼센트였다[9]). 아마도 공식 휴가가 매우 적은 국가에서는 '가짜 병가'가 사회적으로 용인되기 때문인 것으로 보인다. 프랑스의 경우 가짜 병가를 낸 적이 있다고 말한 사람은 거의 없었지만 자신을 제외한 다른 프랑스인은 열 명 중 네 명이 가짜 병가를 낼 거라고 생각했다.

조세 회피에 관해서도 전 세계적으로 비슷한 패턴이 나타났다. 미국은 조세를 회피한 적이 있다고 인정한 사람이 가장 많았다(14 퍼센트가 지난해 조세를 회피했다고 말했다). 반면 여기서도 프랑스는 자신이 조세를 회피한 적이 있다고 대답한 비율과 타인에 대한 추측값 사이의 간극이 가장 컸다. 독일인은 스스로도 규칙을 엄격하게 지키고 다른 독일인도 좋게 평가했다. 스스로 조세를 회피한 적이 있다고 인정한 비율도 가장 낮았고 조세를 회피한 다른 독일인의 비율도 가장 낮게 추측한 것이다.

설탕 섭취량과 조세 회피에서는 이런 간극이 나타나는 반면 신체 활동량에서는 그러지 않는 이유는 무엇일까? 수치심이 가장 큰 이유일 수 있다. 최근 설탕 섭취량을 줄이는 쪽으로 식생활 지침이 바뀌고 설탕에 '죄악세'가 붙으면서 설탕은 지방을 누르고 가장 천대받는 식품이 되었다. 사람들의 머릿속에는 과체중 아동이 초대형 탄산음료를 마구 마셔대는 이미지가 자리 잡았다(그리 엮이고 싶지 않은 이미지다). 이 '수치심 간극'이 암시하는 바는 상당히 중요하다. 머지않은 미래에 설탕 함유량이 높은 제품을 생산하는 식품업체들은 더 엄격한 규제를 받을 가능성이 높다. 사람들은 자신이 부끄러워하는 것을 지키려 들지 않기 때문이다. 담배와 술처럼 설탕에도 경고 라벨과 높은 금지세가 붙을 수 있고, 특정 상황에서는 전면 금지될 가능성도 있다(대중은 이 조치에 그리 분노하지 않을 것이다). 실제로 많은 제조사들이 설탕량을 줄이기 위해 기를 쓰고 기존 상품을 개량하고 있다. 그들은 1회 설탕 제공량을 줄이고 무가당 대안 제품을 개발하면서 소비자 선호와 강력한 정부 개입에 대처하고 있다.

지금까지 사람들의 추측을 알아봤으니 이제는 실제 현실이 궁금할 것이다. 우리가 조사한 국가들의 공식 자료에 따르면 우리는 다른 사람뿐만 아니라 스스로에게도 과도하게 비관적이다. 우리 조사 결과에서는 자신이 충분히 운동하고 있다고 생각한 사람도 40퍼센트, 자신이 생각하기에 충분히 운동하고 있는 국민의 비율도 40퍼센트였다. 하지만 일기에 근거하여 신체 활동량을 조사한 공식 자료에 따르면 64퍼센트가 신체 활동량 기준을 만족시키고 있었다.

물론 일기에 근거한 수치를 불신할 이유도 많다. 사람들이 실제로 자신이 하는 일을 제대로 기록하지 못한다는 사실은 여러 차례 증명되었다. 한 실험에서 연구자들은 사람들에게 측정 장치(활동량을 측정해주는 스마트밴드 핏비트의 의료 버전인 셈이다)를 달아 실제로 사람들이 움직인 양과 그들이 일기에 기록한 활동량을 비교했다. 그 결과 사람들은 자신의 신체 활동량을 심각하게 과대평가한 것으로 드러났다. 실제로는 매주 보고한 활동량의 절반 정도만 움직인 것이다.[10] 우리는 자신의 활동을 정확히 기록하지 못할 뿐만 아니라, 자신이 실제보다 더 성실하다고 자만한다.

영국 국가식이영양조사에 따르면, 일기를 근거로 했을 경우 영국 국민의 약 47퍼센트가 설탕을 지나치게 많이 섭취한다.[11] 우리 조사에서 자신이 설탕을 많이 먹는다고 인정한 응답자의 수치와는 꽤 근접하지만, 응답자가 생각하기에 설탕을 너무 많이 섭취하는 '다른 사람'의 비율보다는 낮다. 물론 이 공식 자료 역시 정확성을 의심할 만한 충분한 근거가 있지만 말이다. 영국 행동경제학 전담조사팀 Behavioural Insights Team이 국민계정national accounts을 분석해 우리가 실제로 무엇을 구매하는지 알아본 결과, 사람들은 공식 자료의 수치보다 30~50퍼센트의 칼로리를 더 섭취하는 것으로 보인다.[12] 이것을 설탕 섭취량에도 적용해본다면, 사람들이 추측한 타인의 설탕 섭취량은 (다소 우울한) 진실에 꽤 가까운 것일 수 있다.

양떼 본능: 흔하면 흔할수록 안심하는 마음

사람들은 자신의 설탕 섭취량을 부정하고 있는 듯하고, 확실히 자신이 실제보다 날씬하다고 생각한다. 하지만 얼마나 많은 사람이 건강 문제를 겪고 있는지 정확히 알려줌으로써 행동을 변화시킬 수 있는가 하는 문제는 여전히 남아 있다. 진실을 아는 것이 행동으로 나아가는 중요한 첫걸음이라는 말은 분명 사실처럼 보인다. 하지만 정말 그럴까? 미국의 사회심리학자인 로버트 치알디니의 연구에 따르면 사람들에게 공포를 주어 변화를 유도하고 싶어 하는 입법자와 계몽가들 앞에는 큰 함정이 놓여 있다.[13] 사람들은 비만이나 무기력이 '유행'한다는 메시지를 들으면 이런 행동이 문제라고 생각하지 않고 흔하다고 여긴다. 문제가 흔하면 흔할수록 규범으로 받아들여질 가능성이 높다. 그리고 규범은 사람들에게 강력한 영향을 미친다. 그런 행동이 사회적으로 용인되며, 심지어 필수적이라고 느끼는 것

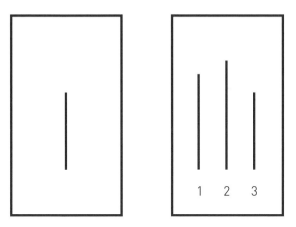

표 4 **집단의 압력이 개인의 판단에 미치는 영향을 측정한 솔로몬 애시의 실험.**

이다.

심리학자 솔로몬 애시Solomon Asch가 1950년대에 실시한 실험이
이러한 영향력을 아직까지도 생생하게 보여준다.[14] 연구자들은 선을
하나 그은 다음 그 옆에 또 다른 선을 세 개 긋고 숫자를 붙였다. 세
개의 선은 처음 그은 선보다 짧거나 길거나 똑같았다.

실험 대상자들은 첫 번째 선과 길이가 같은 선이 몇 번인지 골라
달라는 요청을 받았다. 혼자 있을 때는 한 명도 빠짐없이 옳은 답을
골랐다. 하지만 배우 다섯 명이 들어와 모두 같은 번호의 오답을 고
르자, 실험 대상자 중 3분의 1이 당황한 표정으로 머리를 가로젓고
는 배우들과 같은 오답을 골랐다. 터무니없는 결과지만 사람들이 타
인을 따라하는 데에는 매우 타당한 이유가 있다. 진화를 통해 무리에
섞여 있는 것이 생존에 도움이 된다는 사실을 익힌 것이다.

물론 이런 실험은 매우 인위적인 것이며, 실험에서도 3분의 2는 덫에 걸리지 않았다는 점을 잊으면 안 된다. 이 실험을 비롯해 많은 실험이 집단 압력의 영향력을 증명하지만 그렇다고 우리가 로봇인 것은 아니다. 이 실험은 "부정적인 행동은 흔하다. 그러므로 '정상'이다"라는 메시지에 얼마나 열심히 저항해야 하는지를 말해준다. 어떤 문제가 얼마나 널리 퍼져 있는지를 보여주면 효과적으로 관심을 끌수 있다. 하지만 이는 양날의 검이다.

다른 연구에서 사람들이 당뇨 환자의 수를 심각하게 과대평가한데서도 이러한 일반화의 위험이 잘 나타난다. [표 5]에서 드러나듯 그들의 답변은 터무니없었다. 인도와 브라질, 말레이시아, 멕시코 사람들의 평균 추측값은 47퍼센트였다. 전체 인구의 47퍼센트가 당뇨를 앓고 있다고 생각한다는 의미다! 실제로 당뇨 환자의 비율이 극도로 높은 국가도 있긴 하다. 다른 나라는 열 명 중 한 명이 당뇨 환자인 반면 말레이시아에서는 대략 다섯 명 중 한 명이 당뇨를 앓는다. 하지만 이렇게 과대평가될 정도는 아니다.

사람들의 평균 추측값을 살펴보면 실제 수치와는 아무 관련이 없음을 알 수 있다. 미국의 경우 평균 추측값은 34퍼센트였지만 실제로 당뇨를 앓는 인구 비율은 11퍼센트였다. 이탈리아의 경우 평균 추측값은 미국과 비슷했으나 실제 당뇨 환자 비율은 미국의 절반도 되지 않았다.

당뇨는 상당히 위험하지만 대개 예방 가능한 질병이다. 하지만 이 질병이 얼마나 흔한지에 초점을 맞추는 것은 도움이 되지 않는다.

Q 20~79세 국민 100명 중 당뇨를 앓는 사람은 몇 명일까요?

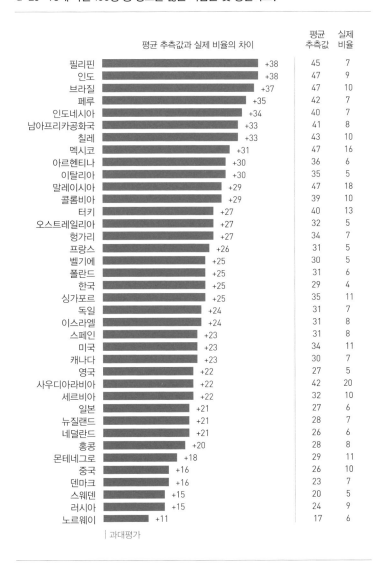

	평균 추측값과 실제 비율의 차이	평균 추측값	실제 비율
필리핀	+38	45	7
인도	+38	47	9
브라질	+37	47	10
페루	+35	42	7
인도네시아	+34	40	7
남아프리카공화국	+33	41	8
칠레	+33	43	10
멕시코	+31	47	16
아르헨티나	+30	36	6
이탈리아	+30	35	5
말레이시아	+29	47	18
콜롬비아	+29	39	10
터키	+27	40	13
오스트레일리아	+27	32	5
헝가리	+27	34	7
프랑스	+26	31	5
벨기에	+25	30	5
폴란드	+25	31	6
한국	+25	29	4
싱가포르	+25	35	11
독일	+24	31	7
이스라엘	+24	31	8
스페인	+23	31	8
미국	+23	34	11
캐나다	+23	30	7
영국	+22	27	5
사우디아라비아	+22	42	20
세르비아	+22	32	10
일본	+21	27	6
뉴질랜드	+21	28	7
네덜란드	+21	26	6
홍콩	+20	28	8
몬테네그로	+18	29	11
중국	+16	26	10
덴마크	+16	23	7
스웨덴	+15	20	5
러시아	+15	24	9
노르웨이	+11	17	6

| 과대평가

표 5 모든 국가에서 당뇨 환자의 비율을 심각하게 과대평가했다.

과체중인 사람의 수를 실제보다 적게 판단하고 있긴 하지만, 어쨌든 우리는 인구의 상당수가 과체중이라는 사실을 인식하고 있다. 문제의 규모만 시끄럽게 떠들어봤자 그것만으로는 나아지는 것이 거의 없다.

어떤 문제가 사회에 얼마나 만연한지에 초점을 맞추면 사람들은 계속 타인과 똑같이 행동하기 쉽다. 대신 건강한 선택을 막는 장애물을 극복하는 방법이나 개인의 행동에 초점을 맞춰야 한다.

하지만 건강과 관련된 잘못된 인식 가운데 어떤 것은 자신과 주위 사람들을 위해 맹렬히 바로잡아주어야 한다. 백신에 관한 오해가 그런 경우다.

백신이 자폐를 유발한다?

세계에서 가장 유명한 소아마비 환자인 루스벨트 대통령이 죽고 10년이 지난 1955년 4월 12일의 일이다. 우리는 미시간 대학교에서 조너스 소크Jonas Salk 박사가 개발한 소아마비 백신의 실험 결과를 기다리고 있다.

방에는 150여 명의 기자를 포함해 500여 명이 있고 텔레비전 카메라도 16대나 설치되어 있다. 그들은 미국 전역의 영화관에서 기다리고 있는 5만 4000여 명의 의사들에게 상황을 중계하고 있다. 미국뿐만 아니라 전 세계 사람들이 라디오에 귀를 기울이고 있고, 백화

점에서도 방송을 틀어놓았다. 연구자들은 사람들이 귀를 기울이도록 결과 발표를 잠시 멈춘다. 백신 과학자 폴 오핏Paul Offit은 다음과 같이 썼다.

> 발표는 충격적이었다. 하지만 결과는 분명했다. 백신은 효과가 있었다. 강당 안에서 미국인들이 기쁨의 눈물을 흘리며 서로를 껴안았다. ……미국 전역에서 교회 종이 울렸고, 공장들도 침묵의 순간을 지켜봤으며, 유대교 회당과 교회들은 기도회를 열었고, 부모와 교사들은 눈물을 흘렸다. 누군가는 당시를 이렇게 회상했다. "마치 전쟁이 끝난 것 같았어요."[15]

소크는 아이젠하워 대통령에게 황금 훈장을 받았고 1985년 로널드 레이건 대통령은 '조너스 소크의 날'을 선포했다.[16] 소크는 자신의 발견이 (그리고 뒤이은 개선 사항이) 더 많은 사람을 도울 수 있도록 백신에 특허를 내지 않았다. 인터뷰에서 특허는 누구 것이냐는 질문에 소크는 이렇게 답했다. "글쎄요, 사람들 것이겠죠. 특허는 없습니다. 태양에 특허를 낼 수 있나요?"[17]

다시 시계를 돌려서 오늘날로 되돌아오면 현재 백신 연구자들을 바라보는 일부 국민의 시각은 1955년 당시와는 완연히 다르다. 폴 오핏은 전 세계 60만 아이들의 죽음을 예방해줄 로타바이러스 백신의 개발자다. 《자폐의 거짓 예언자들Autism's False Prophets》이라는 책의 저자로서 백신의 안전성을 옹호한다. 오핏은 종종 항의 메일과 살해 위협을 받는다.

어쩌다 이렇게 되었을까? 음모론이나 잘못된 정보가 어떻게 힘을 얻는지를 연구하는 사람이라면 매우 흥미로워할 이야기다. 이 현상은 전 세계적이다. 영국에서는 앤드루 웨이크필드Andrew Wakefield가 MMR백신(홍역·볼거리·풍진 예방 백신)이 장에 구멍을 내고 이 구멍을 통해 혈액으로 흘러 들어가 뇌까지 이동한다는 (지금은 완전히 거짓으로 판명된) 주장을 하면서 백신에 대한 우려에 불을 지폈다. 미국에서는 백신에 들어 있는 수은의 양이나 백신과 자폐의 관련성을 염려한다.

이 책에서 다루는 주제는 대부분 확실하게 파악 가능한 현실, 그러니까 수치화할 수 있는 것들을 측정한다. 측정 방법의 정확도에 대해 논쟁을 벌일 수는 있겠지만 어쨌거나 의학적 결과를 둘러싼 음모론과는 확실히 관련이 없다. 의학적 결과와 관련해서는 100퍼센트 확실한 절대 진리는 결코 얻을 수 없기 때문이다. 과학 실험은 아무런 관련성도 발견되지 않았다는 점만 확인해줄 뿐이다. 백신과 자폐의 관련성의 경우 100만 명이 넘는 아이들을 대상으로 실험이 이루어졌으나 관련성이 전혀 존재하지 않는다고 확언할 수는 없다. 바로 이 지점에서 잘못된 정보가 세력을 얻기 시작한다.

영국 국립자폐협회(사실을 은폐할 이해관계가 없는 단체다)의 입장은 분명하다.

많은 연구가 자폐와 백신의 관련성을 조사해왔고, 연구 결과는 관련이 없음을 반복해서 보여주었다. 그중에는 125만 명 이상의 아이들에게서 얻은 실험 결과를 종합한 〈2014 종합 보고서Comprehensive 2014 Review〉[18]도 포함되어 있다. 또한 최초로 MMR 백신을 자폐와 연결시킨 연구는 기각되었으며, 해당 연구자는 의사회에서 제명되었다.[19]

(트럼프 대통령에서 로버트 케네디 주니어에 이르기까지) 미국의 유명 인사와 공인들도 대중의 의심을 불러일으키는 데 한몫을 한다. 미국뿐만이 아니다. 이탈리아에서는 베페 그릴로Beppe Grillo(코미디언 출신 정치인으로, 정당 '오성운동'의 대표-옮긴이)와 정당 '오성운동Five Star Movement'이 계속해서 백신의 안전성에 의문을 제기하고 있다. 적나라한 안티 백신 운동이라기보다는 좀 더 미묘한 방식의 활동이지만, 어쨌거나 이탈리아에서 예방접종률이 하락하고 최근 홍역이 유행하는 데 원인을 제공했을 가능성이 높다.

전 세계인이 백신과 자폐의 관련성을 믿게 된 것일까? 우리의 조사 결과는 국가별로 다양했지만, 전반적으로는 다섯 명 중 한 명이 '어떤 백신은 건강한 아이에게 자폐를 유발한다'고 믿었으며 38퍼센트는 잘 모르겠다고 답했다.

백신과 자폐의 관련성을 믿은 비율은 인도와 몬테네그로가 44퍼센트로 믿기 어려울 만큼 높았고, 스페인이 8퍼센트로 가장 낮았다. 미국은 19퍼센트로 중간에 위치했고, 영국 또한 20퍼센트로 미국과 비슷했다.

Q 어떤 백신은 건강한 아이에게 자폐를 유발하기도 할까요?

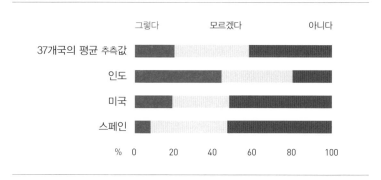

표 6 37개국에서 다섯 명 중 세 명이 잘 모르겠다고 답하거나 백신과 건강한 아이의 자폐 발병 간에 관련성이 있다고 믿었다.

백신과 건강한 아이의 자폐 발병 간에 관련성이 있다는 주장은 이미 기각되었는데도 왜 다섯 명 중 세 명이 잘 모르겠다고 답하거나 잘못된 주장을 믿는 것일까? 이 문제에 음모론의 요소가 여럿 들어 있기 때문이다.

먼저 백신은 상당히 감정적인 문제다. 우리 아이들의 건강 문제보다 더 감정적인 문제는 없다. 사람은 감정적인 상태가 되면 더 예민해지고 이성적으로 사고하기 어려워지므로 정보를 평소와 다르게 받아들인다.

둘째, 백신 문제를 제대로 파악하려면 리스크risk를 이해해야 하지만 사람들은 이 개념을 잘 이해하지 못한다. 케임브리지 대학의 데이비드 스피겔할터David Spiegelhalter 교수의 설명이다. 우리는 위험 요소hazard와 리스크의 차이를 이해해야 한다. 위험 요소는 피해가 발생할 가능성을 뜻하고, 리스크는 부정적인 결과가 실제로 발생할 확률을 의미한다.[20] 예를 들어 백신은 이미 존재하는 사립체질환mitochondrial disorder을 악화시킬 가능성이 아주 조금이나마 있고, 이 가능성은 소수의 아이들에게서 퇴행성 자폐증과 관련을 보였다. 이러한 가능성을 위험 요소로 간주하는 것이 타당하다는 미국 법원의 판결이 있지만 실제 사례는 없다고 해도 좋을 정도로 드물다. 그러므로 거의 모두에게 사실상 리스크는 존재하지 않는다고 할 수 있다. 하지만 이를 사람들에게 이해시키기는 쉽지 않다.

　게다가 우리가 백신에 관해 접하는 이야기는 전혀 도움이 되지 않을 때가 많은데도 일부 미디어는 이러한 이야기들을 계속 내보낸다. 백신과 자폐가 관련이 있다고 주장하는 사람들에게는 공간을 마련해주면서 반대 입장에는 공간을 내어주지 않는 텔레비전 쇼나 기사만 문제인 것은 아니다(잡지《롤링스톤Rolling Stone》과 토크쇼〈래리 킹 라이브Larry King Live〉가 이런 비판을 받았다). 이른바 '균형 잡힌' 보도도 미묘하게 영향을 미칠 수 있다. '믿을 만한 정보원은 모두 동의하지 않지만 여전히 몇몇은 그 주장을 믿는다'라는 식의 보도가 그렇다. BBC의 다큐멘터리 프로그램〈호라이즌Horizon〉은 'MMR주사는 자폐를 유발하는가?'라는 제목의 에피소드에서 양쪽 입장을 모두 보도했다. 웨이크필드의 주장에 반대하는 전문 의료진의 목소리와 함께 웨이크필드가 MMR백신과 자폐의 관련성을 옹호하게 된 과정을 상세히 다룬 것이다.[21] 그러나 이런 식의 균형 잡힌 보도가 실제로 양극화에 일조한다는 증거가 점점 늘고 있다. 모순되는 기후변화 관련 정보에 사람들이 어떤 반응을 보이는지를 연구한 캐스 선스타인은 이런 현상에 '비대칭 정보 갱신asymmetric updating'이라는 이름을 붙였다. 사람들은 자신의 견해를 뒷받침하는 정보를 골라서 받아들인다. 그 견해가 주류에서 벗어난 것일지라도 말이다.[22] 이 같은 핵심 편향(듣고 싶은 것만 듣는 것)이 어떻게 변주되는지는 앞으로도 계속 살펴볼 것이다.

이건 주류 미디어의 문제만은 아니다. 온라인 콘텐츠가 폭발적으로 증가하면서 다양한 의견을 표현할 공간이 마련되었지만 한편으로는 가짜 정보와 신뢰할 만한 정보를 구분하기가 훨씬 어려워졌다. 백신에 반대하는 웹사이트들은 '국가백신정보센터'나 심지어 '국제백신의료협회'같이 권위 있어 보이는 이름을 갖고 있다. 마치 UN 산하기구 같은 이름이지만 사실은 사설 단체일 뿐이다.

이런 곳에서 나오는 정보의 내러티브도 큰 역할을 한다. 이야기는 오래도록 기억에 남으며, 백신과 자폐 간의 관련성을 주장하는 개인의 사례는 상당히 많다. 모델이자 배우이자 텔레비전 프로그램 진행자인 제니 매카시Jenny McCarthy는 가장 유명한 '자폐아' 어머니로서 '수천 명'의 부모에게서 들었다는 이야기를 주기적으로 풀어낸다. 백신을 맞고 '집에 왔더니 아이가 열이 났고, 말을 멈췄고, 자폐아가 됐다'는 것이다. 매카시는 이 이야기들을 과학적 증거와 동등하게 취급한다. 그리고 조금도 비꼬는 기색 없이 '부모의 입에서 나오는 정보는 과학에 근거한 정보'라고 말한다.[23]

이런 환경에서 이야기는 현실을 압도한다. 백신 과학자인 폴 오핏은 매카시와 함께 방송에 출연하는 것을 거부한다. 그리고 그 이유를 이렇게 설명한다. "모든 이야기에는 영웅과 희생자 그리고 악당이 등장한다. 매카시는 영웅이고, 그녀의 아이는 희생자다. 내게 남은 역할은 하나뿐이다."[24]

　의학과 관련된 잘못된 인식은 실제로 매우 심각한 결과를 초래할 수 있다. 하지만 그 결과의 심각성은 반대파들처럼 효과적으로 설명하기가 매우 어렵다. 먼저 '집단 면역 역치herd immunity threshold'라는 것이 있다. 예방접종률이 일정 수준 아래로 떨어지면 면역력이 없는 사람들 사이에서 매우 빠른 속도로 감염이 일어난다는 의미다. 이 역치의 수준은 질병과 백신의 종류에 따라 다른데, 홍역의 경우 90퍼센트다. 2017년 미국 미네소타의 소말리아계 미국인 공동체에서 홍역이 돌았던 것처럼 상당히 최근에도 백신 반대 분위기가 만연한 곳에서 홍역이 크게 유행한 사례가 있었다.

　둘째, 오류가 증명된 주장을 계속 붙들고 있으면 자폐를 제대로 이해하는 데 방해가 된다. 영국 국립자폐협회는 이렇게 말한다.

　우리는 이미 철저히 기각된 백신과 자폐 간의 관련성 조사에 불필요한 관심과 연구 자금을 제공해서는 안 된다고 생각한다. 그 대신 영국에 있는 70만 자폐 인구와 그 가족의 삶을 개선하는 데 더욱 집중해야 한다.[25]

　백신에 대한 잘못된 인식이 전 세계 다수의 머릿속에 단단히 자리 잡고 있긴 하지만, 백신 관련 보도를 둘러싼 논란은 적어도 일부 방송국이 '가짜 균형'의 위험에 대처하게는 했다. 예를 들어 BBC는 이미 기각된 과학적 견해를 전달할 때 지켜야 할 기준을 더욱 강화했다. 이제는 앤드루 웨이크필드의 주장처럼 거짓으로 밝혀진 주장이 이전처럼 목소리를 낼 수 없을 것으로 보인다.[26]

피를 몸 밖으로 빼내는 치료와 두개골에 구멍을 내는 치료에서부터 네 가지 체액 또는 '유머'의 불균형으로 우울이 생긴다는 견해까지, 의학과 관련된 잘못된 인식은 역사상 수없이 많았으며, 실제로 사망과 고통을 불러왔다. 다행히 그때 이후로 신체 질환과 정신 질환의 원인을 파악하고 치료법을 개발하는 일에 상당한 진전이 있었고, 행복에 관해서도 더 많은 것이 알려지게 되었다.

타인은 불행하고 자신은 행복하다는 착각

지난 수십 년간 모든 학문 분과가 삶의 만족과 웰빙의 요소를 알아내기 위해 최선을 다했다.[27] UN과 세계은행, 경제협력개발기구 OECD와 각국 정부가 이런 흐름에 합류했다. 몇 년 전 영국에서는 당시 총리였던 데이비드 캐머런이 GDP와 더불어 국가의 웰빙 지수를 영국 경제를 평가하는 중요 지표로 삼자고 제안했다.

불행히도 최근 웰빙 연구는 다소 잠잠해졌다. 오랜 시간 국가 단위로 삶의 만족도를 조사해본 결과, 특히 선진국에서는 삶의 만족도가 웬만해서는 변하지 않는 것으로 나타났던 것이다. 이처럼 삶의 만족도가 비교적 안정적이라는 사실은 어떤 면에서는 위안이 된다. 대부분의 사람들은 주위 환경이 어떻든 간에 항상 꽤 행복하다는 뜻이기 때문이다. 1978년에 실시되었던 유명한 연구에 따르면 행복도는 복권 당첨 이후(당첨 직후의 충격이 지나간 후)에도 그리 높아지지 않았고 심각한 사고 이후에도 그리 낮아지지 않았다.[28] 또한 삶의 만족도가 높아진다고 해도 정부의 특정 정책 덕분이라고 명확하게 결론 내리기는 어렵다.

행복의 의미가 무엇이고 행복을 어떻게 측정할지에 대해서만 책한 권을 쓸 수도 있지만, 이미 그와 관련된 훌륭한 책들이 많이 나와 있다. 그래도 행복 측정을 복잡하게 만드는 요소 중에 한 가지만은 짚고 넘어가야 한다. 바로 대니얼 카너먼이 말한 '경험 자아experiencing self'와 '기억 자아remembering self'의 차이다.[29]

경험 자아는 현재를 산다. 반면 기억 자아는 자신의 삶을 이야기로 만들어서 스스로에게 들려준다. 기억 자아가 경험 자아의 행동과 의견을 새로운 이야기로 바꿔 쓰면서 우리는 이 두 자아를 쉽게 혼동하게 된다. 카너먼은 자신이 가르친 학생의 사례를 들려준다. 이 학생은 20분 동안 아름다운 음악을 듣고 있었다. 그런데 음악이 끝나는 순간 끽 하고 무언가를 긁는, 듣기 싫은 소리가 났다. 학생의 관점에서 보면 이 마지막 순간이 음악 감상이라는 '전체 경험을 망쳐버렸다'. 하지만 카너먼은 이 긁는 소리가 전체 경험을 망친 게 아님을 지적한다. 마지막 소리는 그저 경험이 기억되는 방식을 바꿔놓았을 뿐이다. 우리에게 이야기는 어떻게 끝나는지가 가장 중요하다. 이야기의 결말은 우리가 이야기를 기억하는 방식을 바꾸고, 미래의 결정에 활용할 이야기의 교훈도 바꿔놓는다.

이 개념은 다음 조사 결과에서 나타난 패턴을 설명하는 데도 도움이 된다. 우리는 조사에서 자국민 가운데 전반적으로 행복하다고 느끼는 사람이 얼마나 될 것 같으냐고 물었다. 모든 국가에서 응답자들은 다른 사람들의 행복도를 실제보다 훨씬 낮게 추측했다. 40개국 중에서 가장 불행한 국가는 러시아였다. 하지만 러시아에서도 73퍼센트의 응답자가 전반적으로 자신은 꽤 행복하다고 답했다. 가장 행복한 국가는 스웨덴으로, 거의 모두가(95퍼센트) 행복하다고 답했다. 하지만 스웨덴 사람들이 행복할 거라고 추측한 국민의 비율은 실제 수치의 절반을 밑돌았다.

몇몇 국가에서는 타인의 행복도를 추측한 값과 자신의 행복도 사이에 어마어마한 차이가 있었다. 한국인은 전 국민의 24퍼센트만이 행복할 거라고 생각했지만 우리가 질문하기 몇 년 전에 실시된 세계 가치관조사(이하 WVS)에서는 한국인의 90퍼센트가 행복하다고 답했다(WVS는 1981년부터 52개국에서 행복도와 삶의 만족도를 추적해온 조사다). 한국에서 이런 격차가 나타난 것은 정치 상황이 변했기 때문일 수도 있다. 실제로 2016년 한국 뉴스는 대통령의 부패와 북한의 핵실험 소식이 가득했기 때문이다. 그나마 가장 정확하게 추측했던 캐나다 사람들조차 다른 국민의 행복도를 심각하게 낮게 평가했다. 캐나다인은 자국민의 60퍼센트만이 행복할 거라고 생각했지만 실제로

Q 설문조사를 한다면 행복하다고 답하는 사람이 몇 퍼센트나 될까요?

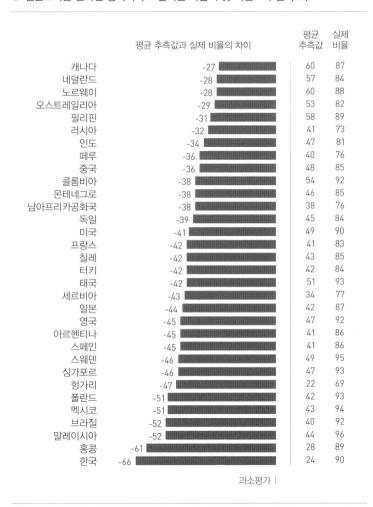

	평균 추측값과 실제 비율의 차이	평균 추측값	실제 비율
캐나다	-27	60	87
네덜란드	-28	57	84
노르웨이	-28	60	88
오스트레일리아	-29	53	82
필리핀	-31	58	89
러시아	-32	41	73
인도	-34	47	81
페루	-36	40	76
중국	-36	48	85
콜롬비아	-38	54	92
몬테네그로	-38	46	85
남아프리카공화국	-38	38	76
독일	-39	45	84
미국	-41	49	90
프랑스	-42	41	83
칠레	-42	43	85
터키	-42	42	84
태국	-42	51	93
세르비아	-43	34	77
일본	-44	42	87
영국	-45	47	92
아르헨티나	-45	41	86
스페인	-45	41	86
스웨덴	-46	49	95
싱가포르	-46	47	93
헝가리	-47	22	69
폴란드	-51	42	93
멕시코	-51	43	94
브라질	-52	40	92
말레이시아	-52	44	96
홍콩	-61	28	89
한국	-66	24	90

과소평가 |

표 7 모든 국가에서 사람들은 다른 사람들이 실제보다 훨씬 덜 행복해할 거라고 생각했다.

는 88퍼센트가 행복하다고 답했다.

여러 국가의 국민이 이 결과를 보고는 자국민의 실제 행복도가 자신들의 추측에 비해 몹시 높다는 것에 깜짝 놀랐다. 이 질문과 답변이 잘못된 인식 조사 중에 유독 특이한 이유도 여기에 있다. 사람들이 보통 당황한 얼굴로 고개를 절레절레 흔드는 것은 자신들의 추측이 터무니없을 정도로 현실과 다르기 때문이다. 그런데 이 행복도 조사에서 사람들을 놀라게 한 것은 추측이 아닌 실제 행복도였다.

타인의 행복도를 추측한 값과 자신의 행복도가 크게 다른 이유는 다음 세 가지로 설명할 수 있다. 첫 번째 설명은 카너먼이 말한 기억 자아와 경험 자아의 차이와 관련이 있다. 행복도 조사는 지금 이 순간 즐거운지를 물은 게 아니라 전반적으로 삶이 행복한지를 물었다. 장기적이고 종합적인 관점에서 보면 "네, 모든 걸 고려해봤을 때 저는 꽤 행복해요"라는 대답이 나오게 된다. 사람들이 늘 실실 웃으며 걸어 다닌다는 말이 아니라, 타인의 행복도를 추측할 때 더욱 즉각적이고 강렬한 행복의 이미지를 떠올렸으리라는 뜻이다.

두 번째, 일반적으로 우리는 타인을 지나치게 부정적으로 평가한다. 즉 우리는 '기만적 우월감illusory superiority bias'을 갖고 있다. 사람들은 긍정적인 특성과 관련해 자신이 평균보다 낫다고 생각하는 경향이 있다. 반복된 실험 결과 사람들은 관계에서의 만족도와 리더십, IQ와 인기에 관련해 타인보다 스스로를 더 높게 평가한다는 사실이 드러났다. 또한 열 명 중 여덟 명은 자신의 운전 실력이 평균 이상이라고 생각했다.[30] 기만적 우월감이 얼마나 만연한지 알아보기 위해 우리는 대규모 표본을 뽑아 절반에게는 운전자나 보행자로서 자신이 자동차 사고를 당할 확률이 얼마나 되는지를 물었고, 나머지 절반에게는 다른 사람이 사고를 당할 확률을 물어보았다. 그 결과 큰 차이가 나타났다. 첫 번째 집단에서는 40퍼센트가 가장 낮은 확률을 고른 반면, 두 번째 집단에서 가장 낮은 확률을 고른 사람은 24퍼센트 뿐이었다. 우리는 자신이 다른 사람보다 더 신중하고 똑똑하다고 생각하고 싶어 한다.[31]

이 '평균 이상 효과'가 행복에 대한 관점에도 영향을 미친다는 증거가 있다. 왜냐하면 잘못된 인식 조사에서 우리는 타인의 행복도뿐만 아니라 자신의 행복도도 물었기 때문이다. 모든 국가에서 사람들은 자신이 타인보다 더 행복하다고 생각했다. 예를 들면 한국에서 자신이 행복하다고 대답한 비율은 48퍼센트로, 국민 전체의 행복도에 대한 평균 추측값보다 두 배 높았다. 브라질의 경우 응답자의 67퍼센트가 자신이 행복하다고 답하면서도 브라질 국민은 40퍼센트만이 행복할 거라고 추측했다.

여기서 세 번째 설명이 등장한다. 사람들은 WVS보다 입소스의 조사에서 덜 행복하다고 답하는 경향을 보였다. 앞에서 살펴보았듯이 WVS에서는 한국인의 90퍼센트가 행복하다고 답한 반면 입소스 조사에서는 오직 48퍼센트만이 행복하다고 답했다. 브라질의 경우 WVS에서는 92퍼센트가, 입소스 조사에서는 67퍼센트가 행복하다고 답했다. 왜 이런 차이가 나타난 걸까?

가장 그럴듯한 설명은 누가 질문했느냐에 따라 대답이 달라진다는 것이다. 입소스 조사는 인터넷에서 진행되었고 인터넷 조사는 익명이었다. 반면 WVS에서는 인터뷰어가 얼굴을 맞대고 질문을 했다. 질문하는 사람이 눈앞에 있으면 대답은 달라진다.

여기서 사람들이 추측한 타인의 행복도와 자신의 행복도의 차이에 대한 또 다른 설명이 나온다. 사람들은 조사에서 늘 자신의 삶을 진실하게 이야기하지 않을 수도 있다. 의식하든 의식하지 않든 간에, 우리는 자신의 견해나 행동에 관한 질문에 정직하게 답변하려고 애쓰는 동시에 자신의 긍정적 이미지를 드러내고 싶어 한다. 우리는 스스로를 좋게 꾸미고 싶다는 뿌리 깊은 욕망, 즉 '사회적 선망 편향 social desirability bias'의 영향을 받는다. 그래서 상대에게 긍정적인 인상을 주려고 하거나 자신에게 기대되는 반응을 보이려 한다.

여론조사에서 나타나는 사회적 선망 편향은 널리 알려져 있고, 그만큼 많이 연구되었다. 이 편향은 특히 불법적인 행동이나 쑥스러운 행동에 관한 질문에서 가장 선명하게 나타난다. 여러 연구를 검토한 결과 코카인과 마약에 양성 반응을 보인 사람의 30~70퍼센트가 최근 약을 했다는 사실을 부정했다.[32] 이만큼 논란이 크지 않은 문제에서도 사람들의 이야기는 실제 행동과 매우 다를 수 있다. 연구를 해보면 최근 선거에서 투표를 했느냐는 질문에 '했다'고 대답한 사람의 약 20퍼센트가 사실은 투표를 하지 않았다는 결과가 반복해서 나온다.[33] 하지만 행복도 조사에서 나타나듯, 사회적 선망 편향은 나쁜 행동을 감추는 것만 의미하진 않는다. 학자들은 이러한 현상을 '인상 관리'의 한 형태로 설명한다. 그러니까 타인에게 긍정적인 자기 이미지를 보여주려고 하는 것에 더 가깝다. 그러므로 자기 이미지와 관련된 질문의 경우 여론조사 결과를 더욱 신중하게 받아들여야 한다.

팩트 감각 기르기

건강이나 행복과 관련된 잘못된 인식을 살펴보면 건강해지기 위해 무엇을 해야 할지도 알 수 있지 않을까? 슬프지만 알 수 없다. 그렇게나 많은 단체와 사람들이 최선을 다하고 있음에도 사람들이 계속 뚱뚱해지고 있다는 사실에서 드러나듯, 잘못된 인식은 문제가 얼마나 복잡한지만을 보여줄 뿐이다(하지만 적어도 우리는 꽤 행복하다). 이렇게 문제가 복잡한 이유는 우리의 건강하지 못한 행동이 자신은 다른 사람보다 더 낫거나 운이 좋다는 믿음에서 비롯된 자기부정과, 대개 건강하지 않은 규범을 따르려는 강력한 충동의 파괴적 조합에 바탕을 두고 있기 때문이다. 또한 건강 문제는 복잡하고 100퍼센트 확신할 수 없기에 감정과 이야기에 근거해 잘못된 비약을 할 여지가 생긴다.

이렇게 1장을 마치기엔 다소 아쉽다면 다음 두 가지를 짚고 넘어가는 것이 좋겠다. 첫째, 여러 훌륭한 행동 연구가 실용적인 행동 방향을 알려주고 있다. 다음은 우리에게 내재되어 있는 편향에 맞서지 않고 그 편향과 함께할 수 있는, 과학적 조언들이다. 집에서는 작은 그릇을 사용할 것, 뷔페에서 외식할 때는 음식에서 멀리 떨어져 앉을 것, 먹음직스럽게 진열된 디저트에는 가급적 등을 돌려 앉을 것, 비스킷은 손이 닿지 않는 찬장에 올려둘 것, 운동 계획을 주위 사람들에게 공표하고 친구들과 함께 실천할 것 등, 우리가 실천할 수 있는 것들은 이밖에도 많다.[34]

둘째, 상황이 그리 절망적인 것만은 아니다. 모두가 과장된 우월감과 군중을 따르려는 욕망 때문에 바보 같은 선택을 하는 것만은 아니라는 얘기다. 우리는 그 어느 때보다 오래 살고 있으며, 이렇게 길어진 삶은 건강하고 생산적일 때가 많다. 이 책에 반복적으로 등장하는 이야기 중에 하나는 이미 보편화된 불안감에 장작을 넣어봐야 아무것도 얻을 수 없다는 것이다. 우리가 얼마나 엉망진창인지를 이야기하는 것은 역효과를 낳을 확률이 매우 높다. 문제의 심각성을 감추자는 것이 아니라, 해결 방법에 더욱 초점을 맞춰야 한다는 얘기다. 핵심 문제는 더욱 과감하게 조치하는 것이 좋다. 예컨대 설탕 소비량의 경우 더 강력하게 규제해도 사람들이 문제없이 받아들일 가능성이 높다.

2장

—

섹스

얼마나 하고 있습니까?

우리 뇌는 성에 예민하게 반응한다. 인류의 생존이 성에 달려 있기 때문이다. 하지만 성은 잘못된 인식이 곳곳에 숨어 있는 지뢰밭이기도 하다. 다른 주제처럼 평범하게 이야기할 수 없다는 것이 이유 중 하나다. 건강과 행복처럼 관찰을 하며 사회규범을 파악할 수 있는 주제와는 달리, 성은 굳게 닫힌 문 뒤에서 벌어진다(게다가 평소에 보게 되는 성행위 장면은 실제 규범을 정확하게 반영하지 못한다).

사람들은 실생활에서 성 관련 정보를 충분히 얻지 못하기 때문에 '권위 있는' 다른 정보원에 기댄다. 운동장이나 탈의실에서 몰래 하는 이야기, 이어져 내려오는 속설, 수상쩍은 설문조사와 포르노 같은 것들 말이다. 성행위는 (말 그대로) 삶의 중심인데도 신뢰할 만한 정보는 매우 부족하다. 이 책에서 다룬 모든 주제 가운데 '실제' 정보를 얻기가 가장 어려웠던 분야가 바로 성 관련 문제였다. 물론 콘돔 제조사와 여성 잡지 그리고 제약업계가 실시한 의심스러운 설문조사가 끝도 없이 많지만(그들은 성 관련 정보를 제공하면 물건이 잘 팔린다는 것을 안다. 심지어 정보가 가짜라고 해도 말이다) 믿을 만한 표본 조사는 전 세계를 뒤져봐도 충격적일 정도로 부족하다. 물론 성은 측정하기 쉽지 않은 주제다. 게다가 사람들의 행동을 24시간 감시하지 않는 한, 모든 정보를 어느 정도 의심해야만 한다(알렉사와 시리, 또는 우리의 '스마트'한 냉장고가 섹스 라이프의 진실을 밝혀줄 날도 그리 머지않았다!). 슬프게도 이렇게 자료가 부족한 것은 성에 대한 대화를 쑥스러워하는 우리의 태도 때문이기도 하다.

바로 여기서 잘못된 인식이 싹튼다. 예를 들어, 아직도 많은 사람들이 발이나 손이 크면 성기도 클 거라고 믿는다. '웃프게도' 실제로 2016년 미국 대선 캠페인 당시 트럼프의 작은 손이 다른 신체 부위의 '무능'을 보여준다는 이야기가 돌았다. 하지만 트럼프는 그렇게 방어적으로 행동할 필요가 없었다. 손, 발, 귀 등의 신체 부위와 성기 크기의 관련성을 찾으려는 수많은 연구에도 불구하고 어떤 상관관계도 드러나지 않았기 때문이다.[1]

성의 중요성이 공공연하게 논의되지 않는 가운데 성행위가 정신적 에너지를 얼마나 많이 소모시키는지에 대한 거짓 주장이 널리 퍼졌다. 예를 들면 흔히 남자는 7초에 한 번 성행위를 생각한다고들 한다. 하지만 생각해보라. 그러면 한 시간에 500번, 또는 깨어 있는 동안 8000번 성행위를 생각한다는 의미다. 사람은 '멀티태스킹'을 잘하지 못한다는 심리학자들의 주장을 고려하면(그러니까 사람들은 서로 다른 생각을 순서대로 할 수는 있지만 동시에는 못 한다), 이렇게 성행위에 대해 많이 생각한다는 것은 그만큼 다른 생각을 하지 못한다는 뜻이기도 하다. 사람들이 기나긴 시간 동안 무슨 생각을 하는지 정확하게 파악하기는 매우 어렵고, 게다가 그 생각을 정확히 수치로 나타내기는 더더욱 어렵지만, 여러 연구는 사람들이 성행위에 대한 생각을 하루에 대략 20번 정도 한다는 결과를 내놓았다(내겐 여전히 놀라운 소리로 들린다). 어느 연구에서 남자들에게 먹기와 잠자기에 대해 얼마나 자주 생각하느냐고 물었을 때도 대략 비슷한 결과가 나왔다.[2]

이보다 더욱 유해한 정보를 유포한 사례도 있다. 예를 들면 텍사스에 있는 학교의 성교육 프로그램을 조사한 결과, 몇몇 프로그램에는 단 하나도 진실된 정보가 들어 있지 않은 것으로 밝혀졌다. 이 프로그램들은 '다른 사람의 생식기를 만지면 임신한다'라거나 '10대 게이 남성의 절반은 HIV 양성 반응을 보였다'와 같은, 금욕을 촉구하는 내용으로 가득 차 있었다.[3]

앞으로 살펴보겠지만 우리는 이렇게 공식 승인된 거짓말이 아니어도 이미 충분히 성에 대해 모른다.

얼마나 하고 있습니까?

가장 기초적인 질문에서 시작해보자. 그동안 섹스 파트너가 몇 명이나 있었는가? 당신의 숫자는? 그리고 다른 사람들의 숫자는 얼마나 될까? 먼저 편하게 여러분의 숫자를 세어보고, 그다음에 45~54세 남녀의 숫자를 추측해보라(앞으로 살펴보겠지만 남녀 간에 매우 흥미로운 차이가 나타난다).

우리는 질문을 단순화하려고 노력했다. 질문을 이성애 파트너에 한정하지 않았고, 섹스 파트너의 뜻(그러니까 어떤 행동을 섹스라고 보아야 할지)도 정의하지 않았다. 별문제가 아닌 것처럼 보일 수도 있지만 사실 섹스를 정의하는 것은 엄청나게 복잡한 문제다. 빌 클린턴과 모니카 르윈스키의 일을 떠올려보라. 클린턴은 '르윈스키와 성적 관계를 맺지 않았다'고 주장했으나 이후 르윈스키에게 오럴 섹스를 받았다는 사실이 밝혀졌다. 그 결과 위증 혐의로 1998년 탄핵이 소추되었고 '성적 관계'의 뜻에 대해 미국 전역에서 논쟁이 벌어졌다. 사람들의 성생활 뒤에 숨은 숫자를 다룬 저서에서 데이비드 스피겔할터가 설명했듯, 이 사건을 계기로 연구자들은 인디애나 대학교 학생들에게 무엇을 '섹스'로 여기는지를 조사한 다음 이를 근거로 급히 보고서를 써야만 했다.[4] 조사 결과 대다수가 클린턴의 견해에 동의하는 것으로 밝혀졌다. 오직 40퍼센트만이 '구강과 성기의 접촉'을 섹스로 여겼던 것이다. 이 조사는 미국인 전체의 의견을 대표하진 못했지만 탄핵안에 대한 상원의 투표 결과는 어느 정도 예측해주었다. 상원의원 중 45명이 클린턴을 유죄로, 55명이 무죄로 간주했고 클린턴은 살아남았다. 하지만 우리의 기준대로라면 클린턴은 무척 곤란해졌을 것이다. 우리는 가장 엄밀한 성행동 조사에서 사용된 공식 정의를 따랐기 때문이다. 이 기준에 따르면 구강, 항문, 성기로 성행위를 한 상대는 모두 섹스 파트너에 해당된다.

이런 행위를 철저하게 조사한 자료는 낙담스러울 정도로 구하기 어렵기 때문에 우리는 미국, 영국, 오스트레일리아, 오직 세 국가에서만 충분한 정보를 얻을 수 있었다. 하지만 여기에서도 매우 흥미로운 패턴이 나타났다.

먼저, 세 국가 모두 남성의 평균 섹스 파트너 수는 제대로 추측해 냈다. 오스트레일리아와 영국에서 45~54세 남성에 대한 평균 추측 값은 17명이었고, 미국에서는 19명이었다. 그리고 사람들의 평균 추측값은 거의 정답과 일치했다. 조사에서는 남녀의 대답을 따로 산출했고, 남녀 모두 남성의 섹스 파트너 수를 근접하게 맞혔다.

여성의 경우 결과가 훨씬 흥미롭다. 먼저, '실제' 자료에서 눈에 띄는 점이 있었다. 여성이 직접 대답한 섹스 파트너의 수는 남성이 답한 섹스 파트너의 수보다 훨씬, 훨씬 적어서 거의 절반 수준이었다. 이건 성행위 조사의 가장 큰 난제 가운데 하나다. 이런 결과는 양질의 섹스 관련 조사에서 반복적으로 나타나며, 통계적으로 말이 되지 않는다. 남성과 여성이 함께 섹스를 하고 남녀 인구가 거의 비슷하다면 섹스 파트너의 수 또한 대략 일치해야 한다. 물론 조사에서 45~54세로 나이대를 좁혔기 때문에 이 나이대에는 남성이 여성보다 섹스 파트너가 많다고 볼 수도 있겠지만, 그래도 이만큼 격차가 벌어질 수는 없다. 어쨌거나 이것은 모든 조사에서 모든 나이대에 나타나는 패턴이다.

남성이 성매매를 하기 때문이라는 설명에서부터 성별에 따라 질문을 다르게 해석하기 때문이라는 설명까지(예를 들면 남성이 숫자에 포함시키는 성행위를 여성은 포함시키지 않을 수도 있다), 이 패턴을 설명하는 몇 가지 가설이 있긴 하다. 하지만 가장 가능성이 높은 것은 다음 두 가지다. 첫째, 남성은 깊이 생각하지 않고 수를 대강 합산하며(남

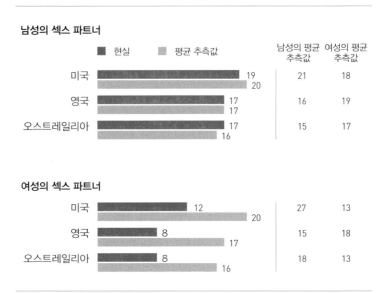

표 8 사람들이 추측한 섹스 파트너 수

성에게 지난 1년간의 섹스 파트너 수를 알려달라는 식으로 더욱 간단하게 질문하면 남녀 대답에서 나타나는 격차가 사라진다) 의식적으로 또는 무의식적으로 섹스 파트너 수를 부풀린다. 둘째, 여성은 남성과 정반대의 모습을 보이는 경향이 있다.

실제로 미국의 한 연구에서 여성이 섹스 파트너 수를 줄여 말한다는 증거가 나왔다. 이 연구에서는 여성 실험 참가자를 세 집단으로 나눈 다음 성행위에 관해 질문했다. 첫 번째 집단은 혼자서 설문지를 작성했다. 두 번째 집단은 실험 감독관이 자신의 대답을 볼 수도 있다는 이야기를 들었다. 그리고 세 번째 집단은 가짜 거짓말 탐지기를 부착했다. 의심 많은 심리학과 학생 시절의 나라면 이 실험의 의도를 파악했으리라 믿고 싶지만, 사실 나 역시 실험 참가자들처럼 속아 넘어갔을 것이 분명하다. 다른 사람이 자신의 대답을 볼 수도 있다고 믿은 두 번째 집단은 평균 섹스 파트너 수가 2.6명이었고, 익명으로 설문지를 작성한 집단은 평균 3.4명이었다. 그리고 아무짝에도 쓸모없는 기계를 부착한 집단의 경우 평균 섹스 파트너의 수는 4.4명으로, 같은 연구에서 남성 참가자들이 했던 답변과 일치했다.[5]

하지만 우리 자료에서 나타난 가장 흥미로운 패턴은 따로 있다. 특히 눈길을 끄는 점은 사람들이 남녀의 섹스 파트너 수를 정확히 똑같이 추측했다는 것이다. 하지만 여성의 실제 답변을 보면 이런 추측이 완전히 틀렸음을 알게 된다. 오스트레일리아 사람이 추측한 오스트레일리아 여성의 섹스 파트너 수는 평균 16명이었으나 실제 여성의 대답은 평균 여덟 명이었다. 영국은 추측이 17명, 실제 대답은 역시나 여덟 명이었다. 마지막으로 미국의 경우 추측은 20명, 실제 대답은 12명이었다. 물론 앞에서 살펴봤듯이 섹스 파트너 수를 보고할 때 편향이 작용한다는 점을 고려해보면(즉 누군가는 분명히 거짓말을 한다. 그리고 성별에 따라 거짓말의 방향은 완전히 다르다), '실제 현실'에서 우리는 추측을 꽤나 잘할 가능성이 높다. 가장 타당한 결론은, 남자는 자기 숫자를 약간 높이는 반면 여자는 자기 숫자를 낮추며, 우리는 '다른 사람'의 수치를 추측할 때 진실에 더욱 근접한다는 것이다.

미국의 결과에는 특이한 점이 하나 더 있다. 미국 남녀는 여성의 섹스 파트너 수를 특히 다르게 추측했다. 이는 영국이나 오스트레일리아에서는 나타나지 않았던 패턴이다. 미국인 남성이 추측한 미국인 여성의 섹스 파트너 수는 평균 27명이었던 반면(이들이 추측한 미국인 남성의 섹스 파트너 수는 평균 21명이었다) 미국인 여성의 추측은 13명이었다.

이처럼 미국 남성이 추측한 미국 여성의 섹스 파트너 수가 황당할 정도로 많았던 것은 소수의 남성이 터무니없이 높은 숫자를 댔기 때문이다. 실제로 미국인 남성 표본 1000명 중에 약 20명이 50명보다 (한참) 높은 숫자를 댔고, 이런 대답이 자료를 크게 왜곡했다.

그러므로 소수의 미국인 남성이 미국인 여성에 대해 매우 기이한 이미지를 갖고 있는 것을 제외하면, 전체적으로 사람들은 섹스 파트너의 수를 놀라울 만큼 정확하게 추측한다. 하지만 다음 질문에 대해서는 전혀 감을 잡지 못했다. '당신이 살고 있는 국가의 18~29세 남녀는 지난 4주 동안 성행위를 평균 몇 회나 했을까요?'

다시 한 번 당신의 숫자와(나는 지난 4주 동안 묵묵히 이 책을 써왔으므로 즉시 정확한 숫자를 댈 수 있다) 18~29세 남녀의 숫자를 떠올려보라. 슬프게도 이번에는 믿을 만한 정보원에서 나온 '실제' 자료가 훨씬 적지만(미국과 영국의 자료뿐이다), 그래도 이 흥미로운 자료를 통해 사람들이 타인의 성행위 횟수를 상당히 잘못 생각하고 있음을 알 수 있다.

먼저 실제 수치를 살펴보면 남녀가 보고한 성행위 횟수는 섹스 파트너의 수와 마찬가지로 큰 차이를 보이지 않았다. 영국은 남녀의 대답이 일치했고 미국은 지난 한 달간 여성이 남성보다 성행위를 더 많이 했다고 답했지만 차이는 크지 않았다. 기본적으로 젊은이들은 일주일에 평균 1~1.5회 정도 성행위를 한다. 이 나이대의 관계 특성과 라이프스타일을 고려해보면 이해되는 숫자다.

하지만 사람들의 추측은 현실과 전혀 달랐다. 남성의 경우 매우 단순한 패턴이 나타난다. 남녀가 추측한 남성의 평균 성행위 횟수는 실제 수치보다 훨씬 높았다. 영국과 미국 모두 지난 4주 동안 남성이 약 14회의 성행위를 했을 거라고 추측했다(실제 수치보다 10회 많은 수치다). 즉 이 나이대의 남성은 이틀에 한 번, 즉 1년에 180번 성행위를 할 거라고 생각한 것이다. 하지만 평범한 현실에선 1년에 50번 정도다.

문제는 남성이 추측한 여성의 성행위 횟수에 있었다. 이번에는 미국과 영국이 모두 틀렸다. 여성 또한 다른 여성의 성행위 횟수를 상당히 높게 추측했지만 남성의 성행위 횟수도 높게 추측했다는 점에서 적어도 일관성은 있었다(여성은 남녀 모두의 성행위 횟수를 12번에서 14번 정도로 추측했다). 하지만 남성은 여성이 믿을 수 없을 만큼 성행위를 많이 한다고 생각했다. 무려 한 달에 22번이었다! 그러려면 주중에 매일 성행위를 해야 하고, 특별한 날에는 두 번을 추가로 해야 한다.

다른 국가의 경우 믿을 만한 '실제' 자료는 없지만 우리는 오스트레일리아와 스웨덴, 독일에서도 설문조사를 실시했다. 확실하지는 않지만, 이 나이대의 경우 지난 4주 동안 실제 성행위 횟수는 국가별

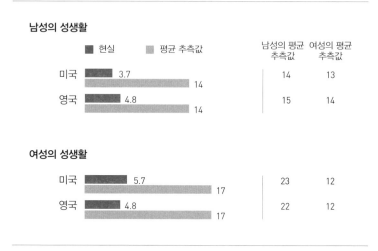

Q 18~29세 남녀는 지난 4주 동안 성행위를 평균 몇 번이나 했을까요?

남성의 성생활

■ 현실　　■ 평균 추측값

		남성의 평균 추측값	여성의 평균 추측값
미국	3.7 / 14	14	13
영국	4.8 / 14	15	14

여성의 성생활

미국	5.7 / 17	23	12
영국	4.8 / 17	22	12

표 9　사람들이 추측한 한 달 동안의 성행위 횟수

로 그리 다르지 않을 것으로 보인다. 미국과 영국의 수치가 비슷하다는 점을 고려하면 아마도 실제 성행위 횟수는 한 달에 대략 세 번에서 여덟 번 정도라고 말해도 괜찮을 듯하다. 꽤 넓은 범위이긴 하지만 말이다. 하지만 모든 국가에서 사람들은 성행위 횟수를 이보다훨씬 높게, 두 자릿수로 추측했다. 특히 스웨덴 사람들은 젊은이들에 대해 기이한 이미지를 갖고 있었다. 그들은 남성의 경우 한 달에 평균 27번, 여성의 경우 24번 성행위를 할 거라고 추측했다!

어느 나라에서든 사람들이 젊은이의 성생활을 매우 기이하게 추측하고 있다는 점을 고려해보면 1년에 몇 명의 여성이 임신을 할 것같으냐는 질문에 사람들이 죄다 틀린 대답을 하는 것도 그리 놀라운

76　팩트의 감각

일은 아니다.

임신한 10대의 이야기

배가 불룩 튀어나온 교복 차림의 10대는 클릭을 끌어 모으는 매력적인 미끼다. 10대의 임신을 고발하는 타블로이드 신문의 헤드라인이나 10대 엄마들의 구구절절한 삶을 파헤치는 토크쇼 인터뷰는 어느 나라에서나 쉽게 찾아볼 수 있다. 요란한 토크쇼는 화면에 다음과 같은 자막을 띄운다. "너는 열여섯 살인 내 딸을 임신시키고 그 애를 버렸어." 하지만 흔치 않은 사회적 현상이 과도하게 주목받게 된 것이 미디어 탓만은 아니다. 언론인 또한 사람이다. 그들은 그저 사람들이 관심을 가질 만한 이야기를 전달할 뿐이다. 그들은 우리가 생생한 이야기를 좋아한다는 사실을 안다. 그리고 그 이야기를 우리에게 제공한다.

미국 학자 조너선 갓셜은 저서 《스토리텔링 애니멀》에서 이야기를 만들어내는 인간 정신과 스토리텔링의 진화론적 뿌리를 추적한다. 우리는 미래의 사건에 어떻게 대응해야 할지 배우기 위해 원인과 결과를 연결시키며 내러티브를 만들어낸다. 또한 복잡한 문제에 대비하기 위해 머릿속에 가상의 세계를 만든다. 생후 1년간 전적으로 부모에게 의지해야 하는 인간 아기를 키우는 것보다 긴급한 사회 문제가 어디 있겠는가? 자신 또한 여전히 부모에게 의지하면서 자기 아이를 낳아 키우는 어린 부모의 이야기는 우리 머릿속에서 쉽게 사라지지 않는다. 어쨌거나 인류의 조상이 어린아이, 특히 도움이 필요한 아이를 돌보는 일에 예민하게 주의를 기울이지 않았더라면 인류는 오늘날처럼 존재하지 못했을 것이다.[6]

그러면 이제 사람들이 10대의 임신을 어떻게 인식하고 있는지 살펴보자. 우리가 조사한 38개국 모두에서 10대의 임신은 드문 일이었다. 출산을 하는 15~19세 여성은 한 해에 2퍼센트 정도였다. 하지만 사람들은 매년 23퍼센트의 10대 소녀가 출산할 거라고 추측했다. 한번 생각해보라. 한 반에 30명이 있다면 해마다 그중 일고여덟 명이 아이를 낳는다는 뜻이다. 현실에선 해마다 두 반에 한 명이 아기를 낳는다.

물론 어떤 국가에서는 19세가 되기 전에 학교를 떠나는 여성이 많다. 이처럼 교육 수준이 낮은 국가에선 10대 출산율을 더욱 터무니없이 추측했다. 그중 브라질은 10대의 출산이 비교적 흔한 일이긴 하지만(연간 6퍼센트의 10대 소녀가 임신을 한다) 사람들이 추측한 10대 출산율은 무려 48퍼센트였다. 대다수가 19세까지 학교에 남는 부유한 서구 국가에서도 추측은 크게 빗나갔다. 예를 들어 미국 사람들은 10대 출산율을 24퍼센트로 추측했으나 실제 수치는 2퍼센트였다.

어떤 국가도 10대 출산율을 제대로 맞히지 못했다. 그건 10대 임신이 큰 문제가 아닌 국가도 마찬가지였다. 예를 들면 독일에서 10대 출산율은 0.6퍼센트에 불과하지만 사람들의 추측은 16퍼센트였다. 매해 15~19세의 소녀 여섯 명 중 한 명이 임신할 거라고 생각한 것이다. 하지만 현실에서 임신하는 소녀는 166명 중 한 명이다.

하지만 이것 또한 평균 추측값일 뿐, 더욱 극단적인 답변도 많았다. 예를 들면 영국에선 열 명 중 한 명이 매해 40퍼센트의 10대 소녀가 출산할 거라고 생각했다.

도대체 어떻게 된 일일까? 우리는 이야기를 만들어내는 동물이며, 지루한 통계 수치보다 생생한 일화를 훨씬 잘 기억한다. 또한 인간의 뇌는 어떤 이야기를 다른 이야기보다 훨씬 매력적으로 느낀다. 물론 우리가 이야기를 좋아한다고 해서 미디어가 잘못된 인식을 마음껏 조장해도 되는 것은 아니다. 미디어는 현실을 있는 그대로 보여줘야 할 책임이 있다. 게다가 우리가 직접 경험할 수 있는 내용은 한정적이기 때문에 그만큼 미디어의 영향력도 책임도 커질 수밖에 없다. 과거에 학자들은 미디어가 사회의 '어젠다를 세팅'한다고 보았다. 미디어가 우리의 생각을 지정할 수는 없지만 초점과 논조를 정해줄 수는 있다는 것이었다.[7] 오후 6시가 되면 모두들 뉴스를 보기 위해 텔레비전 앞에 모이던 지난날에는 미디어가 정말 그런 역할을 했을지 모른다. 하지만 오늘날 미디어의 영향력은 어젠다 세팅보다는 '공명성consonance'과 '의존성dependency'이라는 개념과 관련해서 더 많이 논의된다.[8]

미디어를 통해 자신의 경험과 일치하는 이야기에 노출되는 것이 공명성이다. 미디어는 기존 믿음을 강화한다. 다른 한편 미디어를 통해 상당히 유사하거나 아예 똑같은 이야기에 자주 노출되면, 평소에도 미디어에서 듣고 보았던 이야기와 일치하는 정보를 더 잘 인지할

Q 15~19세 소녀의 몇 퍼센트가 매해 아이를 출산할까요?

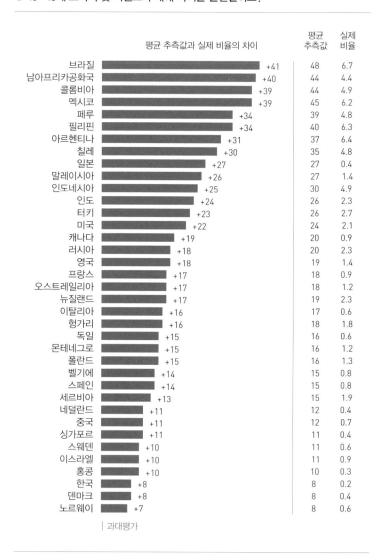

	평균 추측값과 실제 비율의 차이	평균 추측값	실제 비율
브라질	+41	48	6.7
남아프리카공화국	+40	44	4.4
콜롬비아	+39	44	4.9
멕시코	+39	45	6.2
페루	+34	39	4.8
필리핀	+34	40	6.3
아르헨티나	+31	37	6.4
칠레	+30	35	4.8
일본	+27	27	0.4
말레이시아	+26	27	1.4
인도네시아	+25	30	4.9
인도	+24	26	2.3
터키	+23	26	2.7
미국	+22	24	2.1
캐나다	+19	20	0.9
러시아	+18	20	2.3
영국	+18	19	1.4
프랑스	+17	18	0.9
오스트레일리아	+17	18	1.2
뉴질랜드	+17	19	2.3
이탈리아	+16	17	0.6
헝가리	+16	18	1.8
독일	+15	16	0.6
몬테네그로	+15	16	1.2
폴란드	+15	16	1.3
벨기에	+14	15	0.8
스페인	+14	15	0.8
세르비아	+13	15	1.9
네덜란드	+11	12	0.4
중국	+11	12	0.7
싱가포르	+11	11	0.4
스웨덴	+10	11	0.6
이스라엘	+10	11	0.9
홍콩	+10	10	0.3
한국	+8	8	0.2
덴마크	+8	8	0.4
노르웨이	+7	8	0.6

| 과대평가

표 10 모든 국가에서 10대 출산율이 과대평가됐다.

가능성이 높아진다. 미디어의 공명성은 '확증 편향confirmation bias'(기존 신념을 강화하는 정보에 주목하고 마음이 이끌리는 경향)의 일종이다.

정보를 얻기 위해 미디어에 의존해야 하는 경우, 즉 개인적 경험이 부족할 경우 미디어의 보도가 우리 인식에 훨씬 큰 영향을 미친다. 15~19세 소녀를 여럿 알고 있는 사람은 별로 없다. 그 나이대에 아이를 낳은 소녀를 알고 있는 사람은 더더욱 드물다. 실제로 15~19세에 아이를 낳는 여성은 100명당 두 명 정도인데, 어떻게 우리가 그 소녀를 알겠는가? 임신한 10대를 개인적으로 알 가능성이 낮기에 우리는 10대의 임신에 주목하는 미디어의 보도에 반박할 근거가 없다. 그 결과 우리 눈에 10대의 임신은 비일비재한 것처럼 보이게 된다.

게다가 미디어가 임신한 10대의 이야기를 마치 도덕극처럼 전시하기 때문에 더욱 눈길이 쏠린다. 도덕극은 좋고 나쁜 행동의 문제를 다루며, 우리 뇌에서 감정을 담당하는 부분을 자극하여 우리 기억 속으로 파고든다. 그리고 한번 기억에 저장된 이야기는 몰아내기 어렵다. 과장된 등장인물은 (무미건조한 통계 수치보다 훨씬 쉽게) 우리 머릿속에 들러붙고, 그 후로도 오랫동안 자리를 지킨다.

인간의 이야기만 우리 머릿속에 부정적 이미지를 남기는 것은 아니다.《덴버포스트Denver Post》기자들은 지난 5년간 보도된, 개가 사람을 공격한 기사 20개를 모아 제목을 살펴보았다. 아홉 개의 기사가 견종을 언급했고, 그중 여덟 개에 핏불이 등장했다. 하지만 실제로는 콜로라도에서 개가 사람을 물었다고 신고된 사건의 8퍼센트만이 핏불의 소행이었다(사람을 가장 많이 문 견종은 말을 잘 듣는다고 알려진 래브라도레트리버다). 미국 동물학대방지협회에 따르면, 개가 사람을 문 사건을 미디어에 알려주는 동물관리 담당자는 핏불이 아니면 관심이 없다는 말을 듣는다고 한다.[9] 핏불에게 약간 위안이 될 만한 사실이 있다(실제로 핏불은 매우 온순하다는 '기질 평가'를 받았다). 우리 머릿속의 이미지는 시간이 지나면서 변화하기 때문에 악당 개 또한 모습을 바꿀 것이다. 과거엔 블러드하운드가, 그다음엔 도베르만이 악당이었듯 말이다.[10]

실제로 우리의 세상 인식은 현실 너머에 있다. 10대의 임신을 다룬 기사를 훑어보면 영국이나 미국에서 나온 가장 무시무시한 기사는 꽤 오래전(10년도 더 전일 수 있다) 것임을 알게 된다. 최근 10대 출산율이 얼마나 낮아졌는지를 다룬 기사는 거의 찾아볼 수 없다. 미국과 영국에서 10대 출산율은 계속 낮아지고 있으며, [표 11]에 나타나듯 몇몇 집단에서는 상당히 가파르게 뚝 떨어졌다.[11] 안타깝게도 이런 지루한 하강 곡선에는 활기를 불어넣어줄 생생한 이야기가 없다. 내가 장담하건대, 누구도 이런 헤드라인을 본 적이 없을 것이다. "또 한 명의 10대가 출산을 하지 않은 채 그럭저럭 잘 살고 있다."

《스틱!》의 저자 칩 히스와 댄 히스는 머릿속에 달라붙는 메시지의 여섯 가지 법칙을 소개한다. 잘 기억되는 메시지는 단순하고, 예상 밖이며, 구체적이고, 신뢰가 가며, 감성적이고, 이야기를 전달한다.[12] 10대 임신이라는 일화에는 이 모든 요소가 엄청나게 많이 들어 있다.

게다가 우리는 한번 의견을 정하면 웬만해선 바꾸지 않는다. 이

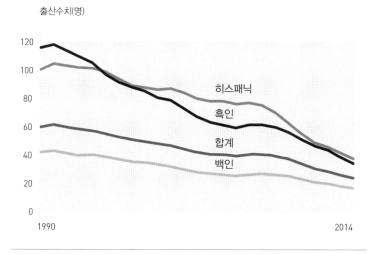

출산수치(명)

표 11 **15~19세 미국 여성 1000명당 출산수치의 인종별 변화**

런 인간 특성은 수백 년 전, 그러니까 1620년에 프랜시스 베이컨이 다음과 같이 깔끔하게 요약하기 훨씬 전에도 잘 알려져 있었다.

> 인간은 일단 의견을 형성하면 이 의견을 지지하고 고수하기 위해 모든 것을 끌어다 붙인다. 반대편 입장에 중요한 실례가 훨씬 많을지라도 무시하거나 일축하고, 아니면 다른 곳에 시선이 팔려서 옆으로 치워두거나 검토를 거부한다.[13]

물론 베이컨이 염두에 두었던 것은 10대 출산이 아니라(당시 10대 출산은 아마 별문제가 아니었을 것이다) 정치 상황이었겠지만, 근본은 똑같다.

일단 의견을 형성하고 나면 이를 강력하게 고수하는 인간의 특성은 20세기 중반부터 여러 연구의 주제가 되었다. 사회심리학자 레온 페스팅거는 '인지부조화cognitive dissonance' 이론(개인이 지닌 생각과 신념, 가치가 모순되거나 부조화할 때 심리적 불편을 경험한다는 이론)을 제시하며, 이 분야의 연구에 더욱 박차를 가했다.[14] 1950년대에 페스팅거는 미국 일리노이주 오크파크에서 곧 세계의 종말이 오리라고 믿는 사이비 종교 집단을 연구했다. 하지만 그들의 예언은 실현되지 않았다. 신실한 신자들은 심판의 날에 외계에서 우주선이 날아와 자신들을 구원해주리라 믿었지만 정작 심판의 날에는 아무 일도 일어나지 않았다.

이 사건은 추종자들에게 심각한 인지부조화를 일으켰다. 그들은 사회와 완전히 동떨어진 세계관을 구축하느라 이미 엄청난 양의 감정적 에너지를 투자한 상태였다. 하지만 추종자들은 자신들의 믿음이 거짓으로 드러났음에도 절망하거나 무너지지 않았다. 대신 예언을 해석하는 과정에서 발생했을 수도 있는 오해를 찾아냈다.

먼저 추종자들은 시간을 잘못 알았다고 믿었다. 그러다 자신들이 외계인의 도착을 제대로 준비하지 못했던 거라고 생각했다. 그러다 결국 우주선은 나타나지 않으리라는 사실이 분명해지자 추종자들은 예언이 실패한 것이 아니라는 이유를 꾸며댔다. 외계인은 지구에 도착했고 실제로 길에서 외계인을 만난 사람도 있었지만 주변에 불신자가 너무 많아 자신들이 '환영받는다는 느낌'을 받지 못했을 거라는 것이었다.[15] 외계인과 함께 지구를 떠나려던 계획은 어떻게 되었느냐고 묻자 추종자들은 태연하게 그런 계획은 애초에 없었다고 주장했다(하지만 혹시 그런 제안이 있었다면 '기꺼이' 따랐을 거라고 했다).[16]

페스팅거는 우리가 한번 신념을 굳히면(우리를 구원해줄 비행접시든 10대의 출산율이든) 그 신념에 애착을 느낀다고 주장했다. 그렇기에 그 신념을 포기하는 데에는 심적 고통이 따른다. 우리는 우리의 확신이 옳다는 것을 증명해줄 정보를 찾아 헤맨다. 그 정보가 우리의 지능을 마비시키더라도 말이다.

페스팅거가 정리한 여러 인지부조화의 사례 가운데 내가 가장 좋아하는 것은 흡연과 폐암의 상관관계에 대한 믿음이다. 페스팅거는 암의 발생 원인에 대한 연구가 처음 시작되었을 무렵 관찰을 시작했다. 당시는 흡연자와 비흡연자가 새로 발견된 정보를 어떻게 받아들이는지를 알아보기에 매우 좋은 시기였다. 페스팅거는 인지부조화로 괴로워하는 사람들에게 나타날 법한 결과를 목격했다. 애연가(새 연구가 사실일 경우 잃을 것이 가장 많은 사람)들은 흡연과 폐암의 상관관계가 증명되었다는 사실을 가장 믿으려 하지 않았고, 오직 7퍼센트만이 새로운 연구의 타당성을 인정했다. 흡연은 하지만 애연가는 아닌 사람들의 경우 애연가의 두 배인 16퍼센트가 상관관계를 받아들였다. 비흡연자들은 새로운 발견을 흡연자보다 기꺼이 받아들였다. 그래봤자 29퍼센트 정도였지만. 잃을 것이 없는 사람들인데도 이렇게 적은 수만이 연구를 받아들였다는 사실에서 그때 이후로 사회규범이 얼마나 많이 변했는지를 알 수 있다.

페스팅거의 이론은 이후 발전을 거듭했다. 현재 학자들이 논의하고 있는 것은 '일방향 의도적 합리화directionally motivated reasoning'다. 의도적 합리화를 하는 경우 우리는 우리의 선호를 강화하는 정보를 찾고(확증 편향), 우리의 선호를 부정하는 정보는 반박하며(불확증 편향 disconfirmation bias), 자신의 의견에 반하는 정보보다 자신의 의견을 지지하는 정보가 더 확실하다고 생각한다.[17] 롤프 도벨리Rolf Dobelli는 이같은 현상을 일컬어 "모든 잘못된 인식의 어머니이자 모든 오류의 아버지"라고 했다.[18] 도벨리는 찰스 다윈의 일화를 언급한다. 다윈은 이런 편향에 맞서 싸워야 하고, 부정적 증거를 열심히 잊으려 하는 뇌의 타고난 경향에 대항해야 한다는 점을 잘 알고 있었다. 그래서 자신의 이론에 부합하지 않는 결과를 발견할 때마다 즉시 노트에 적었다. 그리고 자신의 이론이 옳다고 생각될수록 더욱 열심히 이론의 모순을 찾으려 노력했다.

하지만 우리는 찰스 다윈이 아니다. 우리 중에 삶의 본질을 완전히 새롭게 설명하려고 강박적으로 애쓰는 사람은 거의 없을 것이다. 대개 더 많은 정보만으로 평범한 사람들의 잘못된 인식을 교정하는 데에는 한계가 있다. 그건 믿음의 근본적인 특성을 오판한 행동이기 때문이다. 믿음은 겉에서 보이는 것보다 훨씬 감정적이며 우리 정체성과 매우 단단히 결부되어 있다. '당신은 틀렸다'라고 말해봐야 사람들은 자기 신념을 더욱 고집할 뿐이다. 사람들은 오히려 자기 세계관을 지지하고 유지해줄 정보를 더욱 열심히 찾아볼 것이다. 누군가의 의견을 바꾸고 싶다면 정보를 제공하는 동시에 생생한 이야기를 들려줘야 한다. 말은 쉽지만 실제로 하기는 어려운 일이다.

하지만 이런 일을 해낸 사례가 있다. 영국체육재단에서 실시한 '디스 걸 캔This Girl Can' 캠페인은 10대 임신이라는 일화보다 훨씬 긍정적이고 현실적이며 생생한 여성의 모습을 그려냈다. 이 캠페인의 목표는 어린 소녀와 성인 여성에게 신체 활동을 더욱 장려하는 것으로, 쉽지 않은 도전이었다. 영국체육재단의 추산에 따르면 스포츠나 운동을 하는 여성은 남성에 비해 200만 명이나 적었다. 여성이 운동에 관심이 없어서가 아니었다. 같은 자료에서 1300만 명의 여성이 운동을 더 많이 할 의향이 있다고 밝혔기 때문이다. 하지만 이 캠페인은 통계나 수치를 이용해서 문제의 규모나 운동의 장점을 설명하지 않았다. 대신 신체 활동 중인 실제 여성들의 사진을 이용했다. 스포츠웨어 광고처럼 현실에선 불가능한 이미지가 아니라 현실적인 이미지였다. 이 캠페인의 기본 원칙은 우리가 이 책에서 이미 살펴본 내용과 정확히 일치했다. 캠페인의 가장 중요한 원칙 중 하나는 다음과 같았다. "보면 믿게 된다. 스포츠가 여성에게 '규범'이 되려면 다양한 나이대와 사이즈와 신념을 가진 평범한 여성들이 활동적으로 변해야 하고, 더 나아가 스포츠를 찬양하고 다른 사람을 스포츠에 끌어들여야 한다." 그리고 또 하나. "긍정과 격려를 통해 행동을 이끌어낼 것. 공포로 행동을 자극하면 사람들의 마음을 끌지 못한다. 여성이 자신의 행동이나 결점 때문에 스스로를 자책하게 만들지말 것."[19]

캠페인은 여러 상을 수상하며 완벽하게 성공했다. 하지만 더욱 중요한 것은 여성이 실제로 변화했다는 것이다. 18~60세 여성 290

만 명이 캠페인 이후 운동을 더 많이 한다고 밝혔다. 하지만 아직 갈 길이 멀다. 여전히 스포츠에선 젠더 격차가 크다. 하지만 우리의 사고 패턴을 거스르는 대신 섬세하게 이용한 현실적 캠페인으로 변화를 이끌어냈다는 점은 주목할 만하다.

생각에 대한 생각

처음 잘못된 인식 연구를 시작할 때는 객관적인 사회현상, 그러니까 신뢰할 만한 수치를 얻을 수 있는 주제에 대해서만 설문조사를 했다. 과체중이거나 비만인 사람은 몇 퍼센트인지, 매년 아이를 낳는 10대 소녀는 몇 명인지 같은 것들 말이다. 하지만 사회규범에 대한 오해가 우리의 믿음과 행동에 어떤 영향을 미치는지 연구하기 시작하면서 우리는 사람들이 남들은 사회문제를 어떻게 생각한다고 여기는지, 즉 다른 사람의 인식에 대한 사람들의 인식을 이해하고 싶어졌다.

인식에 관한 인식을 연구한 자료는 그리 많지 않다. 매우 골치 아픈 주제이기 때문이다. 기준을 정하고 사람들의 이야기를 녹음하는 것만으로는 관용의 정도를 객관적으로 측정할 수 없다. 그렇다고 우리가 다른 사람들의 생각을 완전히 잘못 판단하고 있는지 알아보는 일을 포기할 수는 없다.

사람들이 무엇을 사회규범으로 여기는지 이해하는 것은 학문의 세계 밖에서도 중요하다. 사회규범은 갖가지 삶의 영역에서 어떤 행동을 용인할지를 결정하며, 법률 체계에도 영향을 미친다. 예를 들어 미국에서는 1957년 로스Roth 판결 이후 로스 기준으로 음란물을 판정하게 되었다[20](1957년 출판업자 로스가 음란물을 배포한 혐의로 기소되자 대법원은 음란물이 헌법적 보호를 받지 못한다고 판시하며 음란물의 기준을 제시했다-옮긴이). 하지만 "동시대 지역사회 평균인의 시각"으로 작품을 승인할 수 없다면 음란물이라는 로스 기준은 빠져나가기 쉬운 것으로 유명하다. 그럼에도 '지역사회'(즉 다른 사람들)가 무엇을 용인하고 무엇을 용인하지 않을 것인지로 합법과 불법을 결정한다는 기준은 아직까지 미국법의 일부로 남아 있다.

하지만 우리가 다른 사람들이 모두 똑같이 생각하리라고 여긴다면 (그게 사실이든 아니든 간에) 우리가 인식하는 그 지배적 사고는 우리의 사고에도 영향을 미칠 것이다. 이 현상은 '다원적 무지pluralistic ignorance'라는 개념과 관련이 있다. 이 개념에 따르면 다른 사람들의 생각(또는 행동)을 잘못 판단하는 행위는 자신의 생각과 사고에도 영향을 미칠 수 있다(이건 우리가 다른 사람들의 생각을 완전히 오판했을 때도 마찬가지다!). 물론 어떤 경우에는 우리의 개인적 관점이 생각보다 흔할 수도 있다. 하지만 우리는 정말로 그런지 확인할 도리가 없다. 주변 사람들도 모두 스스로를 검열하면서 자신이 생각하는 지배적 태도에 맞추려 애쓰기 때문이다.

다원적 무지의 영향력은 일상에서도 찾아볼 수 있다. 당신이 세련된 심리학 교수의 어려운 강의를 듣기 위해 방금 자리에 앉았다고 해보자. 대학 시절이 이젠 너무 아득하다면, 회사에서 지루하고 딱딱한 재무 성과 발표를 듣는다고 해보자. 아무리 집중해봐도 각종 용어가 무슨 뜻인지, 요점이 무엇인지 전혀 알 수 없다. 발표자가 질문이 있냐고 묻는다. 조용하다. 당신은 아무것도 이해하지 못했지만 아무 말도 하지 않는다.

비극이다. 사실은 모두 같은 배에 타고 있었지만 당신은 그 사실을 알아차리지 못했다. 다른 사람들은 아무 어려움 없이 발표를 따라가고 있다고, 길을 잃고 헤맨 사람은 당신뿐이라고 생각했던 것이다. 그렇게 아무도 더 똑똑해지지 못한 채 모두들 자신의 삶을 더욱 슬퍼하며, 자리를 떠났다.

이런 오해는 실질적인 영향을 미친다. 미국 프린스턴 대학의 음주 문화에 관한 일련의 실험에서 대표적인 증거를 찾아볼 수 있다. 프린스턴 대학 학생들은 캠퍼스 파티에서 종종 술을 마셨다. 음주는 당연하게 여겨졌다(법적으로 음주가 가능한 나이는 21세라서 학생 대부분이 술을 마실 수 없는 나이였지만 말이다). 프린스턴 대학 총장은 학생들에게 술을 그만 마시라는 메시지를 보내고 싶었기에 파티에서 대형 맥주통의 사용을 금지했다. 알코올을 금지한 것이 아니라(그건 너무 앞서 나간 조치였다), 대형 맥주통만 금지한 것이었다. 총장은 이렇게 말했다. "맥주통은 쉽고 자유로운 알코올 섭취의 상징이 되었다."[21] 연구자에게 이 새로운 규칙은 실험실 밖에서 이루어진 멋진 실험이나 다름없었다. 연구자는 학생들에게 이 조치와 음주를 어떻게 생각하는지, 그리고 다른 학생들은 어떻게 생각할지 물었다. 누구에게 어떤 방법으로 묻든 상관없이, 모든 학생은 다른 학생이 자신보다 훨씬 더 학교의 음주 문화를 좋아한다고 말했다. 그래서 주말마다 파티가 열리면 다른 학생들은 술에 취하고 싶을 거라고 생각하면서 다들 술에 취했던 것이다. 이렇게 학생들은 자기 마음이 진실에 훨씬 가까운 줄도 모른 채 자신이 (잘못) 이해한 사회규범에 순응하거나 아니면 또래집단 속에서 소외감을 느꼈다.

당신의 국가에서 동성애가 얼마나 용인되느냐고 질문했을 때에도 다원적 무지 현상이 나타났다. 정확히 말하면, 우리는 사람들이 추측한 동성애자 비율과 실제 동성애자 비율을 비교한 게 아니었다. 우리는 전체 인구의 몇 퍼센트가 동성애를 윤리적으로 용납하지 않을 것 같은지를 물은 다음, 퓨리서치센터Pew Research Center가 실시한 표본 조사에서 동성애를 용납하지 못한다고 대답한 사람의 비율과 비교했다.

퓨리서치센터의 조사 결과, 국가별 차이는 놀라울 정도로 컸다. 동성애를 용납할 수 없다고 답한 비율은 덴마크와 노르웨이에서는 단 5퍼센트였지만 인도네시아는 93퍼센트, 말레이시아는 88퍼센트였다. 그 중간쯤인 미국은 열 명 중 네 명이 동성애를 용납할 수 없다고 말했다. 영국은 대서양 한가운데에 있는 국가답게 미국과 대다수 유럽 국가들의 중간쯤인 17퍼센트가 동성애를 용납할 수 없다고 말했다.

다른 국민이 동성애를 얼마나 용납하지 않을 것 같으냐는 질문에 대해서는 거의 모든 국가의 평균 추측값이 실제값과 크게 달랐다. 가

Q 동성애를 윤리적으로 용납할 수 없다고 생각하는 사람은 몇 퍼센트일까요?

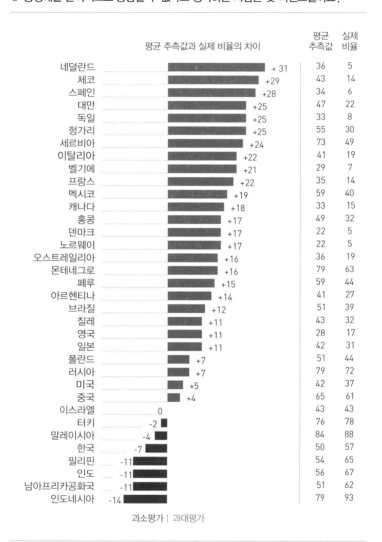

	평균 추측값과 실제 비율의 차이	평균 추측값	실제 비율
네덜란드	+31	36	5
체코	+29	43	14
스페인	+28	34	6
대만	+25	47	22
독일	+25	33	8
헝가리	+25	55	30
세르비아	+24	73	49
이탈리아	+22	41	19
벨기에	+21	29	7
프랑스	+22	35	14
멕시코	+19	59	40
캐나다	+18	33	15
홍콩	+17	49	32
덴마크	+17	22	5
노르웨이	+17	22	5
오스트레일리아	+16	36	19
몬테네그로	+16	79	63
페루	+15	59	44
아르헨티나	+14	41	27
브라질	+12	51	39
칠레	+11	43	32
영국	+11	28	17
일본	+11	42	31
폴란드	+7	51	44
러시아	+7	79	72
미국	+5	42	37
중국	+4	65	61
이스라엘	0	43	43
터키	-2	76	78
말레이시아	-4	84	88
한국	-7	50	57
필리핀	-11	54	65
인도	-11	56	67
남아프리카공화국	-11	51	62
인도네시아	-14	79	93

과소평가 | 과대평가

표 12 **사람들은 동료 시민이 동성애를 얼마나 용납하는지 제대로 알아맞히지 못했다.**

장 극명한 차이를 보인 네덜란드의 경우 동성애를 윤리적으로 용납하지 못한다고 말한 사람은 5퍼센트뿐이었던 반면 사람들의 추측값은 36퍼센트였다. 이만큼 극단적이진 않지만 서유럽과 라틴아메리카 전체에서도 비슷한 경향이 나타났다. 우리가 조사한 국가 중 실제로 동성애를 용납하지 못하는 사람이 추측에 비해 많았던 곳은 아시아뿐이었다.

앞 장에서 다룬 행복에 대한 조사처럼 여기서도 자신이 평균 이상이라고 믿는 경향(여기서는 자신이 다른 사람보다 더 관용적이라고 믿는 경향)이 어느 정도 작용했을지 모른다. 하지만 '우리의 인식'과 '다른 사람의 인식에 관한 우리의 인식' 간의 격차는 비교 대상(질문에 답할 때 머릿속에 떠올린 대상)을 누구로 설정했느냐에 따라 달라진다. 보통 우리 머릿속에 떠오르는 사람은 '가장 쉽게 떠오르는' 사람, 그러니까 이미 오래전에 사라졌는데도 우리 머릿속에 딱 달라붙어 떨어지지 않는 정형화된 국민의 이미지다.

물론 실제 사람들의 인식과 상상 속의 인식 차이에 주목할 때 조사 대상의 37퍼센트가 여전히 동성애를 용납하지 않는다는 사실을 잊어서는 안 된다. 종교적 색채가 강한 몇몇 국가가 이런 결과에 한몫하기는 했지만 여전히 대부분의 국가에서 소수자들이 억압받고 있다.

눈에 보이지 않는 다원적 무지의 영향이 이런 현상을 더욱 강화한다. 사회규범은 이미 구식이 되고 나서도 오랫동안 지속되곤 한다. 사람들이 특정 믿음과 행동을 실제보다 훨씬 흔하다고 여기기 때문이다. 우리는 자신의 신념에 더욱 확신을 가져야 한다. 그리고 동료 시민에 대한 고정관념에 맞서 그 신념을 지켜야 한다.

팩트 감각 기르기

이 장에서는 성행위와 동성애에 대한 관점처럼 우리가 좀처럼 이 야기하지 않는 주제와 10대 임신처럼 좀처럼 주변에서 보기 힘든 주 제를 살펴보았다. 말하지 않고 경험하지 못하는 것에 대해 우리는 최 악을 상상하거나 문제를 과장하므로, 이러한 주제들은 잘못된 인식 이 자라나기 딱 좋은 환경이 된다고 할 수 있다. 하지만 상황은 우리 생각만큼 나쁘지 않다. 다른 사람들은 우리보다 성행위를 훨씬 많이 하지 않고, 우리의 10대 소녀들은 산부인과 병동을 가득 채우고 있 지 않으며, 사람들은 대개 우리가 생각하는 것만큼 편협하지 않다. 심지어 핏불도 우리 생각보다 훨씬 온순하다. 그렇게 침울해할 필요 는 없다. 현실이 그리 침울하지 않은 데다, 긍정적인 시각이 변화에 훨씬 효과적이기 때문이다. 확증 편향은 영향력이 크다. 또한 우리가 부정적인 일화나 한물간 고정관념에 쉽게 이끌리는 것도 사실이다. 하지만 이는 보편적인 문제도, 극복하지 못할 문제도 아니라는 사실 을 잊지 말아야 한다.

3장

—

돈

은퇴 비용, 얼마가 필요할까?

돈에 관한 일은 여러 특성상 오해를 하거나 형편없는 결정을 내리기가 쉽다. 복잡한 데다 현재와 미래 사이에서 균형을 잡아야 하고, 리스크를 저울질해야 하며(우리가 정말 못하는 일이다), 인생의 중요한 선택과 결부되어 있기에 감정적으로 결정을 내리기 쉽고, 연금 상품을 고르는 것처럼 흔치 않은 일일 때가 많기에 배울 기회가 적다. 돈 문제에는 편향과 휴리스틱이라는 함정이 곳곳에 도사리고 있다.

그럼에도 사람들은 자신감이 넘친다. 우리는 스스로 돈 관리를 꽤 잘하고 있다고 생각한다. 영국에서 실시된 연구에 따르면 돈과 관련된 결정을 얼마나 잘 이해하고 있느냐는 질문에 대해 64퍼센트가 스스로에게 7점 만점에 5~7점을 주었다.[1]

실제로 사람들은 몇 가지 단순한 일을 꽤 잘 처리하는 것으로 보인다. 예를 들면 할인 금액 계산이 그렇다. 우리는 한 연구에서 원래 가격이 500파운드인 텔레비전을 한 가게는 10퍼센트 할인해주고 다른 가게는 100파운드 할인해준다면 어디서 사겠느냐고 물었다. 누가 봐도 쉬운 질문으로, 91퍼센트가 현명하게도 100파운드 할인을 선택했다(안타깝게도 9퍼센트는 잘못된 선택을 했다. 여기서 전체 인구의 약

10퍼센트는 백분율을 이해하지 못한다는 사실이 다시 한 번 드러난다).

이보다 약간 더 까다로운 질문에도 사람들은 답을 꽤 잘 맞혔다. 앞에서 질문에 답해준 사람들에게 다시 한 번 질문을 했다. 이번에는 15퍼센트 할인과 80파운드 할인 중에 고르는 것이었다. 고전한 사람이 조금 늘어났지만, 여전히 85퍼센트가 (올바르게) 80파운드 할인을 선택했다.[2]

이 책에서 다룬 어떤 주제보다도 돈 문제에 관해서는 반드시 실상을 파악해야만 좋은 결정을 내릴 수 있다(예를 들어 연금을 얼마나 부어야 할지 직감하는 것은 불가능하다). 그렇다고 돈 문제에 감정이나 편견이 끼어들지 않는다는 뜻은 아니다. 사실은 정확히 그 반대다.

실제로 행동경제학을 가장 먼저 받아들인 곳이 금융업계이며, 리처드 탈러와 캐스 선스타인의 《넛지》 같은 책들도 저축을 더 많이 할 수 있는 방법을 가장 중점적으로 다룬다.[3] 사람들이 자신의 편견과 휴리스틱을 더욱 잘 이해한다면(그리고 이 편견과 휴리스틱을 잘 이용한다면) 돈 문제에 대해 좀 더 좋은 결정을 내릴 가능성이 무궁무진하다.

텔레비전을 구매하는 문제에서는 대부분의 사람을 신뢰할 수 있지만, 그밖에 중요한 재정적 결정에서는 많은 사람이 갈피를 잡지 못한다. 이와 관련해서 살펴볼 자료는 미국과 영국에서 나온 것뿐이다. 국가별로 금융 상황과 규제의 정도가 다르므로 나란히 비교하기가 몹시 어렵기 때문이다. 하지만 멍청한 미국인과 영국인만이 이런 실수를 하는 것은 분명 아닐 것이다. 당신이 살고 있는 국가에서도 같은 결과가 나올 수 있다.

아이 한 명 평생 키우는 데 얼마나 들까?

아이를 낳겠다는 결정은 인생에서 가장 값비싼 선택 중에 하나지만 미리 스프레드시트를 이용해 비용을 계산해보는 사람은 거의 없다. 아이를 낳느냐 마느냐는 다른 무엇보다도 감정적인 고민이며, 이때 비용은 전혀 고려되지 않는다(많은 국가에서 출산율이 떨어지고 있다는 점을 고려하면 우리가 비용을 계산하지 않는 것이 다행인지도 모르겠다). 하지만 좀 더 생각을 해보는 게 좋다. 어떤 결정을 내리기 위해서가 아니라 결과에 대비하기 위해서 말이다.

아이를 낳아 기르는 데 돈이 얼마나 들겠느냐는 질문을 받으면 어떻게 답할 것인가? 당신이 평범한 사람이라면 아마 한참 틀린 대답을 내놓을 것이다. 실제로 자녀 양육에 드는 평균 비용은 영국의 경우 22만 9000파운드, 미국의 경우 23만 5000달러다. 사람들의 대답을 살펴보기 전에 아마 영국 독자들은 지금쯤 '바가지의 나라 영국'이라는 말이 머릿속에 맴돌며, 영국인은 같은 것에도 항상 미국인보다 돈을 많이 쓴다는 생각에 짜증이 솟구칠 것이다. 영국에서 판매되는 아이폰 가격 뒤의 파운드를 그냥 달러로 바꾸면 미국에서 아이폰을 살 수 있듯이, 아이를 키우는 비용도 두 나라 간의 차이가 크기 때문이다(아이폰X의 가격은 영국에서 999파운드, 미국에서 999달러로 파운드와 달러의 환율 차이를 고려하면 영국의 아이폰 가격이 너무 비싸게 책정됐다는 비판이 있었다-옮긴이).

의심할 여지없이 타당한 분노이긴 하지만 다른 설명도 있다. 무엇보다 두 자료는 성인의 정의를 달리 내린다. 미국 농무부에서 산출한(왜 농무부인지는 나도 모른다) 통계는 아이가 17세가 될 때까지 드는 돈을, 영국의 통계는(한 보험회사가 산출했다) 아이가 21세가 될 때까지 드는 돈을 계산했다(우리 조사에서는 이 기준을 정확히 명시했다).

어쨌거나 우리는 사람들의 추측과 실제 현실을 비교해볼 것이다. 미국과 영국 모두 추측이 실제에 한참 미치지 못했다. 영국인의 평균 추측값은 10만 파운드였고 미국인의 평균 추측값은 15만 달러였다. 영국인의 추측은 실제 비용의 절반에도 미치지 못했고, 미국인의 추측은 실제 비용의 약 60퍼센트로 영국보다 약간 나은 정도였다. 그 과정에서 많은 사람이 정말 낮은 숫자를 댔다. 미국인의 약 4분의 1과 영국인의 3분의 1이 아이를 키우는 데는 5만 달러 또는 5만 파운드도 안 든다고 생각했다. 이건 평범한 아이를 네 살까지 간신히 키울 수 있는 금액이다.

그렇게 많은 부모가(나도 포함된다) 은행 잔고를 보고 깜짝 놀라서 머리를 쥐어뜯으며 매달 돈이 어디로 가는지 궁금해하는 것도 당연하다.

가장 큰 문제는 사람들이 자녀 양육에 들어가는 총비용을 미처 생각하지 못한다는 것이다. 실제 자녀 양육비를 산출한 두 국가의 연구 모두 세부 항목을 분류했고, 여기에는 보육시설·음식·교육 항목이 들어가 있다(하지만 통계에는 공교육비만 들어 있을 뿐, 사교육비는 포함되지 않았다는 점에 주목해야 한다). 그리고 가구 항목이라는 것도 있다. 나 또한 당연히 두 딸을 위해 요람을 사야 한다는 사실을 알고 있었다. 하지만 요람 다음엔 2층 침대가 필요하다. 그러다 두 아이가 한 방에서 자는 것을 더 이상 견디지 못하는 순간이 오면(어린아이도 당신처럼 코를 골 수 있다) 각각 싱글 침대를 사줘야 한다. 그러다 아이들이 10대 후반이 되면 지금은 절대 생각하고 싶지 않은 여러 가지 이유로 더블침대를 사줘야만 한다. 이처럼 침대를 비롯해 여러 자잘한 가구에만도 이미 3400파운드가 들어간다.

그리고 휴일 항목도 있다. 부모라면 아이 몫의 비행기표를 사야 한다는 것이 얼마나 부당한 일인지 잘 알 것이다. 아이는 이륙하는 순간에 악다구니를 쓰며 앉아 있는 것을 제외하면 웬만해선 자리에 붙어 있지 않기 때문이다(부모들은 어찌나 당황스러운지 의자 위로 녹아내리고 싶은 심정이다). 하지만 비행기표 값으로만 평균 1만 6000파운드가 추가된다.[4] 미국 통계에는 교통비로 표시되어 있다. 우리 아이들을 여기저기로 데려다주는 데에만 약 3만 5000달러가 든다. 심지어 칫솔과 이발, 각종 전자 기기와 잡지 등에 들어가는 '잡다한 비용'만 1만 7000달러다.

물론 이건 상당히 어렵고 낯선 계산이다. 즉시 이런 계산을 해내기는 쉽지 않다. 카너먼은 느리고 분석적인 의사결정을 '시스템 2'라 불렀고, 아이가 21세 또는 17세가 될 때까지 필요한 비용을 합산하는 것은 상당히 어려운 시스템 2의 업무다. 보통 이런 설문조사에서는 진지하게 생각할 시간도, 그럴 이유도 별로 없다.

하지만 사람들이 실제 삶에서 이 문제를 진지하게 숙고하거나 경험을 통해 배운다는 증거 역시 없다. 우리는 이 설문조사를 실시하기 전에 영국 부모들을 대상으로 또 다른 설문을 실시했다. 실제 부모들은 자녀 양육비를 앞에서 살펴본 평균 추측값보다 20퍼센트 적게 추측함으로써 일반인보다도 못한 결과를 보였다.[5]

돈과 관련된 주요 편향 가운데 하나는 단기적 이익에 집중하고 현재의 결정이 미래에 미칠 영향을 무시하는 것이다. 초점을 현재에서 미래로 바꾸는 것이 더 나은 결정을 내릴 수 있는 열쇠다. 장기적인 관점에서 자녀 양육을 바라볼 필요성이 점점 더 커지고 있다. 최근 성인이 되고서도 부모에게 의존하는 젊은 세대가 늘어나면서 더 이상 '어린아이'가 아닌 자녀에게도 돈이 들어가기 때문이다.

부모에게서 독립하지 못하는 청년들

젊은 세대가 독립을 무척 어려워하고 있는 현실은 나에게도 매우 중요한 문제다. 세대 차이, 특히 (대개는 경멸의 의미를 담아) '밀레니얼' (1980년대 초~2000년대 초에 태어난 인터넷과 소셜미디어에 능한 세대-옮긴이)이라 불리는 젊은 세대가 얼마나 돈에 쪼들리는지를 알아보는 것이 나의 주요 연구 분야 중 하나이기 때문이다.

청년 임금이 계속 정체되고, 청년 부채가 늘어나며, 부는 기성세대에게 흘러가고, 청년의 고용 상태는 갈수록 불안정해진다는 사실을 여러 연구가 반복해서 보여주고 있다. 물론 젊은 세대는 폭발적인 기술 발전과 커뮤니케이션 확장에 혜택을 입었다. 하지만 스냅챗과 넷플릭스는 젊은이들의 눈앞에 놓인 경제 문제와 이 문제가 삶의 여러 측면에 미치는 파급효과를 충분히 보상해주지 못한다.

우선 청년들은 부모에게서 독립하지 못한다. 그렇다면 당신의 나라에서는 25~34세 청년 중에 몇 퍼센트가 아직까지 부모와 함께 살고 있을까? 아마 당신이 어디에 사는지에 따라 답은 매우 다를 것이다. 실제 답변에서도 전 세계의 거주 형태가 상당히 다양하다는 사실이 드러났다. 노르웨이와 스웨덴에서는 단 4퍼센트의 청년만이 부모와 함께 살고 있었던 반면, 이탈리아에서는 49퍼센트가 부모와 살고 있었다. 이는 서로 다른 문화와 경제 상황에서 비롯된 사회규범의 차이를 반영한다. 하지만 우리가 설문을 실시한 모든 국가에서 부모와 함께 사는 청년의 비율은 실제보다 과대평가되었고, 몇몇 국가는 그 정도가 특히 심했다. 영국은 현실과 가장 동떨어진 추측을 한 나라였는데, 추측은 43퍼센트(!)였던 반면 현실은 14퍼센트였다.

왜 너나없이 틀린 추측을 할까? 서문에서 살펴본 '감정적 수맹'이 어느 정도 작용했을 수 있다. 감정적 수맹의 메커니즘에 따르면, 어떤 질문에 답할 때 의식을 하든 하지 않든 간에 우리에겐 두 가지 목표가 있다. 첫 번째 목표는 정확도다. 우리는 올바른 답을 대고 싶어 한다. 하지만 우리에겐 지향성이라는 목표도 있어서 의식하든 하지 못하든 자신이 무언가를 염려하고 있다는 메시지를 전달하려고

Q 25~34세 청년 100명 중 몇 명이 부모와 함께 살고 있을까요?

	평균 추측값과 실제 비율의 차이	평균 추측값	실제 비율
영국	+29	43	14
스페인	+25	65	40
프랑스	+25	36	11
미국	+22	34	12
아일랜드	+20	39	19
스웨덴	+20	24	4
벨기에	+17	34	17
노르웨이	+15	19	4
세르비아	+14	68	54
이탈리아	+12	61	49
독일	+10	27	17
네덜란드	+7	18	11
폴란드	+2	46	44
헝가리	+1	49	48

| 과대평가

표 13 **모든 국가에서 부모와 함께 사는 25~34세 청년의 비율을 과대평가했다.**

한다. 이렇게 원인과 결과는 양방향으로 작용한다. 우리는 걱정스러운 문제를 과대평가하고, 과대평가하는 문제를 그만큼 걱정한다. 이 두 가지 효과가 실제로 존재한다는 증거가 있다. 연구자들은 질문을 하면서 정답을 맞히면 보상을 주겠다고 제안할 경우 사람들이 더 정확한 답을 댄다는 사실을 발견했다. 정확도 목표가 강조되면서 추측이 재조정된 것이다.[6]

우리는 청년들이 독립하지 못하는 것이 심각한 문제임을 알고 있다. 치솟는 집값, 학자금 대출, '긱 이코노미gig economy'(평생 직장이 아니라 불안정한 임시직이나 계약직으로 굴러가는 노동시장 형태)가 특히 청년에게 큰 영향을 미치고 있다는 기사를 읽은 적이 있을 것이다. 심지어 이 글의 첫 번째 문단도 당신이 독립하지 못한 청년의 비율을 높게 추측하게 했을 수 있다. 앞서 짚어본 문제들이 여러 국가에서 실제로 일어나고 있는 것은 분명한 사실이지만, 다른 한편으로 이 사실은 감정적 반응을 일으켜 문제를 과대평가하게 한다. 우려가 과장을 낳는 셈이다.

은퇴 비용, 얼마가 필요할까?

아이를 낳아 기르는 막대한 비용을 무사히 지불하고 마침내 (20대 후반쯤 된) 아이들을 집에서 내보냈다면, 이제 당신은 은퇴 후에 생각보다 더 오래 살 수 있다는 사실로 스스로를 위로할 수 있다. 예를 들어 영국의 응답자들은 65세인 사람이 평균 19년을 더 살 수 있을 거라고 추측했다. 하지만 실제로는 23년을 더 살 수 있다. 이 지점에서 기대수명이 어떤 영향을 미치는지, 사람들이 어떻게 쉽게 떠오르는 틀린 정보를 고르는지, 이런 행위가 어떻게 우리의 예상을 엉망으로 만드는지에 관한 흥미로운 측면이 잘 드러난다.

대부분의 영국인은 평균 기대수명을 80세 초반으로 생각할 것이다. 실제로 여러 국가에서 여러 차례 설문조사를 실시한 결과 사람들은 0세를 기준으로 한 기대수명을 매우 잘 알아맞혔다. 영국에서 2014년에 태어난 아이의 실제 기대수명은 80세이며, 사람들의 추측은 83세였다. 영국인만 기대수명을 잘 알고 있는 것은 아니다. 대부분의 국가에서 사람들은 답을 잘 맞혔다. 예를 들어 오스트레일리아 사람들은 기대수명을 82세로 추측해, 실제 기대수명을 정확히 맞혔다. 기대수명을 심하게 과대평가한 국가는 오로지 한국뿐으로, 실제 기대수명은 80세지만 평균 추측값은 89세였다. 반면 헝가리 사람들은 지나치게 비관적이어서 실제 기대수명은 75세지만 자신이 평균 68세까지만 살 수 있으리라 생각했다.

물론 여기서 기대수명이란 0세 기준 기대수명을 의미한다. 우리 중 65세까지 살아남는 운 좋은 사람은 평균적으로 이 기대수명보다 오래 살 수 있다. 0세 기준 기대수명은 때 이른 죽음을 포함하고 있기 때문이다. 즉 당신이 영국에서 무사히 은퇴했다면 대체로 88세 생일파티를 기대해도 좋다는 뜻이다.

하지만 나쁜 소식도 있다. 노후 자금을 더 많이 준비해야 한다는 것이다. 자녀의 집에 쳐들어가서 같이 살든, 아니면 자녀에게 돈을 조금이라도 돌려달라고 요구하든 간에 아이 한 명당 예상치 못하게 들어간 양육비 22만 9000파운드를 전부 돌려받지 못한다면 말이다.

영국인이 65세에 일을 그만두고 매년 약 2만 5000파운드의 수입을 얻으려면 개인연금을 얼마나 부어야 하겠느냐는 질문에 응답자들은 모두 형편없는 대답을 내놓았다. 각양각색의 대답은 하나같이 우려스러운 동시에 사람들이 정말 감조차 잡지 못하고 있다는 사실을 보여주었다(심지어 열 명 중 세 명은 5만 파운드 이하를 불렀다!).

당신의 추측은 얼마인가(국민연금도 고려해야 한다는 것을 잊지 말길.

국민연금으로 6000~7000파운드는 채울 수 있을 것이다)? 여러분의 추측이 영국인의 평균 추측값인 12만 4000파운드보다는 낮기를 바란다. 실제로 우리가 설문을 실시한 2015년을 기준으로 연금에 넣어야 하는 액수는 31만 5000파운드였고, 이마저도 연금계산기에서 가장 여유 있는 옵션을 선택해서 나온 가장 적은 금액이었다. 물론 연금기금 투자에서 나오는 수익은 줄어드는 반면, 기대수명은 늘어나고 있기 때문에 금액은 계속 바뀌고 있다. 지금 기준으로 연금을 계산하면 이미 35만 파운드가 넘어 있을 것이다. 당신이 이 책을 읽을 때쯤엔 아마 더 올랐을 것이고.

이미 은퇴한 사람들만이 그나마 현실에 가깝게 25만 파운드가 필요하다고 답했다. 매우 진지하게 은퇴 계획을 세워야 하는 50~64세 집단조차 15만 파운드만 있으면 된다고 생각했다. 전체 평균보다 별로 나을 것도 없는 답변이다.

이런 현상은 많은 국가에서 큰 걱정거리다. 전 세계 정부는 50대 '은퇴 예정자' 집단을 중요하게 보고 있다. 이때가 작은 변화라도 일으켜서 삶을 크게 개선하고 국가의 부담을 줄일 수 있는 시기이기 때문이다. 하지만 온갖 노력에도 불구하고 사람들은 문제를 전혀 이해하지 못하고 있다. 그야말로 전 세계적인 '시한폭탄'이다. 2050년 경이면 8개국(미국, 영국, 일본, 네덜란드, 캐나다, 오스트레일리아, 인도, 중국)의 연금 갭(국가 연금이 제공하는 금액과 은퇴 후에 근로자에게 실제로 필요한 금액 간의 격차-옮긴이)을 전부 합친 금액이 약 400조 달러에 이를 것으로 예상된다. 현재 세계 경제의 다섯 배에 달하는 규모다.[7]

이 심각한 과소평가를 어떻게 설명할 수 있을까? 여러 가지 편향과 우리가 잘못 선택한 머릿속의 지름길이 원인일 수도 있지만, 사실 연금은 그 자리에서 바로 계산하기 어려운 주제다. 필요한 연금 액수를 제대로 알아보려면 여러 사항을 확인해야 한다.

그렇다고 행동과학에서 배울 것이 없다거나, 행동과학이 우리의 재정 상태 개선에 아무 도움도 줄 수 없다는 뜻은 아니다. 정확히 그 반대다. 앞에서 언급한 것처럼 개인의 재무는 행동과학에서 가장 큰 도움을 받은 분야 중 하나다. 2017년에 노벨경제학상을 수상한 리처드 탈러는 캐스 선스타인, 슐로모 베나치 등 오랜 공동 연구자들과 함께 특히 이 분야에 집중해왔다. 그들은 '내일을 위한 저축Save More Tomorrow' 프로그램을 통해 미국인의 퇴직연금에 지대한 영향을 미쳤다.

탈러와 동료들은 저축에 관한 사람들의 태도와 행동에서 나타나는 여러 편견을 수년간 연구한 끝에 의지 부족과 관성이 주요 원인이라는 결론을 내렸다.[8] 먼저, 의지 부족은 '현재 지향 편향'이라는 것을 만들어낸다. 현재 지향 편향은 장기적 보상보다 즉각적인 만족을 선호하는 경향이다. 탈러와 연구자들은 1990년대 후반에 있었던 연구에 대해 이야기한다. 이 연구에서 사람들은 두 가지 간식 중 하나를 선택하라는 요청을 받았다. 하나는 건강한 과일 조각이고, 다른 하나는 과일보다 몸에 안 좋은 초콜릿이었다. 앞으로 일주일간 먹을 간식으로 무엇을 고르겠느냐고 묻자 4분의 3이 과일을 선택했다. 하지만 지금 당장 먹고 싶은 간식은 무엇이냐고 묻자 역시 4분의 3이

초콜릿을 선택했다. 이와 비슷한 단기적 사고가 돈 문제에서 여러 형편없는 결정을 내리게 한다.

두 번째는 관성이다. 관성은 현재 상태에 머무르려는 경향으로, 변화가 어렵거나 복잡해 보일 때 특히 강해진다. 탈러와 동료들은 영국에서 있었던 연구를 예로 든다. 이 연구에서 연구자들은 근로자가 한 푼도 내지 않아도 되는(기본적으로 공짜였다) 연금제도 25개의 가입률을 검토했다. 이렇게 후한 조건에서도(이제 이런 좋은 조건의 연금제도는 대부분 사라졌다) 근로자의 절반만이 안내문을 챙겨갔다!

'내일을 위한 저축' 프로그램은 이 두 가지 장애물에 정면으로 도전한다. 먼저 관성을 무찌르기 위해 사람들을 연금저축에 자동 가입시킨다. 원하는 사람은 자유롭게 탈퇴할 수 있지만 현상을 유지하고 싶은 것이 인간의 본성이기 때문에 보통 90퍼센트가 그냥 가입한 채로 남아 있다. 이제 관성이 사람들을 방해하는 것이 아니라 돕는 것이다. 그다음에는 기여율을 자동으로 높인다. 지금 당장이 아니라 앞으로 천천히(내일을 위해) 높이는 것이다. 이런 시스템은 기여율 인상을 꺼리는 사람들을 크게 변화시켰다. 지금 당장 저축률을 5퍼센트 인상하겠느냐고 물었을 때는 대부분 싫다고 답했지만(지금 우리는 초콜릿이 필요하다) 미래에 저축률을 인상하겠느냐고 묻자 78퍼센트가 그러겠다고 답했다.

'내일을 위한 저축' 프로그램의 효과는 어마어마했다. 이전에는 표본 근로자의 평균 저축률이 3.5퍼센트였다면, 이 프로그램을 적용하고 4년이 지나자 저축률은 거의 네 배인 13.6퍼센트까지 증가했다.

이제 이 접근법은 미국 정부 지침에 명시되어 1500만 미국인을 돕고 있으며, 이와 비슷한 제도가 전 세계에 퍼져 나가고 있다.

이 제도는 믿을 수 없을 정도로 효과가 크고 사람들에게 실질적인 도움을 준다. 하지만 우리의 잘못된 인식이 너무 심각하기 때문에 사실 관계를 제대로 인식하는 일 또한 반드시 필요하다. 예를 들면 자영업자나 계약직 노동자에겐 이런 자동가입 제도도 효과가 없다. 그리고 본래 사람은 자기에게 맞는 방식이 다르기 때문에 어떤 이들에게는 좀 더 의식적인 접근법이 도움이 될 수 있다.

은퇴 자금을 충분히 모으지 않는 것이 사회규범이라고 생각하면서 거짓 안정감을 느끼는 사람은 특히 그렇다. 우리는 다수를 모방하거나 군중을 따르는 경향이 있기 때문에 사회규범을 어떻게 인식하느냐가 매우 강력한 영향을 미친다는 사실을 앞에서 살펴보았다. 연금저축 문제에서도 이런 경향이 나타난다.

6개국에서 실시한 또 다른 연구에서 우리는 사람들에게 자신이 은퇴 자금을 충분히 모으고 있지 않다고 생각하는지 묻고 저축을 덜 하는 사람이 얼마나 될지 추측해보라고 했다.[9] 사람들은 저축을 덜 하는 사람이 65퍼센트일 거라고 추측했다. 자신이 은퇴 자금을 충분히 모으고 있지 않다고 대답한 사람의 비율인 60퍼센트에 매우 근접한 수치였다. 이처럼 사람들은 대다수가 저축을 하지 않는다고 생각하며, 자신 또한 저축을 하지 않는다는 사실을 기쁘게 인정한다. 이 현상은 연구를 실시한 모든 국가에서 동일하게 나타났다. 미국, 영국, 프랑스, 독일, 캐나다, 오스트레일리아 사람들은 전 국민의 3분의 2

가 저축을 덜 하고 있을 거라고 생각했고, 자신도 비슷하다고 답했다.

얼마만큼 저축해야 충분한지는 사람마다 다르기 때문에 사람들의 추측이 사실인지 아닌지 측정하기는 몹시 어렵다. 그건 우리가 일주일에 한 번 빙고 게임을 하고 싶은지, 한 달 동안 몰디브에서 스쿠버다이빙을 하고 싶은지에 따라 달라진다. 하지만 영국 정부는 소득대체율(각자가 가입한 연금제도에 따라 은퇴 후에 최종 소득의 몇 퍼센트를 연금으로 지급받을 수 있는지를 나타내는 비율)을 기준으로 충분한 저축 금액을 정의하고 있다. 이 기준은 복잡할 뿐만 아니라 은퇴 시점에 소득이 얼마인지에 따라 달라지지만, 어쨌든 중요한 것은 소득의 상당 부분을 연금으로 받을 수 있어야 한다는 것이다. 하지만 마지막으로 일했던 직장에서 돈을 매우 많이 벌었을 경우 소득대체율은 낮아질 수도 있다.

영국 정부의 기준에 따르면 영국 국민의 43퍼센트가 은퇴 후를 위해 충분히 저축을 하고 있지 않다. 이건 심각한 사회문제이며, 절대 규범이 아니다. 여러 자료에 따르면 미국에서도 충분히 저축하지 않는 사람이 50퍼센트를 조금 넘는 정도로, 미국인의 추측보다 훨씬 낮았다. 물론 정부나 연구자들이 적절하다고 생각하는 저축 수준과 우리가 적절하다고 생각하는 저축 수준은 크게 다를 수 있다(영국의 고용연금부는 몰디브에서의 휴가를 염두에 두지 않을 것이다). 어쨌거나 우리가 명심해야 할 두 가지는 다음과 같다.

첫째, 우리는 충분히 저축하지 않는 것이 '규범'이라고 생각한다

(사람들은 전 국민의 3분의 2가 저축을 덜 하고 있다고 생각한다). 이런 생각은 위험하다. 앞에서 살펴봤듯이 우리는 군중을 따르려는 경향이 크기 때문이다.

둘째, 우리는 규범을 따른다. 연금에는 '수치심 간극'이 없다. 다른 사람이 문제이고 자신은 괜찮다고 생각하는 그런 사안이 아닌 것이다. 사람들은 자신이 노후를 충분히 준비하지 않는다는 사실을 기꺼이 인정한다. 조세 회피 같은 수치스러운 행동이나 설탕 섭취량에 대한 태도와는 다르다. 연금저축 같은 사안에서 이런 현상이 나타나는 것은 몹시 위험하다. 크게 후회할 일이 기다리고 있기 때문이다.

규범에 대한 이런 식의 잘못된 인식 때문에 무의식적 편향을 이용하는 동시에 사실 정보를 제대로 이해하는 것이 중요하다. 그리고 정보는 인식하고 기억하기 쉽게 전달되어야 한다. '파이브 어 데이 five a day'(미국 정부의 공익 캠페인으로, 다섯 가지 색의 과일과 채소를 날마다 먹자는 운동이다-옮긴이)처럼 말이다. 개개인의 연금 상황은 매우 복잡하기 때문에 정보를 단순하게 전달하는 것이 쉽지 않지만, 그래도 이건 중요한 문제이므로 최선을 다해봐야 한다. 지금까지 무엇을 해야 하는지를 아는 것과 실제로 그 일을 하는 것이 매우 다르다는 사실을 함께 살펴봤지만(나 또한 과일이나 채소를 하루 평균 세 조각이나 먹으면 다행이다), 최소한 몇 명이라도 문제를 인식하고 행동에 나선다면 상황은 분명 나아질 것이다.

사람들이 돈과 관련된 정보를 하나도 기억하지 못하는 것은 아니다. 지금까지는 사람들이 잘못 인식하고 있는 문제를 주로 살펴봤지만, 모든 국가에서 사람들이 하나같이 잘 이해하는 통계, 그리하여 우리 의식 속에 파고드는 데 성공한 통계가 하나 있다. 바로 집값이다. 대체로 전 세계 사람들은 부동산 가치에 대해서만큼은 놀라울 정도로 정확히 현실을 인식한다. 부동산은 부와 가치에 대한 감각과 밀접한 관련이 있고, 여러 국가의 미디어에서 반복해서 다루기 때문이다. 사람들이 집값에 대해 잘 아는 만큼만 자기가 현재 가진 돈이 얼마인지, 은퇴 후를 위해 얼마나 저축해야 하는지 안다면 너무나도 좋을 것이다. 그 지식은 미래에 부동산 가치만큼 중요한 자산이 되어줄 테니까.

이 책을 읽고 반드시 해야 할 일이 딱 하나 있다면, 그건 바로 관성과 싸워 이김으로써 연금계산기를 두드려보고 저축액이 얼마인지를 확인하는 것이다!

상위 1퍼센트 부자들은 얼마나 벌까?

물론 이건 당신이 나와 비슷한 처지라서 연금저축 문제를 고민해야 한다는 가정 하에 이야기한 것이다. 하지만 어쩌면 당신은 세계 최고의 부자 중 한 명일 수 있다. 그러면 당신에게는 연금저축 문제를 대신 살펴봐줄 사람이 있을 것이다. 그리고 애초에 그리 걱정할 필요도 없을 것이다. 시간이 갈수록 더욱더 부자가 될 테니까.

2017년 현재 전 세계의 상위 1퍼센트 부자는 나머지 사람들의 재산을 전부 더한 것보다 더 많은 부를 소유하고 있다. 산업혁명이 일어나고 믿을 만한 자산 통계가 나온 이후 처음 있는 일이다. 게다가 전 세계적으로 부가 심각하게 집중되는 최근의 동향은 갈수록 심해지고 있다.[10]

자산 피라미드의 다른 한쪽에는 순자산이 1만 달러 미만인 사람들이 있다. 그들은 전 세계 인구의 73퍼센트를 차지하지만 전 세계 부의 단 2.4퍼센트만 소유한다. 그중에는 전 세계 인구의 9퍼센트를 차지하는 '순 채무자'도 있다(이들은 자산보다 빚이 더 많다). 최근 몇 년 사이에 소득과 부의 불평등이 핵심 문제로 떠오르면서《평등이 답이다》와《21세기 자본》같은 책이 출간되고, 심지어 엘리트의 요새인 다보스 포럼에서 이 문제가 논의되었다.

이 책을 읽고 있는 독자 중에도 전 세계 상위 1퍼센트에 들어갈 정도로 운 좋은 사람이 있을 수 있다. 그러려면 순자산이 74만 4000달러 이상이어야 하고, 그만큼의 재산을 가질 확률은 당신이 어디서 태어났는지에 크게 좌우된다. 예를 들어 전 세계 상위 1퍼센트의 부자 가운데 7퍼센트는 영국에 살고 5퍼센트는 독일에 산다. 하지만 이 수치도 미국의 37퍼센트에 비하면 미미해 보인다. 러시아는 특히 부가 심하게 집중되어 있는데(곧 함께 살펴볼 것이다), 러시아 경제의 규모에도 불구하고 러시아인의 단 0.2퍼센트만이 전 세계 1퍼센트 부자에 속한다.

어쩌면 상위 1퍼센트 부자의 기준이 혼란스러울 것이다. 물론 75만 달러는 큰돈이다. 하지만 이 돈이 있다고 해서 개인항공기와

금 엘리베이터를 가진 세계적 엘리트, 즉 '99퍼센트'의 미움을 받는 사람이 될 수 있는 것은 아니다. 75만 달러라는 수치는 전 세계적으로 자산이 아주 적거나 아예 없는 사람이 매우 많기 때문에 나온 결과다.

당신 나라에서 상위 1퍼센트 부자가 되기 위한 자산 규모를 본 적이 있을 것이다. 선진국의 경우 이 기준은 훨씬 높다. 미국은 700만 달러 이상,[11] 스위스는 500만 달러 이상,[12] 영국은 400만 달러[13] 이상이다. 그리고 유럽 전체를 기준으로 하면 150만 달러 이상이다[14](아마 이 기준에 따르면 여러분 중 상당수가 부자에 들지 못할 것이다!).

우리는 사람들에게 자신의 국가에서 상위 1퍼센트가 돈을 얼마나 갖고 있을 것 같은지를 물었다. 앞으로 살펴보겠지만, 전 세계적으로 부가 왜곡되어 있기 때문에 각 국가에서 상위 1퍼센트가 소유한 부의 비율은 (대개) 50퍼센트를 훨씬 밑돌았다. 이게 단서다. 실제 수치를 살펴보기 전에 당신 나라의 상위 1퍼센트 부자가 총 가계자산의 몇 퍼센트를 소유하고 있을지 추측해보라. 실제 수치와 사람들의 평균 추측값은 [표 14]에 나와 있다. 대부분의 국가에서 사람들은 전반적으로 답을 크게 빗겨갔다.

가장 엉터리로 추측한 국가는 영국과 프랑스였다. 상위 1퍼센트가 소유한 부의 비율은 두 국가 모두 23퍼센트다. 하지만 영국인은 상위 1퍼센트가 부의 59퍼센트를, 프랑스인은 상위 1퍼센트가 부의 56퍼센트를 차지하고 있으리라 생각했다.

몇몇 국가에서는 부의 집중 현상을 매우 과소평가했다. 특히 러

Q 상위 1퍼센트 부자가 총 가계자산의 몇 퍼센트를 소유하고 있을까요?

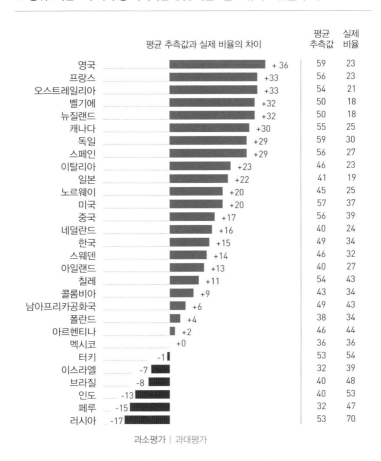

	평균 추측값과 실제 비율의 차이	평균 추측값	실제 비율
영국	+ 36	59	23
프랑스	+33	56	23
오스트레일리아	+33	54	21
벨기에	+32	50	18
뉴질랜드	+32	50	18
캐나다	+30	55	25
독일	+29	59	30
스페인	+29	56	27
이탈리아	+23	46	23
일본	+22	41	19
노르웨이	+20	45	25
미국	+20	57	37
중국	+17	56	39
네덜란드	+16	40	24
한국	+15	49	34
스웨덴	+14	46	32
아일랜드	+13	40	27
칠레	+11	54	43
콜롬비아	+9	43	34
남아프리카공화국	+6	49	43
폴란드	+4	38	34
아르헨티나	+2	46	44
멕시코	+0	36	36
터키	-1	53	54
이스라엘	-7	32	39
브라질	-8	40	48
인도	-13	40	53
페루	-15	32	47
러시아	-17	53	70

과소평가 | 과대평가

표 14 사람들은 대체로 자신이 살고 있는 국가의 상위 1퍼센트 부자가 소유한 총 가계자산을 과대평가했다.

시아가 그랬다. 러시아인의 평균 추측값은 53퍼센트로 영국과 프랑스인의 평균 추측값과 크게 다르지 않았다. 하지만 실제로 러시아의 상위 1퍼센트는 무려 국가 부의 70퍼센트를 소유하고 있다. 영국과 프랑스의 세 배에 달하는 수치다.

미국 역시 선진국 중에는 부가 심하게 불공평하게 분배된 국가로서, 상위 1퍼센트가 전체 부의 37퍼센트를 소유하고 있다. 하지만 사람들이 추측한 값은 프랑스나 영국과 유사한 57퍼센트였다.

이 과대평가를 어떻게 설명할 수 있을까? 분명 몇몇 사람은 전 세계를 기준으로 한 수치를 언뜻 들어본 적이 있을 것이다. 실제로 많은 국가의 평균 추측값이 50퍼센트 언저리에 모여 있다. 다른 질문에서와 마찬가지로, 응답자들은 자신이 받은 질문이 아닌 엉뚱한 질문에 대답한 것일 수 있다. 하지만 우리가 상위 1퍼센트의 자산 비율을 과대평가한 것은 전 세계의 부에 관해 들은 이야기를 어렴풋이 기억했기 때문만은 아니다. 어느 정도는 여기서도 '감정적 수맹' 효과가 나타났을 가능성이 높다. 우리는 점점 커져가는 불평등이 심각한 문제임을 알며, 돈이 넘쳐나는 사람들의 생생한 일화와 함께 수많은 가난한 사람들의 이야기를 주기적으로 듣는다. 그리고 그 결과 과장된 추측을 하게 된다. 사람들은 불평등이 심각하고 우려스러운 문제라는 생각을 갖고 있으며, 이는 정치에 실질적인 영향을 미치기도 한다. 러시아와 미국 학자들의 연구에 따르면 사회계층 간에 긴장이 발생하거나 정부에 부의 재분배를 요구하는 현상은 실제 불평등과는 큰 관련이 없는 것으로 드러났으며, 오히려 사람들이 인식하는 불평등 수준과 세 배 이상 관련이 있었다.[15] 현실을 어떻게 인식하느냐에 따라 걱정이 생기기도 하지만, 반면 걱정이 현실 인식을 바꿔놓기도 하는 것이다.

현실 인식에 감정이 큰 영향을 미친다는 사실을 이해하고 인식하는 것이 얼마나 중요한지는 다음 질문에서도 잘 드러난다. 사람들은 상위 1퍼센트가 얼마나 소유해야 한다고 생각할까? 물어볼 가치가 있는 질문이다. 정부가 어느 정도로 부를 재분배해야 하는지와 관련된 문제이기 때문이다. 여기에 정확한 답은 없다. 목표로 삼을 적절한 평등 수준은 저마다 다를 것이며, 실제로도 사람들의 의견은 국가별로 상당히 다양했다. 가장 낮은 수치는 이스라엘의 14퍼센트였고, 가장 높은 수치는 브라질의 33퍼센트였으며, 33개국 전체의 평균 추측값은 22퍼센트였다. 전반적으로 사람들은 부의 완전한 평등을 요구하지는 않는다.

가장 많은 사람이 부의 동등한 분배를 요구한 국가는 어디일까? 정답은 영국이다. 영국인의 19퍼센트가 상위 1퍼센트의 부자는 부의 1퍼센트만 소유해야 한다고 답했다. 그다음은 러시아로, 18퍼센트가 상위 1퍼센트는 부의 1퍼센트만 소유해야 한다고 답했다. 공산주의 국가였던 과거를 고려하면 러시아의 답변은 어느 정도 예측이 가능한 것이었다. 하지만 영국이 러시아를 앞서다니 흥미롭다. 미국은 개인이 반드시 노력을 보상받아야 하는 '기회의 땅'답게 부의 동등한 분배를 그리 열렬히 바라지 않았고, 9퍼센트의 미국인만이 상위 1퍼센트 부자는 부의 1퍼센트만 소유해야 한다고 답했다. 하지만 부의 동등한 분배에 가장 관심이 없는 국가는 미국이 아니었다. 계급사다리를 오르려는 열망이 강한 인도와 중국에서는 오직 3퍼센트만이 부의 동등한 분배를 원했다.

상위 1퍼센트가 얼마나 소유해야 하느냐는 질문에 대한 대답과 실제로 상위 1퍼센트가 얼마나 소유하고 있을 것 같으냐는 질문에 대한 대답을 비교해보면 바로 눈에 띄는 점이 있다. 표면적으로는 많은 사람이 부가 불공평하게 분배된 현재 상태에 불만이 없는 것으로 보인다. 예를 들어 프랑스인들은 상위 1퍼센트가 부의 27퍼센트만 소유해야 한다고 답했고, 실제로 프랑스의 상위 1퍼센트는 부의 23퍼센트만 소유하고 있다. 이 결과를 단순하게 해석해보면, (나라 이름 옆에 항상 '평등'을 내거는 국가인) 프랑스 사람들은 상위 1퍼센트 부자가 조금 더 가져도 좋다고 말하고 있는 것이다. 하지만 이건 완전히 틀린 설명이다. 우리는 먼저 '현실'을 어떻게 보느냐는 질문을 통해 프랑스인들은 현재 상위 1퍼센트가 국가 부의 56퍼센트를 갖고 있다고 생각한다는 사실을 알아냈다. 그러므로 실제 프랑스인은 상위 1퍼센트에게 집중된 부가 현재의 절반으로 줄어야 한다고 말하고 있는 것이다.

여기서 두 가지를 알 수 있다. 첫째, 사람들은 이런 질문에 답할 때는 정확한 퍼센트를 생각하지 않는다. '부자'들이 현재 얼마나 갖고 있고 얼마를 가져야 하는지에 대해 생각할 뿐이다.

둘째, 사람들의 대답에 담긴 진짜 의미는 부자들이 현재 '엄청나게 많이' 소유하고 있음을 본인이 알고 있으며, 부자들은 이보다 더

적게, 더 정확히 말하면, 현재 가진 것의 절반만 소유해야 한다는 뜻이다.[16]

이건 잘못된 인식에 대해 질문했을 경우 얻게 되는 핵심적인 이득 가운데 하나다. 우리는 어떤 현상이 어떻게 되어야 한다고 생각하는지 묻기 전에 현재 현상을 어떻게 생각하는지를 먼저 물어야 한다. 우리가 현실을 얼마나 잘못 인식하는지 알지 못하면 나아가야 할 방향을 완전히 잘못 도출할 수도 있기 때문이다.

팩트 감각 기르기

이번 장에서는 우리의 사고방식을 토대로 돈과 관련해 더 나은 결정을 하게 도와주는 여러 방법을 알아보았다. 행동과학 덕분에 사람들은 자동적으로 더 나은 선택지를 고를 수 있게 되었고, 편향을 통해 자신의 이익을 도모할 수 있게 되었다. 하지만 이것으로는 충분치 않다. 다양한 사람들의 경제생활 전반에 동일한 접근법을 사용하는 것은 현실적으로도 윤리적으로도 불가능하기 때문이다. 우리에겐 '시스템 2', 즉 더 느리고 분석적인 의사결정을 이용하도록 돕는 다양한 조치가 필요하다.

이러한 필요성을 반영해 '금융 역량'이라는 개념이 생겨났다. 전 세계 정부가 국민을 돕기 위해 채택한 이 개념은 더 나은 결정을 내리려면 다음 세 가지 요소가 필요하다고 말한다. 첫째, 기초적인 지식과 기술이 더 필요하다. 우리는 자신에게 필요한 연금저축의 액수나 재정 관리에 필요한 여러 계산법 등을 알아야 한다. 태도와 동기도 중요하다. 정부는 우리의 편향과 휴리스틱, 돈에 대한 전반적인 시각이 상당히 중요한 역할을 한다는 사실을 인식했다. 기회 또한 필요하다. 우리는 재정적 조언을 들을 수 있어야 하고, 충분한 시간과 정신적 여유를 갖고 결정을 내릴 수 있어야 한다. 실제로 이 세 가지 요소를 모두 갖추기란 쉽지 않다. 강력한 편향이 재무적 결정에 영향을 미치는 데다 아무리 역량과 동기가 강력하더라도 가까스로 먹고 사는 사람들에게 마술처럼 돈이 생기지는 않기 때문이다. 하지만 많은 경우 이 세 가지 요소를 명심하면 재정 관리에 도움이 된다. 연구 결과, 금융 역량을 끌어올린 후에도 개인의 재정 상태는 크게 나아지지 않았지만 대신 심리적 안정감은 크게 향상되었다고 한다. 금융 역량이 향상된 결과 충격적인 문제가 발생해도 문제를 통제하고 충격에서 회복할 수 있다고 느끼게 되었기 때문이다.[17]

냉정하고 이성적인 계산만 중요한 것은 아니다. 감정적 반응도 무시해서는 안 된다. 예를 들면 우리의 잘못된 인식은 사람들이 다음 두 가지 현상을 염려하고 있음을 보여주는 중요한 단서다. 상위 계층에 부가 집중되고 (이와 어느 정도 연관되어) 청년들이 경제적 압박을 느끼는 것이 첫 번째 현상이고, 이 현상이 실제로 청년의 삶에 영향을 미치는 것이 두 번째 현상이다. 많은 국가에서 사람들이 이 두 가지 문제에 매우 감정적으로 반응하고 있다. 그러므로 이 문제에 개입해야 한다는 정치적 압력이 점점 커져도 놀라서는 안 된다.

4장

이민과 종교

외국인 노동자가 정말 내 일자리를 위협할까?

이민과 종교는 오늘날 전 세계에서 가장 논란이 뜨거운 문제다. 감정이 들끓으면서 이민자와 소수 종교집단의 규모뿐만 아니라 본질에 대해서도 잘못된 인식이 만연하다.

　우리의 잘못된 인식 조사를 포함한 수많은 연구에 따르면 유럽연합 탈퇴를 결정한 영국의 국민투표에서 핵심 동인이 되었던 것이 바로 이민에 대한 우려였다. 이민은 대부분의 유럽 국가에서 핵심적인 정치 문제가 되었고 거의 모든 국가에서 우려가 고조되고 있다. 브렉시트 이후 많은 사람의 걱정처럼 극우파가 선거에서 승리하는 일은 아직 일어나지 않았지만, 이민과 종교 그리고 차별 철폐를 둘러싼 불안은 2017년 프랑스 대선에서 2018년 이탈리아 총선까지 최근 유럽에서 실시된 거의 모든 선거에서 토론의 방향을 이끌었다. 독일의 '독일을 위한 대안AfD'과 스웨덴의 '자유당PVV'처럼 유럽의 거의 모든 국가에 이민, 더 나아가 문화에 대한 우려를 핵심으로 하는 인기 극우 정당이 최소 하나씩은 있다. 도널드 트럼프의 미국 대통령 당선을 분석한 우리의 연구 결과에 따르면 '자국민 우선주의', 즉 자국에서 태어난 사람이 가장 우선시되어야 한다는 감정이 그 어떤 단일 요소보다 강력하게 트럼프 지지에 힘을 보태준 것으로 드러났다.

그중 종교, 특히 무슬림 인구에 초점이 집중되고 있다. 유럽 국가들과 미국에서 이슬람교가 논의 대상이 되는 경우 항상 테러리즘과 문화적 위협에 관해 뜨거운 논쟁이 벌어진다. 종교를 바라보는 시각은 반반으로 갈린다. 우리 조사에 따르면 전 세계 인구의 정확히 절반이 종교가 도움이 되기보다는 해를 끼친다고 생각했다.

이러한 정체성 집단 하나하나의 안팎에 어마어마한 무지와 잘못된 인식이 자리 잡고 있다. 우리의 두려움은 대개 미지에 대한 공포뿐만 아니라 명백한 오해에서 비롯된다. 물론 실상은 이보다 훨씬 복잡하다.

'이민자' 하면 떠오르는 단어들

자국의 이민자 비율이 얼마나 될 것 같으냐는 질문은 잘못된 인식과 관련해서 가장 많이 던져지고 분석된 질문 가운데 하나다. 모든 연구에서 같은 패턴이 반복해서 나타난다. 바로 사람들의 추측이 실제 비율보다 압도적으로 높다는 것이다. 이 패턴은 유럽과 미국에서도 나타나지만, 가장 최근 연구에서 선두를 차지한 국가는 아르헨티나와 브라질, 남아프리카공화국이었다. 이 세 국가는 이민자 수를 특히 심각하게 과대평가했다(오직 이스라엘과 사우디아라비아만이 자국의 이민자 수를 과소평가했다).

Q 당신 나라의 이민자 비율은 몇 퍼센트일까요?

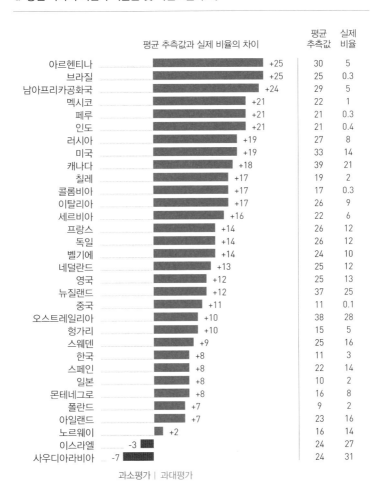

	평균 추측값과 실제 비율의 차이	평균 추측값	실제 비율
아르헨티나	+25	30	5
브라질	+25	25	0.3
남아프리카공화국	+24	29	5
멕시코	+21	22	1
페루	+21	21	0.3
인도	+21	21	0.4
러시아	+19	27	8
미국	+19	33	14
캐나다	+18	39	21
칠레	+17	19	2
콜롬비아	+17	17	0.3
이탈리아	+17	26	9
세르비아	+16	22	6
프랑스	+14	26	12
독일	+14	26	12
벨기에	+14	24	10
네덜란드	+13	25	12
영국	+12	25	13
뉴질랜드	+12	37	25
중국	+11	11	0.1
오스트레일리아	+10	38	28
헝가리	+10	15	5
스웨덴	+9	25	16
한국	+8	11	3
스페인	+8	22	14
일본	+8	10	2
몬테네그로	+8	16	8
폴란드	+7	9	2
아일랜드	+7	23	16
노르웨이	+2	16	14
이스라엘	-3	24	27
사우디아라비아	-7	24	31

과소평가 | 과대평가

표 15 대체로 사람들은 자국의 이민자 수를 과대평가했다.

미국인은 전체 인구의 33퍼센트가 이민자일 거라고 추측했지만 실제 비율은 14퍼센트다. 프랑스와 독일은 추측한 비율도 실제 비율도 똑같았다. 즉 두 나라 모두 이민자 비율을 26퍼센트로 추측했으나 실제 비율은 12퍼센트다.

왜 대부분의 국가가 하나같이 이민자 비율을 높게 추측하는 것일까? 학계를 비롯한 여러 분야의 연구[1]에 가장 자주 등장하는 설명은 이미 우리가 잘 알고 있는 것이다. 바로, 사람들의 대답은 감정적 반응에서 나오고 이 감정적 반응은 사람들의 걱정을 보여준다는 것과, 이러한 현상은 한쪽으로 치우친 미디어 보도와 정치 담론에 일부 원인이 있다는 것이다.

우리는 지루한 통계 수치보다 생생한 일화를 훨씬 쉽게 기억한다. 또한 인간의 뇌는 어떤 이야기를 다른 이야기보다 훨씬 매력적으로 여긴다. 특히 위협이나 위험에 민감한 본성을 자극하는 이야기를 좋아한다. 위험 민감성을 자극하는 것, 이게 바로 미디어와 정치계가 이민자 문제를 다루는 방식이다.

우리의 잘못된 인식이 중요한 이유는 이민을 바라보는 관점이 정당 선호도와 관련 있기 때문이다. 이민자의 규모를 과대평가하는 사람은 이민의 영향을 부정적으로 보는 경향이 있으며, 이민자 비율을 얼마로 추측하느냐와 어떤 정당을 지지하느냐 사이에는 분명한 상관관계가 있다. 영국에서 더욱 강력한 이민 통제를 핵심 정책으로 하는 영국독립당UKIP 지지자들은 이민자 규모를 약 25퍼센트로 추측했지만, 자유민주당이나 스코틀랜드독립당SNP처럼 이민에 더 긍정적인 정당의 지지자들은 이민자 규모를 현실에 훨씬 가까운 16퍼센트로 추측했다. 다른 국가에서도 이러한 패턴이 반복해서 나타나는데, 프랑스의 민족전선Front Nationale에서 이탈리아의 북부동맹Northern League에 이르기까지 뚜렷하게 이민에 반대하는 정당의 지지자들은 늘 이민자의 규모를 과대평가한다.[2]

이 외에도 이민에 대한 잘못된 인식이 또 있다. 사람들이 생각하는 전형적인 이민자의 이미지 또한 현실과 매우 동떨어져 있다. 우리는 영국에서 '이민자' 하면 무엇이 떠오르는지 물었다. 그러자 실제 이민 인구의 주요 구성원이 아닌 '난민'이나 '망명 신청자'를 언급한 대답이 훨씬 많았다. 질문 당시 난민과 망명 신청자는 영국 이민 인구의 약 10퍼센트만 차지했지만, 머릿속에 무엇이 떠오르느냐는 질문에 3분의 1이 난민과 망명 신청자가 떠오른다고 답했다. 난민과 망명 신청자는 일이나 연구를 위해, 또는 가족을 위해 이민 온 사람을 제치고 가장 많이 언급된 이민자 유형이었다. 이 네 가지 유형의 이민 집단 중에 가장 수가 적었는데도 말이다.

이것이 바로 사람들이 기억하는 선명한 이미지와 감정적인 이야기다. 훨씬 규모가 크지만 이목은 덜 끄는 다른 이민 집단의 이미지는 난민과 망명 신청자의 이미지에 묻힌다. 옥스퍼드 대학의 스콧 블라인더Scott Blinder는 이러한 현상을 '상상 속 이민'이라 부른다.[3]

여기서 현재 논란이 되는 잘못된 인식의 또 다른 측면이 드러난다. 사람들에게 실제 수치를, 예를 들어 총 인구에서 이민자가 차지하는 실제 비율을 알려주면 어떻게 될까? 사람들이 자신의 추측을 수정하거나 선호하는 정당을 바꿀까? 우리가 여러 국가에서 뽑은 수십 개의 초점집단에 대한 설문조사뿐만 아니라 이보다 대규모의 설문조사에서도 사람들은 자신의 추측을 변호했다. 우리는 먼저 14개국에서 이민자 규모를 추측해달라고 요청했고, 실제 비율보다 10퍼센트 이상 높게 추측한 사람들에게 두 번째 질문을 했다. 이탈리아를 예로 들어보자. 이탈리아에서 이민자는 전체 인구의 9퍼센트를 차지하므로, 우리는 이민자 규모를 19퍼센트 이상으로 추측한 사람들에게 이렇게 물었다. "국가통계에 따르면 이민자는 총 인구의 9퍼센트에 불과한데 당신은 이보다 훨씬 높게 이민자 규모를 추측했습니다. 왜 그랬나요?"([표 16] 참조)

실제 비율이 자신의 추측보다 훨씬 낮다는 사실을 알고 나서도 사람들은 자신의 추측이 옳다고 주장했다. 자신의 추측이 국가통계보다 정확하다고 생각하는 이유를 묻자 가장 많이 나온 두 가지 답변이 있었다. 첫째, 정부는 불법 이민을 숫자에 넣지 않기 때문에 정부 통계가 틀렸다. 둘째, '나는 당신의 말을 못 믿는다'.

불법 이민을 고려하면 자신의 추측이 맞으리라는 사람들의 생각은 희망의 여지없이 틀렸다. 예를 들면 영국의 불법 이민 규모를 최대한 넉넉하게 추정해봤자(이민을 더 강력히 통제하자고 캠페인을 벌이는 집단에서 추정한 규모다) 늘어나는 이민자 비율은 1퍼센트도 안 된다.[4]

학계에서도, 캠페인 활동에서도 사실을 알게 되면 인식이 바뀌는지 알아보려는 시도가 오래전부터 있었다. 하지만 실험 결과는 서로 엇갈리며, 아직까지도 하나의 결론이 나오지 않았다. 몇몇 실험

사람들이 불법으로 입국하기 때문에 통계에 잡히지 않는다	47%
그래도 나는 실제 비율이 훨씬 높을 거라고 생각한다	45%
내가 사는 동네에는 이민자가 더 많다	37%
내가 방문한 다른 마을/도시에는 이민자가 더 많다	30%
그냥 추측이다	26%
텔레비전에서 봤다	11%
친구와 가족들의 경험에 따르면 그렇다	11%
신문에서 봤다	8%
기타	3%
모르겠다	3%
질문을 잘못 이해했다	2%

표 16 사람들은 실제 수치를 보고도 여전히 자신의 (틀린) 추측이 옳다고 생각했다. 우리는 왜 그렇게 생각하는지 물었다. 그리고 가장 많이 나온 대답을 순서대로 정리했다. 퍼센트는 각각의 대답을 한 응답자의 비율이다.

에서는 정확한 수치를 들은 후에도 인식에 전혀 변화가 없었던 반면, 어떤 신념은 바뀌고 어떤 신념은 바뀌지 않은 실험도 있었다.[5] 그리고 어떤 실험에서는 보다 분명한 변화가 나타나기도 했다. 최근 13개국에서 실시한 연구에서 연구자들은 응답자를 두 집단으로 나눈 다음[6] 한 집단에는 실제 이민자 비율을 알려주고 다른 한 집단에는 아무것도 알려주지 않았다. 올바른 정보를 갖춘 사람들은 이민자가 너무 많다고 말한 비율이 더 낮았다. 그렇다고 정치 성향이 바뀌지는 않았고, 이민 합법화를 지지하는 비율 역시 여전히 낮았다. 연구자들이 4주 후에 응답자를 다시 만나본 결과 대부분 실제 이민자 비율을 기억하고 있었다. 비록 정치 성향 역시 그대로였지만 말이다. 이 결과는 앵거스 캠벨Angus Campbell과 동료들이 1960년에 발표한 고전《미국의 유권자The American Voter》에서 설명한 오래된 이론과도 일치한다. 사실 정보는 당파적 신념이나 우리 '인식의 선별기제perceptual screen'를 쉽게 뚫고 나가지 못한다.[7]

더 다양한 정책 분야를 검토한 자료에 따르면 대체로 네 개의 연구 가운데 한 개의 연구에서 사실 정보를 들은 실험 참가자들의 신념에 유의미한 변화가 생겼다.[8] 강조할 만한 중요한 결론이다. 사람들은 대체로 관점을 쉽게 바꾸지 않지만 몇몇은 특정 상황에서 관점을 바꾸며, 이때 사실 정보가 도움이 된다. 핵심은 다음과 같다. 사실 정보는 여전히 중요하지만 늘 관점을 바꿔주는 것은 아니다. 또한 사실 정보만으로 현상을 온전히 설명할 수도 없다.

사실 정보로 사람들을 '설득'하는 것에 대해서는 현재 한 가지 논의가 진행 중이다. 바로 사람들에게 올바른 사실을 알려주면 '역효과'가 생기는가 하는 것이다. 몇몇 연구는 잘못된 인식을 교정해주면 오히려 사람들이 자신의 이념적 견해와 일치하는 그릇된 신념을 더욱 강하게 주장하는 경우도 생긴다는 것을 보여주었다. 예를 들어 이라크에 대량살상무기가 없다는 사실을 알려주자 몇몇 사람은 오히려 이라크에서 대량살상무기가 발견되었다고 더욱 확신했다. 백신의 안전성 문제에서부터 인간이 기후변화에 미친 영향에 이르기까지 여러 다른 사안에서도 이러한 현상이 나타났다.[9] 각각의 사례에서 진실을 알려주자 반대의 시각을 가졌던 사람들은 잘못된 인식을 더욱 공고히 했다.

하지만 최근의 연구들은 이 '역효과' 현상이 생각만큼 그렇게 강력한가에 의문을 제기한다. 오하이오 주립대학교의 토머스 우드Thomas Wood와 조지워싱턴 대학교의 이선 포터Ethan Porter는 여러 실험에서 총 36가지 이슈를 살펴본 결과 사람들이 올바른 사실을 알게 되면 자신의 오류를 더욱 확신한다는 충분한 증거를 찾지 못했다고 밝혔다.[10] 사람들이 자기 세계관과 일치하는 정보를 더 믿지 않는다는 말이 아니다. 사람들에게는 분명 그러한 경향이 있다. 실제로 이 연구는 낙태율 변화에서 이민자와 범죄의 관련성까지 다양한 사안에서 사람들이 매우 당파적 신념을 갖는다는 사실을 보여준다. 하지만 올바른 정보에 적극적으로 역효과 반응을 보이진 않았다. 즉 올바른 정보가 상황을 악화시키는 것은 아니다.

매우 고무적인 결과다. 또한 여태까지 살펴본 사람들의 사고방식을 고려해보면 나올 법한 결과이기도 하다. 사실 정보를 들이대고 당신은 틀렸다며 생각을 바꿀 것을 강요해서는 안 되듯이, 사실을 두려워해서도 안 된다. 이야기와 설명으로 사람들을 끌어들일 필요도 있지만, 사실 정보 또한 함께 사용해야 한다.

물론 사람들이 '이민자'라는 거대하고 다양한 집단을 어떻게 생각하는지를 지나치게 단순하게 해석해서는 안 된다. 사람들의 의견은 설문조사에서 보이는 것보다 훨씬 미묘하고 모순적이다. 예를 들면, 한 설문조사에서 응답자들은 "이민자는 원주민의 일자리를 빼앗아간다"라는 항목과 "이민자는 사업을 통해 일자리를 창출한다"라는 항목을 동시에 선택했다. 한번 생각해보라. 당신도 스스로에게 질문을 던지면 두 항목에 모두 동의하게 되지 않을까? 표면적으로는 같은 집단에 대한 의견을 묻고 있을지라도 질문을 어떻게 하느냐에 따라 머릿속에 다른 이미지가 떠오르기 때문이다.

두 주장은 어느 정도는 사실이며 구체적인 사례도 있다. 전체적으로 보면, 이민자가 원주민의 일자리를 빼앗는지 아닌지에 관한 논의는 한쪽으로 크게 치우쳐 있으며, 이민자가 일자리를 빼앗는다는 주장에 거의 모든 경제학자가 반대한다. '노동의 총량'이 존재한다는 생각은 분명히 오류다. 고용은 제로섬 게임(한 사람의 이득은 다른 사람의 손해라는 개념)이 아니다. 전반적으로 이민은 일자리를 창출하며, 한 이민자가 일자리를 얻는다고 해서 그 국가의 일자리가 하나 줄어드는 것은 아니다. 하지만 특정 분야에서 자국 노동자가 이민자로 대체되고 있다는 증거가 있으며(대부분 미숙련 노동자가 종사하는 업종이다), 일부 사람들은 실제로 자신의 일자리를 빼앗겼다고 느낄 수 있다.[11] 이러한 현상은 이민의 이득이 무엇인지, 왜 사람들이 이민 문제에 냉담한 반응을 보이는지를 경제적 측면에서 다룰 때 논의되는 핵심 사안이다. 국가적(거시적) 수준에서는 이민이 국가 경제에 손실을 입히기보다는 이득을 주는 것이 사실이다. 하지만 사람들은 국가 차원의 이득, 그러니까 세금을 더 많이 걷을 수 있고 개인 소비도 늘어난다는 사실을 보지 못한다. 사람들은 지역(미시적) 사회에 거주하고, 거기서 사람들이 보는 것은 개인 간의 일자리 경쟁, 아니면 외과 수술을 받거나 임대주택에 입주하기 위해 더 오래 기다려야 한다는 사

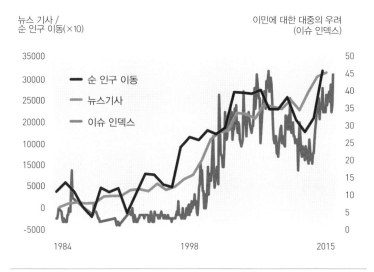

뉴스 기사 /
순 인구 이동(×10)

이민에 대한 대중의 우려
(이슈 인덱스)

— 순 인구 이동
— 뉴스기사
— 이슈 인덱스

표 17 이민에 대한 대중의 우려와 순 인구 이동 그리고 미디어 보도의 관계. 미디어 보도가 있기 전에 이민자 수가 먼저 증가했고, 마지막으로 대중이 이 현상을 알아챘다.

실뿐이다.

물론 미디어나 정치 담론은 이런 부정적 이미지를 생산하는 데 일정 역할을 한다. 하지만 [표 17]과 [표 18]이 보여주듯 이민에 대한 우려가 전적으로 미디어 때문이라고 볼 수는 없다.

1980년대와 1990년대 이민에 대한 우려는 매우 낮았다. 그러다 유럽연합이 확장되면서 1990년대 후반 영국으로의 순 인구 이동이 증가했다. [표 17]에 나타나듯이 세 가지 사건에는 분명한 순서가 있다. 먼저 인구 이동이 증가한다. 얼마간 미디어는 이 현상을 알아채지 못하며 시간이 약간 흐른 뒤에야 이민을 언급한 뉴스 기사가 증가하기 시작한다. 그다음으로 이민에 대한 국민의 우려가 커진다. 미디어는 이미 일어나고 있는 현실을 전달하는 매개체일 뿐이다. 미디어는 순 인구 이동의 급격한 증가를 불러오지 않았다. 다만 일부 미디어가 정당화할 수 없는 방식으로 두려움을 부채질했을 뿐이다. 이탈리아 입소스의 분석에 따르면 난민 수와 미디어 보도 그리고 대중의 우려 간에도 비슷한 패턴이 나타났다.[12]

미디어가 이민에 대한 우려를 만들어내는 유일한 원인은 아니지만 사람들이 어떤 미디어를 선택했는가는 이들이 이민을 얼마나 우려할지를 보여주는 훌륭한 예측 변수다. [표 18]에 나타나듯, 영국 《데일리메일》(우편향 신문이다) 독자의 약 55퍼센트는 이민이 2014년 영국의 가장 심각한 문제 중 하나라고 생각한 반면 좀 더 진보적인 신문인 《가디언》의 경우 이렇게 생각한 독자는 15퍼센트뿐이었다. 어떤 신문을 읽느냐는 우리가 찾아낼 수 있는 가장 훌륭한 차별화 요소 중 하나다. 그렇다고 우리가 읽는 신문이 우리의 견해를 만든다고 볼 수는 없다. 사람들은 이미 갖고 있는 생각과 일치하는 미디어를 선택하기 때문이다. 무엇이 원인이고 무엇이 결과인지 완벽하게 구분할 수는 없지만 두 방향이 모두 있다고 가정해도 무방할 것이다.

여기서 두 가지를 짚고 넘어가야 한다. 첫째, 《데일리메일》 독자는 인구 이동 수준이 낮을 때는 이민을 우려해야 할 문제로 여기지 않았다. 태어날 때부터 이민자에게 게거품을 문 것이 아니란 얘기다. 사람들의 관점이 폭발적으로 갈라지기 시작한 것은 이민자 수가 증가한 이후다. 둘째, 《가디언》 독자 역시 평균과는 거리가 먼 스펙트럼의 끝에 있다. 《데일리메일》 독자가 다른 한쪽 끝에 있듯이 말이다.

Q 오늘날 영국이 직면한 가장 심각한 문제는 무엇일까요?

'이민'이 영국의 가장 심각한 문제 중 하나라고 답한 비율

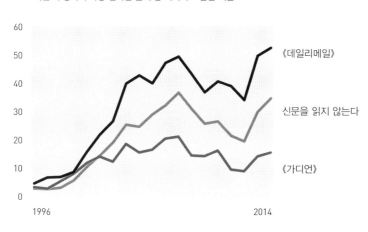

표 18 이민에 대한 태도는 응답자가 어떤 미디어를 선호하느냐에 따라 차이가 컸다.

이민에 대한 우려를 불러일으키는 원인이 또 하나 있다(일부 미디어가 여기에 불을 지피기도 한다). 바로 이민자가 다른 집단보다 범죄를 더 많이 저지른다는 인식이다. 하지만 실제 증거는 매우 복잡하고 엇갈린 양상을 보인다.

과장된 이민자 범죄 수치

영국에서 발표된 보고서는 폭력 범죄와 이민 간에 아무 관련성을 찾지 못했다. 망명 신청 건수와 재산 범죄 증가 간에 미약한 관련성

이 있었지만 전체 이민 인구와 관련된 재산 범죄는 이전보다 줄어들었다.[13] 이탈리아의 연구 결과 이민자는 폭력 범죄나 재산 범죄에 아무 영향도 미치지 않았다. 미국의 연구 결과 이민자와 폭력 범죄 사이에 인과관계가 있다는 증거는 전혀 없었지만 이민자와 재산 범죄 간에는 유의미한 관련성이 있었다.[14] 독자들도 왜 이 문제가 복잡한지 이해할 수 있을 것이다. 범죄율은 다른 요소, 특히 빈곤과 밀접한 관련이 있다. 대체로 이민자가 원주민보다 가난하다는 점을 고려하면 원인과 결과를 구분하기가 몹시 어려워진다. 또한 범죄율은 경제 상황과 기술 진보 같은 다른 요소에 따라 끊임없이 바뀐다. 많은 보고서가 이민자와 범죄 사이에는 오로지 미약한 관계만 있으며, 오히려 이민이 증가하면 범죄가 줄어든다는 결론을 내렸다. 또한 미국을 포함한 여러 국가에서 이민자가 범죄를 저지를 가능성이 낮다는 명백한 증거가 있다.

하지만 많은 사람이 이민자가 범죄를 더 많이 저지른다고 생각한다. 왜 이민이 줄기를 바라느냐고 물으면 범죄가 중요한 이유로 꼽힌다. 특히 사람들은 이민자를 테러 위협과 관련짓는 경향이 크다. 전 세계를 대상으로 한 설문조사 결과 열 명 중에 여섯 명이 테러리스트가 난민으로 위장해 자국에 입국한다고 믿었다. 프랑스에서는 열 명 중 일곱 명이, 독일과 이탈리아에서는 열 명 중 여덟 명이 그렇게 믿었다.

그렇다면 이런 잘못된 인식은 사람들이 수감 중인 이민자 수를 과대평가했기 때문일까? 맞다. 거의 모든 국가에서 사람들은 교도소에 수감된 이민자 비율을 실제보다 훨씬 높게 추측했다. 우리가 설문을 실시한 37개국에서는 수감자 열 명 중 세 명이 이민자일 것이라는 대답이 나왔지만, 실제로 수감자의 비율은 그 절반인 15퍼센트였다.

가장 추측을 못한 국가는 네덜란드였다. 네덜란드 국민은 수감자의 절반이 이민자일 거라고 생각했지만 실제 비율은 다섯 명 중 한 명이었다. 이 결과는 네덜란드의 매우 독특한 상황 때문일 수 있다. 네덜란드는 사법제도가 매우 모범적인 나라로, 교도소가 텅텅 비어 있다. 나 같은 영국인에겐 매우 생소한 이야기다. 영국은 포화 상태인 교도소가 심각한 사회문제이기 때문이다. 네덜란드는 몇몇 교도소의 문을 닫는 동시에 노르웨이에서 수감자를 데려오기도 했다. 이 과정에서 논쟁이 벌어지면서 수감된 이민자 비율이 과대평가됐을 수 있다. 그러므로 과대평가는 이민자에 대한 공포가 아니라 형벌제도의 성공에서 비롯된 결과다.

하지만 수감자를 수입할 능력이 전혀 없는 여러 국가들 또한 정답을 크게 빗나갔다. 예를 들면 남아프리카공화국과 프랑스 그리고 미국이 그렇다. 이 세 국가가 이민 문제를 가장 크게 우려하는 국가인 동시에 이민자 비율을 특히 과대평가한 국가라는 사실은 아마도 우연이 아닐 것이다.

다른 질문과 마찬가지로 이 질문과 관련해서도 전 세계의 현실이 얼마나 다른지를 알아볼 필요가 있다. 이민 인구 비율이 비슷한 세 국가를 예로 들어보자. 벨기에의 이민 인구 비율은 10퍼센트이고,

영국은 13퍼센트, 미국은 14퍼센트다. 하지만 수감된 이민자 비율은 매우 다르다. 벨기에의 경우 수감된 이민자 비율은 45퍼센트로 전체 인구에서 이민자가 차지하는 비율을 크게 웃돈다. 영국의 경우 수감된 이민자 비율은 이민 인구 비율과 비슷한 12퍼센트이며, 미국의 경우 전체 이민 인구 비율보다 훨씬 낮은 5퍼센트다.

벨기에는 이민 인구 비율이 미국보다 약간 낮은데도 불구하고 수감된 이민자 비율은 미국의 아홉 배에 달한다. 그 이면에는 역사·문화·경제적 요소가 복잡하게 얽혀 있으며, 두 국가의 이민에 내포된 다양한 특성도 드러난다. 벨기에 감옥은 이슬람 과격화와 함께 우려의 대상이 되었다. 벨기에의 무슬림 인구는 6퍼센트에 불과한 반면 무슬림 수감자 비율은 35퍼센트나 되기 때문이다. 반면 미국의 경우 수감자는 대부분 미국에서 태어난 아프리카계 미국인이다. 미국 성인 인구의 13퍼센트 정도를 구성하는 아프리카계 미국인이 수감자의 40퍼센트를 차지한다.

우리가 가장 알고 싶은 것은 (적어도 이 단순한 설문에서) 왜 대부분의 국가에서 수감 중인 이민자 비율이 심각하게 과대평가되느냐다. 미디어와 정치적 수사법이 일부 원인일 수 있다. 범죄와 이민이라는 주제는 개인의 감정을 잘 건드리며, 둘이 합쳐졌을 때는 그 힘이 더욱 강력해지기 때문이다. 2012년 영국 《데일리메일》의 헤드라인을 살펴보자.

'이민자 범죄 급증' 경고. 런던에서 발생한 범죄의 4분의 1이 외

국인의 소행[15]

이건 '가짜 뉴스'가 아니다. 이 수치는 기소되거나 재판받거나 벌금형을 받거나 경고를 받은 사람을 전부 포함하여 '법적 절차'를 받은 사람들의 국적을 조사한 영국경찰청의 정확한 자료다. 눈길을 잡아끄는 헤드라인 밑에는 이민자가 저지른, 특히 끔찍한 범죄 사건의 개요가 적혀 있다. 사실 외국인은 런던 인구의 약 40퍼센트를 차지하므로 외국인이 저지른 범죄 비율은 오히려 매우 낮은 편이다. 하지만 이 같은 사실은 어디에도 언급되지 않았다!

프랑스인 셋 중 하나는 무슬림?

'당신의 국가에서 100명 중 몇 명이 무슬림이라고 생각합니까?' 지금까지 설문조사 결과에 나타난 패턴을 지켜본 독자라면 아마 이 질문에 비교적 낮은 숫자를 댈 것이다. 하지만 실제 응답자들은 그렇지 않았다. 역시나 거의 모든 국가에서 무슬림 인구 비율이 어마어마하게 과대평가되었다. 무슬림 인구 비율을 과소평가한 국가는 인도네시아와 터키처럼 대다수가 무슬림인 국가뿐이었다.

상당히 거침없는 추측도 있었다. 특히 독보적이었던 것은 프랑스 사람들이었다. 전체 인구의 31퍼센트가 무슬림이라는 것이 프랑스 사람들의 평균 추측값이었지만 실제 무슬림 인구 비율은 7.5퍼센트였다. 이 수치는 공식 통계조사나 정부 통계자료가 아닌 퓨리서치센터의 자료에서 나온 것이다. 프랑스에서는 공식 조사에서 종교를 묻는 것이 금지되어 있기 때문이다. 어쩌면 이러한 금지 조치가 프랑스인의 인식과 현실이 그토록 다른 이유 중 하나일지 모른다. 수치가 틀렸다는 것이 아니라, 각 종교의 규모가 충분히 논의되지 않기 때문에 불확실성과 잘못된 인식이 발생할 수 있다는 것이다.

우리는 무슬림 인구 비율에 대한 생각과 더불어, 사람들이 인구 비율의 변화를 어떻게 전망하는지도 알아보고 싶었다. 대부분의 정치적 수사가 무슬림의 성장 속도에 관한 것으로, 무슬림 인구가 증가하면서 국가가 '이슬람화'되고 있다는 내용이기 때문이다.

그래서 우리는 한 걸음 더 나아가 사람들에게 2020년에는 무슬림 인구 비율이 얼마나 될 것 같은지 물어보았다. 이 질문을 했던 2016년 당시 2020년은 고작 4년 후였다는 점이 중요하다. 먼 미래를 예측해달라고 요청한 것이 아니었다. 하지만 이 사실을 떠올리기 힘들 정도로 사람들은 변화폭을 크게 추측했다.

가장 극단적인 사례로 다시 한 번 프랑스를 살펴보자. 퓨리서치센터의 예측에 따르면 프랑스의 무슬림 인구는 7.5퍼센트에서 8.3퍼센트로 증가한다. 꽤 빠른 증가 속도다(프랑스 무슬림 인구의 성장률은 11퍼센트로, 4년 만에 무슬림이 약 50만 명 늘어난다는 뜻이다). 하지만 프랑스 국민은 무슬림 인구가 31퍼센트에서 40퍼센트로 증가할 거라고 생각했다. 즉 2020년이 되면 프랑스 국민 열 명 중 네 명이 무슬림일 거라고 생각한 것이다. 이는 프랑스의 모든 성인 남자가 무슬림이라

Q 인구 100명 중 몇 명이 무슬림일까요?

	평균 추측값과 실제 비율의 차이	평균 추측값	실제 비율
프랑스	+24	31	7.5
남아프리카공화국	+21	22	1.7
필리핀	+17	23	5.5
이탈리아	+17	20	3.7
독일	+16	21	5.0
벨기에	+16	23	7.0
미국	+16	17	1.0
러시아	+14	24	10.0
캐나다	+14	17	3.2
인도	+14	28	14.2
스웨덴	+13	17	4.6
네덜란드	+13	19	6.0
브라질	+12	12	<0.1
스페인	+11	14	2.1
싱가포르	+11	25	14.0
태국	+11	16	4.9
영국	+11	15	4.8
덴마크	+11	15	4.1
오스트레일리아	+10	12	2.4
세르비아	+10	13	3.1
노르웨이	+8	12	3.7
멕시코	+8	8	<0.1
칠레	+8	8	<0.1
홍콩	+8	10	1.8
폴란드	+7	7	<0.1
콜롬비아	+7	7	<0.1
대만	+7	7	<0.1
한국	+6	7	0.2
헝가리	+6	6	<0.1
일본	+6	6	0.2
베트남	+5	6	0.2
페루	+5	5	<0.1
몬테네그로	+5	24	19.1
아르헨티나	+5	6	1.0
이스라엘	+5	23	18.6
말레이시아	+4	68	63.7
체코	+3	3	<0.1
인도네시아	-7	80	87.2
터키	-17	81	98.0

과소평가 | 과대평가

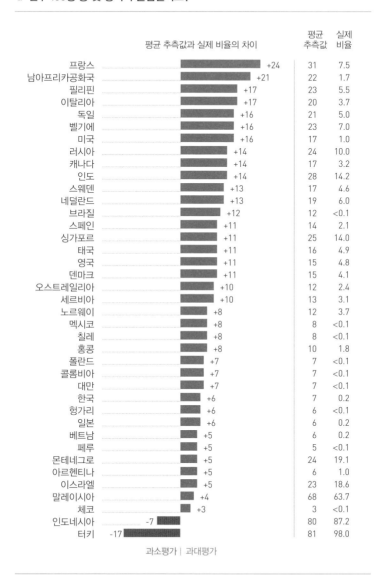

표 19 거의 모든 국가에서 무슬림 인구를 과대평가했다.

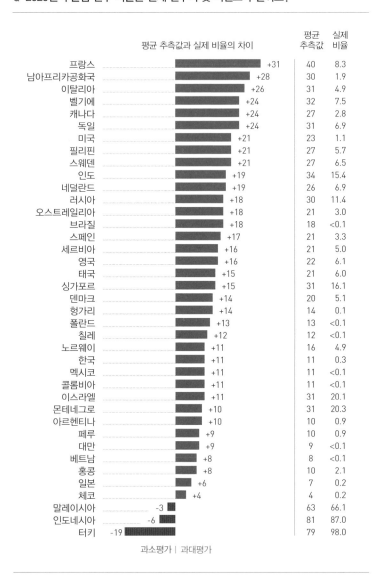

	평균 추측값과 실제 비율의 차이	평균 추측값	실제 비율
프랑스	+31	40	8.3
남아프리카공화국	+28	30	1.9
이탈리아	+26	31	4.9
벨기에	+24	32	7.5
캐나다	+24	27	2.8
독일	+24	31	6.9
미국	+21	23	1.1
필리핀	+21	27	5.7
스웨덴	+21	27	6.5
인도	+19	34	15.4
네덜란드	+19	26	6.9
러시아	+18	30	11.4
오스트레일리아	+18	21	3.0
브라질	+18	18	<0.1
스페인	+17	21	3.3
세르비아	+16	21	5.0
영국	+16	22	6.1
태국	+15	21	6.0
싱가포르	+15	31	16.1
덴마크	+14	20	5.1
헝가리	+14	14	0.1
폴란드	+13	13	<0.1
칠레	+12	12	<0.1
노르웨이	+11	16	4.9
한국	+11	11	0.3
멕시코	+11	11	<0.1
콜롬비아	+11	11	<0.1
이스라엘	+11	31	20.1
몬테네그로	+10	31	20.3
아르헨티나	+10	10	0.9
페루	+9	10	0.9
대만	+9	9	<0.1
베트남	+8	8	<0.1
홍콩	+8	10	2.1
일본	+6	7	0.2
체코	+4	4	0.2
말레이시아	-3	63	66.1
인도네시아	-6	81	87.0
터키	-19	79	98.0

과소평가 | 과대평가

표 20 거의 모든 국가에서 무슬림 인구가 실제 예측보다 훨씬 더 빨리 늘어나리라고 생각했다.

고 말하는 것과 같으며, 무슬림의 인구 성장률이 실제 예상 속도의 거의 세 배에 달하는 29퍼센트라고 추측한 것과 같다.

프랑스가 독보적이긴 하지만 프랑스만 틀린 것은 아니다. 이탈리아, 독일, 벨기에, 미국 모두 무슬림의 인구 성장률을 실제 예측보다 훨씬 높게 추측했다. 다시 한 번 거의 모든 국가의 사람들이 무슬림의 인구 증가 속도를 과대평가했던 것이다.

물론 단독으로 이 질문만 했던 것은 아니다. 우리는 현재 무슬림 인구가 얼마나 될 것 같은지를 먼저 물었고, 이 질문은 응답자에게 일종의 '닻'이 되어버렸다.

심리학자 카너먼과 트버스키의 연구에 따르면 우리는 이전에 주어진 정보에 영향을 받는다. 해당 정보가 현재 상황과 아무 관련이 없을 때에도 마찬가지다. 이 같은 효과가 잘 드러난 유명한 실험이 있다. 이 실험에서 참가자들은 UN에 가입한 아프리카 국가의 비율을 추측해야 했다.[16] 먼저 참가자들은 눈앞에서 바퀴를 굴려 0부터 100까지의 숫자 중 하나를 무작위로 선택했다(사실 바퀴는 숫자 10이나 65에만 멈추게 되어 있었다). 그다음 연구자는 참가자에게 이 숫자가 추측한 비율보다 높은지 낮은지 물어보고, 추측한 비율을 말해달라고 했다. 그 결과 바퀴를 돌렸을 때 어떤 숫자가 나왔는지에 따라 참가자들의 답이 크게 갈렸다. 바퀴가 숫자 10에 멈췄을 경우 참가자들의 대답의 중간값은 25퍼센트였고, 바퀴가 65에 멈췄을 경우에는 45퍼센트였다. 정확한 답에 대해 보상을 제공한 경우에도 이 '닻 내리기' 효과는 사라지지 않았다.

듀크 대학 교수로 심리학과 행동경제학을 가르치는 댄 애리얼리는 동료 조지 로웬스타인George Loewenstein, 드라젠 프레릭Drazen Prelec과 함께 이와 비슷한 효과를 설명하고 '임의적 일관성arbitrary coherence'이라는 이름을 붙였다. 그들은 학생들의 사회보장번호 마지막 두 자리에 따라 몇몇 물품(와인에서부터 무선 키보드, 초콜릿까지 다양했다)에 얼마까지 지불할 의사가 있는지가 달라진다는 사실을 증명했다. 교실에서 각자의 사회보장번호를 적게 한 다음 물품 경매를 시작하자, 사회보장번호의 마지막 두 자리가 높은 학생은 더 높은 값을 불렀고, 번호가 낮은 학생은 더 낮은 값을 불렀다. 완전히 무작위인 두 숫자가 와인 값으로 지불할 금액에 영향을 미쳤던 것이다.[17]

물론 미래의 무슬림 인구 비율에 대한 질문에서는 기준점보다 높은 값을 부를지 낮은 값을 부를지를 결정할 방향이 필요하다. 아마도 주변에 무슬림이 점점 많아지는 것을 목격한 개인적 경험이 방향 선택에 영향을 미쳤을 것이다. 무슬림 인구는 여러 국가에서 실제로 증가하고 있다. 그저 우리가 생각하는 만큼 빨리 증가하지 않을 뿐이다.

미디어의 보도 또한 사람들이 접하는 정보의 규모와 관점에 영향을 미친다. 특히 서구 미디어가 무슬림 인구를 다루는 방식은 부정적이다. 영국과 미국의 연구에 따르면 무슬림 인구를 다룬 미디어 보도의 80~90퍼센트가 부정적인 관점 또는 어조를 갖고 있었다.[18] 평범한 무슬림의 삶이나 무슬림이 지역사회와 국가에 미치는 긍정적 영향을 다룬 보도는 극히 적다. 어떤 면에서는 당연한 일이다. 사람들은 생생한 일화를 원하며, 긍정적인 정보보다는 부정적인 정보에 훨씬 더 관심을 갖기 때문이다. 이는 진화의 결과다. 과거에 부정적인 정보는 긍정적인 정보보다 훨씬 중요했고, 심지어 생사를 결정하기도 했기에 사람들은 부정적인 정보에 반응해야만 했다. 석기시대에 같은 동굴에 사는 이웃이 날카로운 이빨을 가진 호랑이가 숨어 있다고 경고한다면 경고를 반드시 들어야 했을 것 아닌가(경고를 무시한 사람은 유전자 풀에서 제외되었다).

우리 뇌는 부정적인 정보를 따로 모아 즉시 사용할 수 있도록 저장한다. 돈을 잃거나 친구들에게 버림 또는 비난받는 경험은 새로 친구를 사귀거나 칭찬받는 경험보다 감정적으로 훨씬 큰 영향을 미친다. 이것은 우리 뇌의 기본적인 기능 때문이다. 사회신경과학자인 존 카시오포John Cacioppo는 한 실험에서 피자나 페라리 자동차처럼 긍정적인 감정을 불러일으키는 사진과 훼손된 얼굴이나 죽은 고양이처럼 부정적인 감정을 일으키는 사진을 사람들에게 보여준 다음 뇌에서 발생하는 전기 활동을 기록했다.[19] 그 결과 뇌는 부정적인 이미지에 훨씬 강력하게 반응했다. 뒤이어 다른 학자들이 수행한 MRI 연구는 부정적인 이미지가 뇌의 다른 부위에서 다른 강도로 처리된다는 사실을 보여주었다.[20]

이처럼 우리는 긍정적인 정보와 부정적인 정보를 달리 받아들이기 때문에 부정적인 신호보다 긍정적인 신호를 더 많이 받아야 좋은 인간관계를 유지할 수 있다. 50대 50은 충분하지 않다. 그렇다고 늘 긍정적인 신호만 주고받는 것도 좋지 않다(신혼 후에도 계속 긍정적인 신호만 오간다면 사람들은 미쳐버릴 것이다). 실제로 연구자들은 두 파트너가 행복하게 지내기 위한 황금 비율이 5대 1임을 밝혀냈다. 즉 긍정적인 감정과 상호작용이 부정적인 감정과 상호작용보다 다섯 배나 필요하다는 뜻이다(아내와 데이트를 더 많이 해야 할 것 같다).[21]

우리는 영국에서 간단한 조사를 실시한 끝에 사람들이 부정적인 정보를 더 크게 받아들인다는 사실을 증명했다. 먼저 사람들에게 '당신이 생명을 위협하는 병에 걸렸으며, 병을 치료하려면 수술을 해야 한다'는 말을 듣는 상황을 상상해보라고 했다(참으로 유쾌한 실험이다). 그다음 두 가지 시나리오를 주고 수술을 받을 것인지 말 것인지 물었다. 실험 대상자의 절반은 수술을 받은 사람 중 10퍼센트가 5년 안에 죽는다는 말을 듣는 상황을 상상해보게 했다. 그리고 나머지 절반에게는 90퍼센트가 수술 후에 5년간 생존한다는 말을 듣는 상황을 상상하게 했다.[22]

두 상황은 통계적으로는 같은 상황이다. 다만 한쪽은 긍정적인 면을, 다른 한쪽은 부정적인 면을 강조했을 뿐이다. 실험 결과 '90퍼센트는 생존한다'라는 말을 들은 집단은 56퍼센트가 수술을 받겠다고 했으나 '10퍼센트는 죽을 수도 있다'라는 말을 들은 집단은 39퍼센트만이 수술을 받겠다고 답했다. 죽음에 초점을 맞추자 일부가 '싫다'보다 '모르겠다'라는 반응을 보이며 머뭇거린 것이다. 앞에서 살펴본 이론에 딱 들어맞는 사례다. 명확한 위협이 관련되어 있을 경우 더욱 주의를 기울이는 것이 우리의 본능이다.

여기서 정보를 표현하는 방식이 얼마나 중요한지 알 수 있다. 같은 현실이라도 부정적인 프레임을 씌우면 다른 생각을 불러일으킬 수 있다. 개인적인 결정을 내릴 때뿐만 아니라 사회적 현실이나 특정 공동체를 바라볼 때도 마찬가지다. 우리는 자신이 어떤 고정관념을 갖고 있는지 인식해야 하며, 특정 문제를 공정하게 표현한 정보보다 쉽고 빠르게 떠올릴 수 있는 부정적인 정보에 더욱 의존하는 것은 아닌지 파악해야 한다.

과대평가와 과소평가 사이에서 균형 잡기

잘못된 인식을 다르게 바라보는 흥미로운 설명이 또 하나 있다. 바로 정신물리학 이론이다. 나는 전 세계에서 잘못된 인식 조사를 하기 전에는 정신물리학에 대해 들어본 적이 없었고, 아마 대부분의 독자도 그럴 것이다. 부끄럽게도 처음 정신물리학이라는 단어를 들었을 때 내 머릿속에 떠오른 것은 끔찍한 아원자 실험을 하는 미친 과학자의 이미지였다. 하지만 정신물리학은 우리가 물리적 자극에 어떤 심리 반응을 보이는지를(우리가 빛이나 열을 어떻게 인식하는지를) 연구하고 측정하는 학문이다.

정신물리학은 1800년대 구스타브 페히너Gustav Fechner의 연구에서 시작되었으며, 이후 수십 년간 매우 흥미롭고 뚜렷한 여러 패턴을 발견해냈다.[23] 예를 들어 정신분석학의 핵심 법칙에 따르면 우리는 흐릿한 빛을 바라보거나 작은 짐을 들거나 희미한 소리를 들을 때는 작은 변화를 감지할 수 있다. 하지만 빛이 밝고 짐이 무겁고 소리가 클 때는 (당연히) 변화가 더욱 커야 그 변화를 감지한다. 또 다른 정신물리학 법칙에 따르면 사람들의 추측은 어떤 자극에 노출됐느냐에 따라 달라진다. 예를 들어 우리는 빛이 더욱 밝아진 것보다 전기 충격이 더욱 강해진 것을 훨씬 쉽게 인식하며, 전기 충격의 강도 변화를 과장해서 받아들인다. 역시 당연한 이야기다.

우리 주제와 가장 관련이 깊은 정신물리학 패턴은 우리가 작은 값은 과대평가하고 큰 값은 과소평가한다는 것이다. 다시 한 번 당연한 이야기다. 이 현상의 원인을 설명하는 기발한 수학적 계산이 수없이 많다. 하지만 (아주) 간단하게 말하면 이는 불확실성에 합리적으로 접근하는 방식이다. 답이 불확실할 경우 사람들은 가운데 값을 골라 위험을 분산한다(예를 들어 인구 비율에 대한 질문이라면 사람들은 주로 50 퍼센트라고 답한다).

정신물리학으로 우리의 오류를 전부 설명할 수는 없다. 하지만 정신물리학이 유용한 통찰을 제공해준다는 점에 동의하면(나는 동의한다) '실제로' 우리는 숫자에서 보이는 것보다 훨씬 더 현실을 잘못 인식하는 것일 수 있다.

예를 들어 정신물리학에 따르면 우리는 앞에서 살펴본 몇몇 문제를 정말로 잘못 인식하고 있다. 중간에 베팅하는 성향을 감안하더라도 전 세계 사람들은 비만을 크게 과소평가하고, 사람들의 행복도를 심각하게 과소평가한다.[24] 하지만 이민 문제의 경우 중간에 베팅하는 성향을 고려하면 사실은 과대평가가 아니라는 결론이 나온다.

설문조사에서 높은 순위를 차지한 몇몇 국가에서는 실제로 이민 문제를 과대평가한 것이 맞다. 예를 들어 브라질에서 실제 이민 인구 비율은 전체 인구의 0.3퍼센트밖에 되지 않지만 평균 추측값은 25퍼센트였다. 사람들이 작은 것을 과대평가하는 성향이 있음을 감안해도 정신물리학에 따르면 평균 추측값은 약 9퍼센트 정도여야 한다. 그러니 전체 인구의 4분의 1이 이민 인구라는 평균 추측값은 한참 틀린 것이다. 반면 미국의 평균 추측값은 실제 이민 인구 비율인 14퍼센트를 기준으로 정신물리학이 예측한 값인 33퍼센트와 정확히 일치했다. 스웨덴 사람들은 우리 예상보다 이민 인구 비율을 더 낮게 추측했다. 스웨덴의 실제 이민 인구 비율은 16퍼센트이며, 사람들의 평균 추측값은 25퍼센트였다. 정신물리학 모델에 따르면 스웨덴 사람들의 평균 추측값은 34퍼센트였어야 한다.

정신물리학은 매우 흥미롭고 유용한 설명을 제공해주며, 잘못된 인식에 대해 아주 중요한 정보를 준다. 하지만 정신물리학 때문에 다른 설명이 쓸모없어지는 것은 아니다(정신물리학 연구자들도 이렇게 생각할 것이다). 연구자들의 말마따나 내게 가장 중요한 점은, 사람들이 이민에 대한 관점을 논의하고 판단할 때 단순한 설문조사 결과가 정말로 가장 중요한 요소인지를 아직까지는 모른다는 것이다. 이민 인구의 규모는 사람들이 공개적으로 논의하는 문제이며, 그런 논의 과정에서 '올바른' 답이 드러나기도 한다. 또한 사람들이 이민 인구의 규모를 어떻게 인식하고 어떤 발언을 하느냐에 따라 정치적 논의가 형성되거나 선거 공약이 마련되기도 한다.

팩트 감각 기르기

다른 장에서와 마찬가지로 이민 연구의 전반적인 내용은 처음 생각했던 것보다 훨씬 희망적이다. 먼저, 특정 인구 비율에 대한 잘못된 인식은 불확실성 앞에서 가운데에 베팅함으로써 '위험을 분산'하려는 성향 때문일 수 있다. 물론 이러한 성향으로 국가 또는 개인 수준에서 나타나는 모든 오류를 설명할 수는 없으며, 우리가 중간에 베팅한다고 해서 상황이 나빠진다고 생각하는 경향(다음 장에서 살펴볼 것이다)이 사라지는 것도 아니다. 또한 부정확한 견해를 갖는 것이 전반적인 여론이나 공적 · 정치적 환경에서 여론을 논하는 방식에 영향을 끼치는지도 현재는 알 수 없다. 하지만 나의 경우 터무니없는 평균 추측값 앞에서 느끼는 절망감을 달래는 데에는 어느 정도 도움이 된다. 적어도 잘못된 인식의 원인 중 하나가 해결 불가능해 보이는 편견 때문이 아니라 물리적인 문제라면 희망은 있다!

이번 장에서 얻을 수 있는 더 중요하고 고무적인 결론은 사실 정보의 힘을 무시해서는 안 된다는 점이다. 특정 상황에서 사실 정보는 여전히 사람들에게 영향을 미친다. 과거 정치계에서는 사실 관계(예를 들어 이민이 경제에 주는 순이익)를 전달하기만 하면 사람들이 '합리적인' 견해를 가질 것이라고 가정했었다. 하지만 정체성과 이데올로기 그리고 당파성의 힘이 수면 위로 드러나면서 이러한 가정은 신빙성을 잃고 말았다.

그 결과 사실 정보보다는 내러티브에 초점을 맞추게 되었고, 이야기와 감정을 이용해 사람들에게 다가가게 되었다. 하지만 올바른 사실 정보를 말하면 사람들이 오히려 현실과 반대되는 견해를 더욱 확고히 한다는 흥미로운 주장이 최근 의심을 받기 시작했다. 우리는 더욱 균형 있는 태도를 향해 나아가고 있다. 이야기와 사실 정보는 둘 다 사람들의 신념에 중요한 영향을 미치는 요소로 인정되어야 한다. 이러한 변화는 실용적일뿐더러 우리가 원하는 미래 사회를 만드는 데도 도움이 된다. 나는 '사실은 무시한다고 사라지지 않는다'라는 올더스 헉슬리Aldous Huxley의 말에 동의한다.[25] 현실을 무시하고 왜곡해도 괜찮다는 생각을 암묵적으로 받아들여봐야 결국 아무 도움도 되지 않을 것이다.

5장

범죄와 안전

전 세계 테러는 정말 급증하고 있을까?

"사실은 통계보다 중요하다."

1950년 영국의 스트릿필드Streatfield 판사가 말했다. 범죄에 대한 인식이 진짜 통계와는 한참 동떨어져 있는 불변의 현실을 잘 보여주는 말이었다. 당시는 폭력 범죄가 증가한다는 인식이 널리 퍼지면서 폐지된 태형(채찍질을 하는 형벌)을 다시 도입하자는 요구가 높아지고 있었다. 1950년 3월에 발행된 《맨체스터가디언》을 보면 연이어 터진 잔혹한 폭행 사건을 둘러싸고 얼마나 격렬한 토론이 벌어졌는지 알 수 있다.[1] 판사들은 범죄자를 제대로 처벌할 수 없다는 사실에 분노했고, 스트릿필드 판사는 이렇게 말했다.

일련의 사건에서 폭력의 정도는 피해자가 여성이건 남성이건, 나이가 들었건 젊었건 상관없이 그 어느 때보다도 악랄하고 잔인하다. 상황이 이렇기에 악랄하고 극악무도한 범죄에 상처를 입고 공포에 떨고 있는 피해자에게 이런 유형의 범죄 발생이 과거보다 줄었다고 말하는 것은 아무 위로도 되지 않을 것이다.[2]

적어도 판사는 범죄가 줄고 있음을 인지했지만 다른 사람들은 그렇지 않았다. 아예 하원의원들은 대놓고 범죄가 증가했다고 말했다. 실제 통계에 따르면 태형이 폐지되고 몇 달간 강도 사건은 크게 줄었다.《맨체스터가디언》의 기사는 이렇게 끝을 맺는다.

> 이 나라에서는 범죄 사건이 연이어 자세히 보도될 때마다 다시 채찍을 들어야 한다는 여론이 조성된다.[3]

지금도 바뀐 것이 하나도 없다! 전 세계 어느 국가에서나 비극적인 범죄가 보도되면 사람들은 범죄율이 줄고 있다는 통계 수치를 믿지 않고 더욱 강력한 조치를 취해야 한다고 요구한다. 하지만 현재 영국 미디어의 지형이 1950년대와는 상당히 다르다는 점을 고려하면 그저 미디어를 비난하기보다는 우리가 정보에 어떻게 반응하는지를 살펴볼 필요가 있다.

범죄는 우리가 잘못된 인식 조사를 하면서 가장 처음 들여다봤던 주제 중 하나다. 실제 수치를 보면 사람들은 납득하기 어려울 정도로 범죄를 크게 염려하고 범죄에 비관적이기 때문이다. 토니 블레어가 총리이던 시절 영국 정부는 이 부정적 견해에 특히 관심을 기울였다. 당시 정부는 사법 시스템에 크게 투자하여 사람들이 원하는 대로 경찰 수를 늘리고 관련 분야에 자금을 지원했다. 범죄율은 어떤 방식으로 측정하든 분명하게 곤두박질쳤지만 사람들은 변화를 알아채지 못했고, 범죄는 사람들이 가장 염려하는 문제 리스트에서 항상 상위

권을 차지했다. 블레어는 (이후 기사 작위를 받은) 루이즈 케이시Louise Casey를 위원장으로 하는 대책위원회를 꾸려서 그 이유를 파악하게 했다. 우리 역시 대책위원회와 함께 여러 연구를 진행하며 어떻게 사람들을 안심시킬지를 고민했다. 뿐만 아니라 우리는 단독으로도 범죄에 관한 잘못된 인식을 연구했다. 우리가 가진 증거를 모두 모아 왜 사람들이 범죄를 잘못 인식하는지, 이에 관해 어떤 조치를 취할 수 있을지를 설명하려고 했던 것이다. 당시 범죄가 얼마나 중요한 문제였는지 우리가 보고서를 발표하는 곳에 내무장관이 참석할 정도였다.

앞 장을 읽은 독자라면 왜 범죄와 관련해서 잘못된 인식이 만연한지 추측할 수 있을 것이다. 범죄는 미디어가 흥미로워하는 주제이며, 범죄에 관한 생생한 이야기는 두려움을 자아낸다. 또한 범죄는 사람들이 과도하게 집중하는 부정적 정보를 잔뜩 제공한다. 이 모든 요소는 상황이 나빠지고 있다고 생각하는 우리의 성향 때문에 더욱 악화된다.

과거엔 이렇지 않았는데

살인은 인간에게 특히 강력한 감정적 공명을 일으킨다. 살인은 십계명과 이슬람의 일곱 가지 죄악에도 들어 있다. 실제로 코란은 무고한 생명을 죽이는 것은 곧 인류 전체를 죽이는 것과 같다고 한다.

그렇다고 살인에 관한 사회의 태도가 전혀 변하지 않았다는 것은 아니다. 개인이 복수를 위해 살인을 저지르던 시절에서부터 살인이 공식 범죄로 지정되고 국가가 살인을 줄이기 위해 개입하는 현재에 이르기까지 살인에 관한 시각은 크게 변했다. 네덜란드 에라스무스 대학교의 범죄학 교수인 피터르 스피렌버그Pieter Spierenburg는 저서《살인의 역사A History of Murder》에서 오랜 시간에 걸쳐 살인율이 급격하게 낮아지면서 살인에 대한 사회적 태도도 변해왔다고 주장한다. 스피렌버그의 추정에 따르면 15세기 암스테르담에서는 10만 명당 47명이 살인을 당한 반면 최근 살인율은 10만 명당 두 명 이하로 뚝 떨어졌다.[4]

우리는 사람들에게 살인율이 어떻게 변했을 것 같으냐고 물었다. 물론 스피렌버그보다는 기간을 훨씬 짧게 설정했다! 30개국에서 지난 20년간 살인율이 늘었을 것 같은지, 그대로일 것 같은지, 줄었을 것 같은지를 묻자 살인율이 늘었을 거라는(아니면 최소한 줄진 않았을 거라는) 인식이 뚜렷하게 드러났다. 전체적으로 거의 절반이(46퍼센트) 2000년 이후 살인율이 늘었을 거라고 생각했다. 살인율이 줄었을 거라고 생각한 비율은 단 7퍼센트이고 그대로일 거라고 생각한 비율은 30퍼센트였다.

실제 변화 추세는 사람들의 인식과 매우 다르다. 30개국 중 25개국에서 살인율이 낮아졌다. 그것도 엄청나게. 살인율이 높아진 국가는 멕시코와 페루 그리고 캐나다뿐이었으며, 브라질과 스웨덴은 살인율에 변화가 없었다.

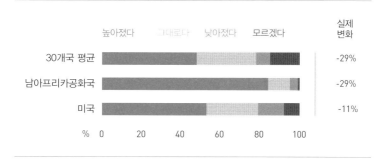

Q 2000년 이후 살인율은 높아졌을까요, 낮아졌을까요, 아니면 그대로일까요?

표 21 대부분의 국가에서 살인율이 낮아졌지만 소수만이 그렇게 생각했다.

 살인율이 높아졌을 거라고 가장 확신한 국가는 남아프리카공화국이었다. 남아프리카공화국 사람들의 85퍼센트가 살인율이 높아졌을 거라고 생각했지만 실제로는 29퍼센트 낮아졌다. 이 정도의 하락은 흔했다. 설문을 실시한 대부분의 국가에서 살인율은 두 자릿수의 감소세를 보였다. 예를 들어 미국은 절반 이상이 살인율이 높아졌을 거라고 생각했으나 실제로는 11퍼센트 낮아졌다. 미국에서 실시한 다른 연구에서도 비슷한 패턴이 나타난다. 2013년 퓨리서치센터에서 총기 범죄에 관해 조사한 결과 56퍼센트의 조사 참가자가 해당 기간에 총기 범죄 비율이 증가했을 거라고 (잘못) 생각했다.[5]

 실제 살인율 추세를 맞힌 국가는 하나도 없었다. 하지만 중국에서는 살인율이 낮아졌다고 (옳게) 대답한 사람이 비교적 많았다. 물론 중국에서도 살인율이 높아졌거나 그대로일 거라고 답한 사람이 다수였지만 말이다. 공식 발표에 따르면 실제로 중국의 살인율은 65

퍼센트나 줄었다.

하지만 어떤 면에서는 이 질문에 나타난 잘못된 인식을 너그럽게 봐줘야 한다. 범죄율을 20년 전과 비교하는 것은 꽤나 힘든 일이기 때문이다. 최근 사건이 머릿속에 남아 있는 데다 범죄 수치는 보통 전년도와 비교해서 산출하기 때문이다. 또한 범죄 관련 수치는 종류가 상당히 많으며, 미디어는 이 수치들을 매우 빠른 속도로 연달아 전달한다. 그렇게 되면 사람들은 특정 유형의 폭력 범죄(예를 들면 영국에서 칼을 사용한 범죄가 증가한 사실)와 살인을 머릿속에서 연관시키고, 여기에 영향을 받아 살인에 관해 잘못된 인식을 갖게 된다. 그래도 대부분의 국가에서 살인 사건은 측정 방식과 상관없이 크게 줄고 있다. 하지만 사람들은 그런 인상을 받지 못한다.

앞서 살펴보았듯이 현실과 관련된 질문을 받으면 사람들은 대답을 통해 자신이 걱정하고 있다는 신호를 보낸다. 살인 사건이 줄고 있는 시점에 오히려 살인이 늘고 있다고 대답함으로써 자신이 살인 위협을 우려하고 있음을 전달하는 것이다. 브뤼셀 자유대학교의 심리학자 나타차 디루스트Natacha Deroost와 미커 베크웨Mieke Beckwé에 따르면 사람들은 무언가를 걱정하고 반추할 때 인지 조절 기능이 저하된다.[6] 그 결과 우리 뇌 속에서 위협은 점점 더 커진다.

하지만 이 질문에는 영향을 미치는 요소가 하나 더 있다. 우리가 현재와 과거를 저울질하는 회상적 비교를 해달라고 요청한 것이 바로 그것이다. 스트릿필드 판사의 말처럼 최근에 발생한 사건이나 범죄 행위는 과거의 사건보다 더 위급하게 느껴진다. 사람들은 과거를 현재보다 더 나은 것으로 기억하는 '장밋빛 회상' 편향에 쉽게 빠진다. 로마인은 이런 현상에 대해 'memoria praeteritorum bonorum' 이라는 말을 남겼다. '과거는 늘 좋게 기억된다'라는 뜻이다.

1997년 워싱턴 대학의 테런스 미첼Terence Mitchell과 그의 동료들은 '사람들은 휴가의 기억을 어떻게 편집하는가'라는 훨씬 유쾌한 주제로 이 장밋빛 회상을 실험했다.[7] 실험에서 각기 다른 곳으로 휴가를 다녀온 세 집단은 휴가 전과 휴가 중 그리고 휴가 후에 각각 인터뷰를 했다. 대부분은 휴가를 가기 전에 잔뜩 기대하다가 살짝 실망하는 패턴을 보였다(우리 모두 경험하는 일이다). 하지만 휴가에서 돌아온 참가자들은 대체로 휴가 중에 느꼈던 것보다 훨씬 좋은 평가를 내렸다. 다시 한 번 말하지만, 이건 우리 뇌의 멍청한 결함이 아니다. 오히려 꽤 똑똑한 기능일지 모른다. 미첼이 주장하듯 이런 장밋빛 회상 효과는 사건을 (그리 정확하지는 않을지라도) 장밋빛으로 기억하게 도와줌으로써 행복감과 자존감을 높여준다.

이밖에 다양한 맥락에서 실시한 여러 실험도 비슷한 결과를 보여주었다. 예를 들어 당신은 자신이 학창 시절에 공부를 얼마나 잘했는지, 구체적으로 어떤 성적을 받았는지 기억하는가? 만약 당신이 평범한 사람과 다를 바가 없다면 아마 당신의 기억은 틀렸을 것이다. 우리는 자신이 실제보다 공부를 훨씬 잘했다고 기억하는 경향이 있다. 한 연구는 실험 참가자들에게 학생 시절 받았던 성적을 떠올려달라고 부탁한 후 참가자들의 실제 성적표와 대조해보았다. 그 결과 열 명 중 세 명은 자신의 성적을 잘못 기억했다. 사람들의 대답은 중립적이거나 무작위적이지 않았다. 성적을 낮게 기억한 사람보다 부풀린 사람이 훨씬 많았다. A학점은 열 명 중 아홉 명이 정확히 기억해 냈으나, D학점을 정확히 기억한 사람은 열 명 중 세 명뿐이었다.[8]

극단적인 범죄 사건은 그리 흔치 않으므로(예를 들어 2015년 오스트레일리아와 덴마크, 이탈리아, 스페인에서 살인 사건은 '겨우' 10만 명당 한 명 꼴로 발생했다)[9] 우리가 직접 살인 사건을 경험할 가능성은 매우 낮다. 그러므로 미디어와 정치 담론이 어떤 역할을 하고 있는지도 자세히 살펴보아야 한다.

기자들은 범죄 사건을 늘 자세히 다룬다. '피를 흘리면 주목을 받는다'라는 클리셰가 자주 쓰이는 데에는 이유가 있다. 범죄의 강도가 클수록(즉 살인 사건이 '더욱 참혹할수록') 언론의 1면을 장식할 확률이 높아지기 때문이다. 미디어 연구자 토니 하컵Tony Harcup과 디어드리 오닐Deirdre O'Neill은 영국의 신문 기사 중 3분의 1이 부정적인 내용을 다루고 있음을 발견했다.[10] 물론 뉴스 조직이 부정성만을 기준으로 사건을 다루는 것은 아니다. 많은 연구가 어떤 사건이 보도할 가치가 있는지, 즉 학자들이 말하는 '뉴스 가치'의 구성 요소가 무엇인지를 파악하고자 했다. 1960년대 노르웨이의 미디어 연구자 갈퉁Galtung과 루게Ruge가 뉴스 가치의 12가지 요소를 정리했다. 그 요소는 사건이 얼마나 갑자기 또는 예상치 못하게 발생했는가, 엘리트와 관련된 사건인가, 사람들의 기대에 부응하는가, (당연히) 부정적인 사건인가 같은 것들로, 여기서도 역시 부정적인 뉴스가 좋은 뉴스보다 뉴스 가치가 높은 것으로 보았다.[11] 이후 많은 연구자가 뉴스 가치의 구성 요소를 업데이트해왔지만('유명인사와 관련된 사건인가' 같은 것이 추가되었다) 부정성은 변함없이 뉴스 가치의 중요한 요소로 남아 있다. 앞에서도 강조했듯 여기에는 이유가 있다. 대체로 우리는 부정적인 사건에 더욱 집중하도록 진화해왔다. 부정적인 사건이 중요하고 긴급한 정보인 경우가 많기 때문이다.

또한 우리는 소문, 특히 소속 집단의 도덕적 기준을 누가 지키고 누가 지키지 않는지에 관심이 많다. 진화를 통해 습득한 성향이다. 우리 조상들은 작은 공동체에서 살았기에 누굴 믿을 수 있고 누굴 믿을 수 없는지를 재빨리 파악해야 했다. 이러한 상황에서는 타인의 사적인 행동과 행동 기준에 관심을 갖는 것이 큰 도움이 됐다. 그리고 이러한 사회적 지능을 잘 활용한 사람은 그렇지 못한 사람보다잘 살아남음으로써 소문에 관심을 보이는 유전자를 다음 세대로 전달했다.[12]

사회 변화에 대한 우리의 생각은 미디어와 정치인에게서 듣는 이야기에도 영향을 받는다. 미디어와 정치 담론에서 보통 그렇듯, 사람들의 관심을 끄는 것은 극단적인 변화다. 하컵과 오닐의 연구에 따르면 신문의 헤드라인은 범죄가 전반적으로 서서히 줄어들고 있다는 내용이 아니라 특정 범죄 유형이 크게 증가하고 있다는 내용을 강조한다. 그래야 더 좋은 이야기를 만들어낼 수 있기 때문이다. 또한 범죄는 주요한 정치적 문제이기에 정치인과 당파적 신문은 점수를 따기 위해 거친 수사법을 동원해 범죄 사건을 언급한다.

미국의 도널드 트럼프(또 트럼프다)는 범죄가 어떻게 정치적 이슈가 될 수 있는지를 여실히 보여주었다. 2017년 트럼프는 영국의 범죄율에 관해 다음과 같은 트윗을 날렸다.

> 뉴스 보도: "급진적 이슬람의 테러가 확산되는 가운데 영국의 범죄율이 연간 13퍼센트 증가했다." 나쁜 뉴스다. 우리는 반드시 미국을 안전하게 지켜야 한다![13]

트럼프가 언급한 수치는 공식적으로 발표된 것이다. 영국에서 범죄율이 증가한 것은 새로운 범죄 유형이 추가된 탓도 있지만 전년도와 같은 기준으로 비교해도 범죄율이 증가한 것이 사실이다. 그러나 '급진적 이슬람의 테러'와 범죄율 증가 사이에는 뚜렷한 관련성이 없다. 《스펙테이터》지의 편집자 프레이저 넬슨Fraser Nelson은 다음과 같이 말한다.

> '-하는 가운데'는 가짜 뉴스 사이트가 좋아하는 구절로, 이 사이트들은 상관관계와 인과관계를 구분하지 않는다. 그렇게 따지면 영국의 범죄는 피짓 스피너 장난감(손에 쥐고 단순한 동작을 반복하는 손장난감-옮긴이)이 확산되는 '가운데' 증가한 것이기도 하다.[14]

트럼프의 두 번째 사례는 가짜 수치를 전달한 경우로, 이번에는 미국에서 있었던 일이다. 트럼프 대통령은 2017년 2월 백악관에 전국보안관협회NSA 회원들을 모아놓고 다음과 같이 연설했다.

"이 나라의 살인율은 47년 만에 가장 높은 숫자를 찍었습니다. 알고 있었나요? 47년 만입니다. ……언론은 이런 얘긴 안 하지요. 자기들한테 유리한 얘기가 아니니까."[15]

언론이 이 이야기를 하지 않은 이유가 있다. 사실이 아니기 때문이다. 최근 미국 도시의 살인율이 45년 만에 가장 크게 증가한 것은 사실이다. 이렇게만 보면 트럼프 대통령의 지적이 어느 정도는 맞다. 하지만 이 통계가 도시에 한정된다는 사실은 제쳐두더라도 실제 통계는 트럼프의 연설과는 완전히 다르다. 실제 통계는 연도별 증가세를 의미한 것으로, 전반적인 살인율은 지난 몇 년간 꾸준히 하락했다. 미국에서 보도된 살인 사건은 1993년 2만 4500건으로 정점을 찍었다가 2014년에는 1만 4000건으로 크게 낮아졌다.

트럼프가 계속 엉터리 정보를 전달하는 것은 심각한 문제다. 잘못된 정보를 반복해서 듣기만 해도 그 정보를 믿게 될 확률이 높아지기 때문이다. 사회심리학자들은 이러한 현상을 '오류적 진실 효과illusory truth effect'라고 부른다. 앞에서 살펴봤듯, 사람들은 자신의 기존 세계관과 일치하는 정보를 사실로 믿는 경향이 있다. 또한 익숙한 정보를 사실로 믿을 가능성이 높다. 어떤 정보를 두 번째나 세 번째로 들을 때 우리 뇌는 더욱 빨리 반응하고, 우리는 이런 '수월함'을 정보가 사실이라는 증거로 받아들인다. 대학생을 대상으로 실시한 연구들에 따르면, 그들은 사실이 아닌 잡다한 정보(예를 들면 '농구는 1925년 올림픽의 정식 종목이었다' 같은 것)를 몇 주 간격으로 두 번 들을 경우

이를 사실로 확신할 가능성이 높아졌다.[16]

이런 편향 때문에 가짜 정보를 반복적으로 주장하는 정치 캠페인이 특히 사람들에게 악영향을 미친다. 가짜 정보를 반복적으로 말하는 것만으로도 누군가의 머릿속에 그 정보가 들러붙기 때문이다. 터무니없는 정보도 반복하기만 하면 모두가 사실로 믿는다는 뜻은 아니다. 하지만 브렉시트 관련 발언과 흔치 않은 진짜 '가짜 뉴스' 사례를 통해 곧 살펴보겠지만, 되풀이되는 몇몇 거짓말은 놀라울 만큼 끈질기다.

테러는 정말 급증하고 있을까?

살인보다 끔찍한 범죄가 있다면 바로 테러다. 테러는 '공포'라는 의미대로 어떤 목표를 위해 최대한 관심을 끌고 두려움을 조장하는 것이 목적이다. 테러는 콘서트장, 비행기, 레스토랑, 예배당 등 우리가 흔히 방문하는 일상적인 장소에서 무작위로 발생한다. 사람들은 끔찍한 사건을 접하고 공포를 느끼면 균형 감각을 잃는다. 그러고는 일반 대중뿐만 아니라 자신에게 다가올 위험을 지나치게 부풀린다. 하버드 대학교의 제니퍼 러너Jennifer Lerner의 연구에 따르면 9·11테러 직후 미국인은 앞으로 12개월 동안 자신이 테러 공격의 희생자가 될 확률이 30퍼센트라고 생각했다. 물론 실제 가능성은 30퍼센트 근처에도 미치지 못했다.[17]

살인과 마찬가지로 우리는 테러에 대한 인식도 알아보았다. 즉 2001년 9월 11일 이전 15년과 이후 15년을 비교했을 때 테러 공격으로 인한 사망자 수가 늘어났다고 생각하는지, 아니면 줄었다고 생각하는지를 물었다. 우리는 끔찍했던 9·11 공격의 희생자 수를 제외하기 위해 2001년 9월 11일을 기준으로 정했다. 또한 15년이라는 긴 기간을 설정함으로써 아주 드물게 발생하는 사건의 영향력을 줄이고자 했다. 연구를 실시한 해(2017년)를 제외한 것은 혹시 인터뷰를 하는 시점에 비극적인 사건이 발생해도 연구에 영향을 미치지 않게 하기 위해서였다(물론 사람들은 질문과 동떨어진 대답을 할 때가 있고, 최근에 사건이 있었을 경우 어쩔 수 없이 판단력이 흐려진다). 이 책을 쓸 때에는 2017년 자료가 아직 나오지 않았지만 2017년에 끔찍한 테러 공격이 발생했다고 해도 전반적인 변화 추세는 바뀌지 않을 것이다. 즉 2001년 9월 11일 이전 15년과 이후 15년을 비교했을 때 테러 사망자 수는 급격하게 줄어들었다.

관련 자료를 구하는 데는 오랜 시간이 걸린다. 테러 사망자 수를 집계하는 것은 매우 복잡한 일이기 때문이다. 다수의 출처에서 나온 정보를 종합해야 하며, 그 과정에서 어쩔 수 없이 판단이 개입한다. 하지만 다행히도 메릴랜드 대학 연구자들이 세계 테러리즘 데이터베이스GTD를 운영하고 있으며, 여기에는 1970년 자료부터 정리되어 있다. 자료는 전부 뉴스 아카이브, 책, 신문기사, 법률 문서 등 공개된 정보를 토대로 한다. 연구자들은 다수의 출처에서 나온 정보를 전부 재확인했지만 (타당하게도) 자료가 100퍼센트 정확하다고 주장하지는 않는다. 이 믿을 수 없을 만큼 놀라운 자료는 테러 공격으로 인한 사망자 수(희생자와 테러리스트를 모두 포함한다)뿐만 아니라 테러 전략과 테러 무기에서부터 누가 테러를 저질렀다고 주장하는지에 이르기까지 120개에 달하는 정보를 포함한다.

테러의 전반적인 변화 추세를 보면 다들 놀랄지도 모른다. 우리가 설문을 실시한 34개국 가운데 25개국에서 테러로 인한 사망자 수가 줄어들었고, 전체적으로는 거의 절반으로 급감했다.

하지만 사람들의 인식은 사뭇 달랐다. 테러 사망자 수가 줄었다고 생각한 비율은 19퍼센트인 반면, 늘었다고 생각한 비율은 34퍼센트, 그대로일 거라고 생각한 비율은 33퍼센트였다. 몇몇 국가는 인식과 현실의 격차가 특히 컸다. 예를 들어 터키에서는 60퍼센트의 응답자가 테러 사망자 수가 늘었다고 생각했지만 실제로는 절반으로 줄었다. 물론 터키에서 여전히 이어지고 있는 테러 위협의 심각성을 축소해서는 안 된다. 최근 15년간 터키에서 테러로 사망한 사람은 2159명으로, 우리가 설문을 실시한 국가 중에서도 특히 많은 편이었다. 하지만 사람들의 인식이 현실과 크게 다른 것은 사실이다.

변화 추세를 알아맞힌 국가도 있었다. 그러니까 실제로 상황이 악화된 경우였다. 프랑스의 응답자 다수가 테러 사망자 수가 늘었다고 답했으며, 실제로도 그랬다. 반면 과도하게 낙관적인 국가도 있었다. 러시아의 응답자 대다수는 테러로 인한 사망자 수가 줄었거나 그대로일 거라고 생각했지만 실제로는 두 배 늘어났다.

영국은 테러 사망자 수가 크게 줄어든 국가였다. 북아일랜드가

Q 2001년 9·11 테러 이전 15년(1985~2000)과 이후 15년(2002~2016)을 비교했을 때 테러로 인한 사망자 수는 늘어났을까요, 줄었을까요, 아니면 그대로일까요?

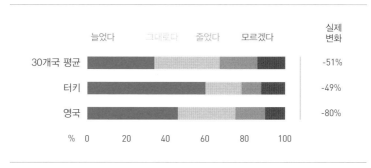

표 22 대부분의 국가에서 테러로 인한 사망자 수가 줄었으나 그렇게 생각한 사람은 별로 없었다.

평화 프로세스를 진행하며, 1997년 정전을 선언한 것이 가장 큰 이유다. GTD에 따르면 2001년 이전 15년 동안 영국 본토에서 테러로 사망한 사람은 311명이었으나(영국 전체가 아니라 영국 본토를 대상으로 설문을 실시했기 때문에 북아일랜드 자료를 제외했다) 2001년 이후 15년 동안에는 62명이었다(북아일랜드 자료를 포함했다면 사망자 수는 더욱 급감했을 것이다). 하지만 영국인의 인식은 달랐다. 영국 응답자의 47퍼센트가 테러로 인한 사망자 수가 늘어났을 거라고 생각했고, 29퍼센트가 그대로일 거라고 생각했으며, 오직 15퍼센트만이 줄었을 거라고 생각했다.

테러로 인한 사망자 수를 잘못 인식한 이유는 살인율을 잘못 인식한 이유와 비슷하다. 장밋빛 회상이 과거를 미화하고, 테러를 둘러싼 미디어 보도와 수사법이 위협이 증가하고 있다는 인식을 부추긴다. 또한 테러 공격으로 인한 사망은 살인보다 더 극단적이고 드문 일이기 때문에 사람들의 주목도를 결정하는 '뉴스 가치'가 더 높다. 이와 더불어 테러 공격이 드물다는 것은 곧 직접 겪은 경험을 기준으로 삼기가 그만큼 힘들다는 뜻이기도 하다.

테러 공격으로 죽을 가능성은 수영이나 운전 또는 사다리 오르기 같은 일상적인 활동을 하다가 죽을 가능성보다 훨씬 낮다.[18] 하지만 하버드 대학교의 심리학 교수 스티븐 핑커는 다음과 같이 말한다. "우리가 위험을 직감하게 만드는 것은 통계가 아니라 이미지와 이야기다. 사람들은 천식(매년 수천 명의 미국인이 천식으로 죽는다)보다 토네이도(매년 수십 명의 사망자를 낸다)가 더 위험하다고 생각한다. 아마 토네이도가 천식보다 텔레비전에 더 어울리기 때문일 것이다."[19]

팩트 감각 기르기

이 장에서 얻을 수 있는 교훈 역시 현실을 더욱 낙관해도 된다는 것이다. 현실은 변하고 있다. 우리는 부정적인 면에 주목하도록 타고났을 뿐만 아니라 과거가 현재보다 더 나았다고 생각하는 경향도 있다. 그렇다고 우리가 멍청한 것은 아니다. 이 두 가지 특성은 강력한 자기 보호 본능에서 비롯되며, 이 본능 덕분에 자신의 과거를 아름답게 기억할 수 있는 것이다. 하지만 이러한 본능은 우리를 잘못된 길로 이끌기도 한다. 현실은 생각만큼 나쁘지 않으며, 갈수록 나아지고 있다고 여기는 편이 좋다. 거의 항상 거의 모든 국가에서 거의 모든 문제가 그렇다.

스티븐 핑커는 현실과 변화 추세를 잘못 인식함으로써 우리가 이 뤄낸 성취를 무시하는 대신 사회의 발전을 더욱 긍정해야 하는 이유를 《다시 계몽으로Enlightenment Now》라는 저서에서 설명한다. 그러면서 좋은 것들은 (대개) 늘어나고 나쁜 것들은 (대개) 줄어든다는 내용의 도표를 줄줄이 나열한다. 그는 오늘날의 세계가 완벽과는 거리가 멀긴 하지만, 그래도 여러 가지를 고려해봤을 때 과거보다는 훨씬 낫다고 했던 버락 오바마의 말을 인용한다.

"만약 여러분이 역사상 어느 때에 태어날지를 정해야 한다면, 그리고 어떤 사람으로 태어날지 알 수 없다면, 그러니까 부유한 가족에서 태어날지 가난한 가족에서 태어날지, 어떤 국가에서 태어날지, 남자로 태어날지 여자로 태어날지 알 수 없다면, 이렇게 아무것도 모른 채 역사의 어느 순간에 태어나고 싶은지 정해야 한다면, 아마 여러분은 현재를 선택할 것입니다."[20]

6장

—

선거

정치인들의 말에 속지 않으려면

"우유 1파인트의 가격이 얼마인지는 아십니까?"

이 질문은 BBC의 무시무시한 언론인 제러미 팩스먼Jeremy Paxman
이 당시 런던 시장이었던 보리스 존슨Boris Johnson에게 던진 것이다.[1]
존슨이 속한 보수당이 부유층의 세금을 감면하자고 제안하자 팩스
먼은 존슨 자신이 대변해야 마땅한 평범한 사람들의 삶에 얼마나 무
지한지를 보여주기 위해 우유 1파인트(0.57리터-옮긴이)의 가격을 물
어본 것이었다. 존슨이 80펜스 정도라고 답하자 즉시 팩스먼이 정정
했다. "아니요, 우유 1파인트는 약 40펜스입니다." 존슨이 '커다란'
우유를 생각했다면서 위기를 빠져나가려고 했지만 팩스먼은 다음과
같이 받아치며 퇴로를 막았다. "언제나처럼 질문을 바꿔버리는군요.
저는 분명히 우유 1파인트의 가격을 물었는데요."

집에서 이런 따분한 대화를 지켜보던 시청자는 평범한 가족의 생
필품 가격도 모르는 존슨이 상류층에 대한 세금 감면을 지지해서는
안 된다는 사실을 이해했을 것이다.

다음 날에는 다른 리포터가 당시 수상이었던 데이비드 캐머런에

게 빵 가격이 얼마인지를 물었다. 캐머런이 "1파운드가 넘는다"라고 답하자 진행자는 47펜스밖에 안 된다고 정정했다(사실은 그렇지 않았다. 당시 빵 가격은 대략 1.20파운드였다). 그러자 캐머런은 자신은 식빵을 직접 만들어 먹는 것을 좋아한다면서 자신이 사용하는 밀가루의 종류(코츠월드 크런치)와 식빵 제조기의 메이커(파나소닉)를 장황하게 늘어놓았다.

그날 오후 보리스 역시 빵 가격을 아느냐는 질문을 받았고 이번에는 답을 정확히 맞혔다. 분명 영국 정부의 고위층이 서둘러 식료품 가격을 브리핑했을 것이다(실제로 훗날 데이비드 캐머런이 최근 경제성장률과 최저임금, 담뱃값과 맥주 1파인트의 가격 등 중요한 경제지표와 정치지표를 쪽지에 적어두고 열심히 외웠다는 사실이 밝혀졌다. 쪽지에는 빵 가격이 1.27파운드로 적혀 있었으므로 사실 캐머런은 숫자를 꽤 잘 기억하고 있었던 셈이다).

이런 일을 겪었다고 해서 정치인이 개과천선할 리는 없다. 하지만 여기서 미디어가 증명 가능한 쉬운 수치, '평범한 사람'이라면 알 만한 사실로 노련하고 약삭빠른 정치인들을 꼼짝 못 하게 만들기 위해 얼마나 필사적인지가 잘 드러난다. 그런데 평범한 사람들은 정말 이런 정보를 알고 있을까?

영국 국민에게 우유 1파인트의 가격을 물어본 결과, 많은 사람이 정치인들과 다를 바가 없었다.[2] 평균 추측값은 (당시) 우유 1파인트의 가격인 49펜스에 꽤 가까웠다. 하지만 다섯 명 중 한 명은 80펜스 이상을 불렀고(아마도 보리스가 마시는 최고급 야크 우유 같은 것인가 보다) 아홉 명 중 한 명은 29펜스 이하를 불렀다(그렇게 싼 우유는 조심해야 한다. 팻 토니가 우유 대신 쥐젖을 짜서 초등학교에 납품하는 사기를 쳤던〈심슨 가족〉에피소드를 참고하라).

현실에 '발을 대고 있는 것'과 모든 시민을 공평하게 대변하는 것은 정치인에게 요구되는 핵심 자질이다. 하지만 정치인이 국민을 잘못 이끌고 있으며, 심지어 새빨간 거짓말을 하고 있다고 생각하는 사람이 많다. 정치인은 가장 기본적인 남녀 인구 비율 면에서도 국민을 제대로 대변하지 못한다. 그들은 국민에게 관심이 있어서가 아니라 자신의 이익을 위해 유권자의 감정을 이용하는 것처럼 보인다. 정치인은 현실을 모르는 이기적인 엘리트로서 국민의 어려움을 이해하지 못하고 국민의 이익을 위해 정부를 운영할 의지가 없는 사람으로 여겨질 때가 많다.

투표율은 높으면 높을수록 좋다?

그러니 많은 사람이 정치를 불신하는 것도 당연하다. 그 결과 정치에 대한 관심을 꺼버린 사람도 상당히 많다. 하지만 공교롭게도 투표를 거부하는 사람은 우리 생각만큼 많지 않다. 가장 최근에 있었던 총선 또는 대선에서 몇 퍼센트의 유권자가 투표를 했을지를 묻자 거의 모든 국가에서 투표율을 과소평가했다. 특히 몇몇 국가(프랑스와 이탈리아, 영국)는 그 정도가 심했다.

미국처럼 평균 추측값이 실제 투표율에 근접한 국가에서조차 투표율을 한참 낮게 추측한 사람이 많았다. 예를 들어 미국인의 4분의 1이 2012년 대통령 선거 투표율을 40퍼센트 이하로 추측했다.

우리가 투표율을 과소평가하는 이유는 전반적으로나 특정 선거에서나 투표율이 하락하고 있다는 미디어의 대대적 보도와 관련이 있을 가능성이 크다. 앞 장에서 다룬 뉴스 가치의 문제가 여기서도 나타나는 것이다. 마크 프랭클린Mark Franklin 교수가 투표율에 관한 저서에서 말했듯, "투표율이 안정적이면 뉴스거리가 못 된다. 투표율이 적당히 늘어나도 뉴스거리가 못 된다. 투표율은 낮거나 하락해야 뉴스 가치가 있다."[3] 민주주의가 정착된 여러 국가에서 투표율은 제2차 세계대전 이후 실제로 낮아지고 있지만, 미디어에서 말하는 것처럼 사람들이 투표를 전면적으로 거부하고 있는 것은 아니다. [표23]에서 볼 수 있듯 여전히 많은 사람이 투표를 한다.

투표율에 대한 잘못된 인식에는 중요한 사회적 함의가 숨어 있다. 앞에서 여러 번 살펴봤듯이 사람들은 특정 행동을 하지 않는 것이 규범이라고 생각할 경우 그 행동을 하지 않을 가능성이 높아진다. 다수를 모방하고 대중을 따르려는 경향 때문이다. 하지만 프린스턴 대학 학생들이 음주를 하나의 규범으로 잘못 인식했듯 규범에 대한 우리의 관점은 틀릴 때가 많다. '다원적 무지'는 대다수가 투표를 거부하고 있다고 생각하게 하며, 이런 생각은 개인의 투표 여부에 영향을 미친다.

물론 투표율 하락이 늘 나쁜 것인지, 또는 시민의 잘못인지 생각

Q 유권자 100명 중 몇 명이 지난 선거에서 투표를 했을까요?

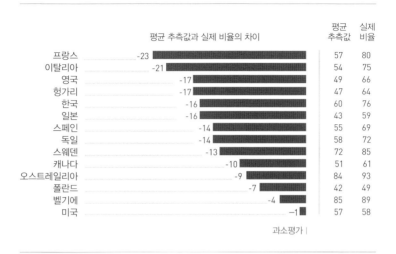

	평균 추측값과 실제 비율의 차이	평균 추측값	실제 비율
프랑스	-23	57	80
이탈리아	-21	54	75
영국	-17	49	66
헝가리	-17	47	64
한국	-16	60	76
일본	-16	43	59
스페인	-14	55	69
독일	-14	58	72
스웨덴	-13	72	85
캐나다	-10	51	61
오스트레일리아	-9	84	93
폴란드	-7	42	49
벨기에	-4	85	89
미국	-1	57	58

과소평가 |

표 23 **모든 국가가 최근 실시된 선거의 투표율을 과소평가했다.**

해볼 필요가 있다. 프랭클린 교수가 지적하듯, 투표율을 처음 연구하던 1920년대에 연구자들은 결과가 불확실하거나 '중요한 문제가 걸린' 경우에는 투표율이 높을 거라고 생각했다. 이런 관점에서 보면 낮은 투표율은 정치인과 정당이 국민에게 유의미한 선택지를 제공하지 못한 탓일 수도 있다. 이 시나리오에 따르면 투표와 정치에 대한 무관심은 합리적인 선택이다.[4]

'합리적 무지rational ignorance'는 1950년대에 경제학자 앤서니 다운스가 저서 《경제 이론으로 본 민주주의》에서 처음 사용한 용어다.[5] 다운스는 정치·사회의 핵심 사안에 무지한 것이 완벽하게 합리적인 결정이라고 주장했다. 문제 파악에 시간과 노력이 드는 데다 투표로 아무것도 바꿀 수 없다면 정치에 관심을 가질 이유가 없다는 것이다. 개인의 한 표는 힘이 없다. 그렇다면 왜 굳이 수고를 들이겠는가?

개인 한 명이 선거 결과에 영향을 미칠 확률은 분명 희박하다. 지난 미국 대선 당시 계산해본 결과 그 확률은 1억분의 1 정도였고 비교적 큰 주(州)에 살고 있을 경우에는 10억분의 1까지 낮아졌다. 이는 복권에 당첨될 확률보다도 훨씬 낮은 것이다. 그러니까 사실상 0에 가깝다.

합리적 무지는 매력적인 연구 분야로 1940년대부터 1960년대까지 미국에서 큰 주목을 받았기 때문에 오랜 기간에 걸쳐 사람들의 정치적 무지를 측정한 자료가 많다. 이 연구들은 사람들이 '학교에서 배운 사실'(정부가 어떻게 운영되는지, 누가 무엇을 책임지는지 등)과 '지켜봐야 하는 사실'(어떤 정당이 상원을 차지하고 있는지, 현재 실업률이 몇 퍼센트인지 등 주기적으로 업데이트해야 하는 정보)을 얼마나 알고 있는지를 측정했다. 사람들의 지식 수준(또는 무식 수준)은 수십 년이 지나도록 거의 바뀌지 않았다. 지금까지 그래왔듯 요즘에도 사람들은 이런 지식을 잘 모른다. 예를 들어 1947년 갤럽 조사에서 어떤 정당이 상원을 장악했는지 아는 사람은 55퍼센트뿐이었다. 그리고 1989년 조사에서도 정답을 맞힌 미국인은 56퍼센트뿐이었다. 사실상 달라진 것이 없는 셈이다.[6]

하지만 합리적 무지 이론을 비판하는 목소리도 있다. 대개는 이 이론이 주목하는 정치적 사실들이 사소하다는 주장이다. 즉 이런 정보는 별로 중요하지 않으며, 사람들이 더 큰 개념을 이해한다면 몇 가지 핵심 문제를 모른다고 해도 정치 시스템이 잘 굴러가리라는 것이다. 하지만 이 주장은 너무 무심해 보인다. 조지메이슨 대학의 교수 일리야 소민Ilya Somin이 주장하듯, 누구에게 어떤 책임이 있는지 모른다면 정부에 책임을 묻기는 힘들다.[7]

또 다른 비판은 이 이론이 지나치게 합리적이라는 것이다. 앞에서 이미 살펴봤듯 우리의 사고 과정이 얼마나 감정적이고 본능적인지를 고려하면 일리가 있는 주장이다. 하지만 그렇다고 합리적 무지 이론이 전혀 중요치 않은 것은 아니다. 소민과 다른 연구자들이 주장하듯 우리는 무엇이 알아볼 가치가 있는지를 늘 의식적으로 계산하기보다는 어렴풋하게 느끼는 것일 수 있다. 이 점은 주위 사람들만 봐도 쉽게 알 수 있다.

시간이 흘러도 정치적 무지는 변하지 않음을(그리고 절대 줄지 않음을) 보여주는 자료들을 떠올리면 앞으로도 정치적 인식 수준은 크게 높아지지 않을 듯하다. 그러므로 지식 수준을 끌어올리려고 노력하기보다는 무지의 영향력을 줄이기 위해 애쓰는 편이 낫다. 그러려면 정부의 역할을 제한하고 분권화하면서 민간 부문에 더욱 투자하고, 사람들이 '발로 투표'할 수 있도록, 즉 자신이 선호하는 지역으로 이사할 수 있게 해야 한다는 의견이 있다. 예를 들어 세금을 적게 내고 싶은 미국인은 주세가 미국 평균보다 최소 40퍼센트 낮은 알래스카나 델라웨어로 이사할 수 있다. 이러한 주장은 '발걸음 민주주의'의 실행 가능성에 주목한다. 어느 지역에 살지 결정하는 데에는 여러 동기가 숨어 있고, 어떤 사람은 다른 사람에 비해 그 지역의 시스템을 훨씬 잘, 또는 기꺼이 이용할 수 있다.

그럼에도 합리적 무지 이론은 정치적 무지가 오래전부터 변치 않는 문제였음을 보여준다는 점에서 중요하다. 그러므로 지금 부족한 것은 정치에 관한 정보가 아니다. 마음만 먹으면 질 좋고 정확한 정보를 차고 넘치게 찾아볼 수 있다. 이 문제는 수요 측면의 문제로서, 시민은 스스로 정보를 찾아봐야 한다.

다시 투표율 이야기로 돌아와서, 정치적 무지가 우리 사회의 중요한 문제라고 주장하는 몇몇 사람은 투표에 참여할 확률이 정치적 지식 수준과 밀접한 관련이 있다는 점을 지적한다. 이 논리에 따르면 투표하는 사람이 많을수록 정보를 제대로 갖춘 투표자의 비율은 줄어든다. 그렇다면 높은 투표율을 늘 기뻐해야 하는 걸까? 이는 민주주의가 처음 생겨났을 때부터 제기되었던 비교적 타당한 분석이다. 플라톤은 《고르기아스》에서 민주주의에 결함이 있다고 했다. 민주주의는 무지한 대중의 시각에 따라 정책을 채택함으로써 더욱 지적이고 똑똑한 철학자와 전문가를 희생시키기 때문이다. 반면 아리스토텔레스는 플라톤보다 낙관적이었다. 그는 대중이 개인보다 정보가 많다고 보았다. 사실 우리 중에 우리 전체만큼 똑똑한 사람은 없다. 하지만 대중의 무지를 염려하는 시각은 그 후로도 쭉 이어졌다. 예를 들어 존 스튜어트 밀John Stuart Mill은 교육 수준이 높고 아는 것이 많은 사람이 교육 수준이 낮고 무식한 사람보다 투표권을 더 많이 가져야 한다고 주장했다. 이러한 시각에서 보면 영국에서 실시되었던 EU국민투표처럼 투표율이 높은 국민투표는 상당히 위험할 수 있다.

한편 이러한 주장은 충분한 능력을 갖춘 것으로 여겨지는 사람만이 아니라 모든 시민이 동등하게 발언권을 가져야 한다는 평등권 논의와는 거리가 멀다. 우리는 많은 국가에서 20세기 중반까지(또는 훨씬 늦게까지) 여성이 투표를 하지 못했다는 사실을 쉽게 잊는다. 프랑스는 1944년, 이탈리아는 1945년, 인도는 1950년, 그리고 (놀랍게도) 스위스는 1971년에야 비로소 여성에게 온전한 참정권을 부여했다. 여성의 정치적 권리를 억압한 역사는 오늘날에도 여전히 큰 영향을 미치고 있다. 중요한 직책에서 여성이 비참할 정도로 과소대표되고 있다는 점만 해도 그렇다.

여성이 과소대표될 때 생기는 일

2018년 세계 여성의 날은 '#PressforProgress(변화를 요구하다)'를 테마로 지정함으로써 젠더 평등을 이루려면 아직 갈 길이 멀다는 점을 강조했다. 이 테마는 세계경제포럼에서 발표한 〈2017년 세계 젠더 격차 보고서〉에 대한 응답이었다. 이 보고서는 현재의 발전 속도를 볼 때 경제활동 참여 기회, 교육적 성취, 건강 수준, 정치적 권한이라는 네 가지 기준으로 전 세계적인 젠더 평등을 이루려면 앞으로 217년이 더 필요하다고 보았다![8]

우리는 세계 여성의 날 주최측과 함께 이 충격적인 현실을 사람들이 어떻게 인식하고 있는지 알아보기 위해 전 세계에서 설문조사를 실시했다. 그 결과 심각한 오해가 드러났다. 경제적으로 젠더 평등을 이루려면 40년이 필요하다는 것이 평균 추측값이었고, 캐나다는 25년, 인도는 20년, 멕시코는 단 15년이면 된다고 생각했다. 이 잘못된 인식은 사람들이 아직 갈 길이 머나먼 현재 상태에 만족하고 있음을 보여준다.

이러한 안일함은 전 세계에서 지도자 자리에 오른 여성이 비참할 정도로 적은 현실을 제대로 인식하지 못하는 데서도 잘 드러난다. 《포천》지가 선정한 500대 글로벌 기업에서 여성 CEO의 비율은 겨우 3퍼센트이지만 이번에도 사람들은 현실을 훨씬 평등하게 인식했다.[9] 사람들은 전 세계적인 대기업의 CEO 다섯 명 중 한 명이 여성일 거라고 생각했다.

여성을 공정하게 대표한다는 것은 전 세계 인구의 절반이 나머지 절반과 동등하게 사회를 구성한다는 의미만 있는 것이 아니다. 이는 의사결정 과정에 무의식적으로 작용하는 젠더 편견을 없앰으로써 기업과 정부의 정책과 관행을 바꾸기도 한다.

스웨덴 지방정부를 예로 들어보자. 스웨덴은 눈이 많이 오기 때문에 쌓인 눈을 어떤 방식으로 치우느냐가 사람들의 삶에 크나큰 영향을 미친다. 도대체 그게 젠더 평등과 무슨 관련이 있느냐고 생각할 수도 있다. 자, 스웨덴은 옛날부터 우선순위를 정해 눈을 치웠다. 가장 먼저 도시 외곽 순환도로를 치웠고, 그다음에 간선도로를, 그리고 나서야 더 좁은 도로와 자전거 도로 그리고 인도를 치웠다. 가장 먼저 눈을 치우는 지역 역시 금융가처럼 남성 지배적인 공간인 경우가 많았다.

보통 스웨덴 여성은 남성보다 운전을 적게 하는 대신 걷거나 자전거를 타거나 대중교통을 이용하는 일이 더 많다. 그리고 인도나 자전거 도로의 경우 자동차 도로에 비해 눈이 조금만 쌓여도 이동이 훨씬 위험하고 힘들어진다. 이러한 상황은 부상과 사고를 당하는 스웨덴 남녀의 비율에 직접적인 영향을 미쳤다. 실제로 스웨덴의 보행자는 자동차 운전자에 비해 눈과 관련된 사고나 부상을 당할 확률이 세 배 더 높았고, 피해자는 대부분 여성이었다.[10]

수십 년 동안 정치인과 공무원(대개 남성이었다)이 제설 방식을 결정하면서 무의식적으로 젠더 불평등을 악화시킨 것이었다. 스웨덴의 여러 지방 자치 당국은 제설 방법을 바꾸어 인도와 자전거 도로부터 먼저 제설 작업을 했다. 그다음에 유치원으로 이어지는 길을 치웠다. (젠더와 상관없이) 부모가 일하러 가기 전에 가장 먼저 들르는 곳이기 때문이다. 그다음 병원이나 지방자치단체처럼 여성 중심적인 업무 공간 가운데 규모가 큰 곳의 눈을 치웠다. 그리고 그다음에야 남은 길들을 치웠다. 새로운 우선순위에 따라 눈을 치우면 비용을 더 들이지 않고도 기존 자원을 더욱 공정하게 분배할 수 있다. 그 결과 사고 발생률뿐만 아니라 일터에 나오지 못하는 직원 수도 줄어들어 경제적 이득이 커졌다.

스웨덴은 정치계에서 젠더가 평등하게 대표되는 것도 중시하여,

44퍼센트의 국회의원이 여성이다. 그다음은 남아프리카공화국과 멕시코로, 42퍼센트의 국회의원이 여성이다. 이 두 국가는 입법부와 정당의 노력으로 여성 대표 문제를 크게 개선할 수 있음을 보여주는 좋은 사례다. 2014년 2월, 수년간 압력을 넣은 끝에 멕시코는 정당이 '연방정부과 지방정부 선거에서 남녀 후보를 반드시 동등한 비율로 공천해야 한다는 규정'을 만들도록 헌법을 개정했다. 그 결과 여성 의원 수가 기록적으로 높아졌다. 남아프리카공화국은 이런 법이 없지만 여러 정당, 특히 60퍼센트의 의석을 차지하는 아프리카민족회의ANC가 자발적으로 젠더 평등을 위해 상당한 노력을 기울이고 있다. 아프리카민족회의가 젠더 평등을 추구하기까지는 매력적인 긴 역사가 있다. 그리고 2006년에 이르러 지역 선거에서 50퍼센트 여성 할당제를 채택했고, 2009년에는 이 기준을 전국 선거로까지 확대했다.[11]

슬프게도 이 국가들은 상당히 예외적인 사례. 우리가 설문을 실시한 32개국의 상황은 훨씬 우울하여 여성 의원의 비율은 평균 25퍼센트 정도였다. 그중 몇몇 국가는 특히 심했다. 브라질과 헝가리 그리고 일본의 경우 여성 국회의원은 고작 10퍼센트뿐이었다.

자신의 국가에서 여성 국회의원이 몇 퍼센트일지 묻자 사람들의 대답은 다른 주제만큼 크게 틀리지 않았다. 전체 국가의 평균 추측값은 23퍼센트였고, 실제 평균값은 26퍼센트였다. 하지만 여기에는 한 가지 패턴이 숨어 있었다. 각국의 대답이 정반대 방향으로 정답을 크게 벗어난 것이다. 정치계의 젠더 평등 수준을 가장 크게 착각한 국가는 러시아였다. 러시아 사람들은 31퍼센트의 정치인이 여성일 거라고 생각했지만 실제로는 14퍼센트만 여성이었다. 멕시코 역시 정답을 맞히지 못했지만 흥미롭게도 이번에는 자국이 얼마나 진보했는지를 인식하지 못한 경우였다. 멕시코는 여성 국회의원 비율을 26퍼센트로 추측했지만 실제로는 42퍼센트였다.

두 경우 모두 바람직하지 않다. 러시아 같은 국가에서 문제의 심각성을 깨닫지 못하는 것(또는 그것이 문제임을 깨닫지 못하는 것)은 그만큼 이 문제에 주목하지 않으며, 다른 국가처럼 변화를 이뤄내야 한다는 압박이 덜하다는 뜻이다. 마찬가지로, 스페인과 멕시코 같은 국가에서 그동안의 성과를 깨닫지 못한다면 결국 아무것도 바뀌는 것은 없다는 잘못된 인식이 퍼지면서 여성이 정치에 참여하지 않으려 하거나 정치적 결정을 신뢰하지 않게 된다. 앞에서 살펴봤듯이 우리는 사회적 동물이며, 과소대표되는 소수가 아닌 다수를 모방하려 하기 때문이다.

국민 대다수는 여성이 더욱 공정하게 대표될 때 어떤 이익이 있는지를 잘 알고 있었다. 27개국 국민의 61퍼센트가 정부와 기업에서 높은 자리에 앉은 여성이 늘어나면 더 좋은 성과가 나오리라는 점에 동의한 것이다. 대다수의 남성도 여기에 동의했다. 하지만 이 질문은 남성과 여성의 견해가 뚜렷하게 달랐던 몇 안 되는 질문으로, 여성은 68퍼센트가 여기에 동의한 반면 남성이 동의한 비율은 53퍼센트뿐이었다. 독일과 일본, 한국, 특히 러시아(러시아 남성 26퍼센트만 여기에 동의했다)에서는 소수의 남성만이 이 견해에 동의했다. 이러한 맥락

Q 전체 정치인 중 여성 정치인 비율은 어떻게 될까요?

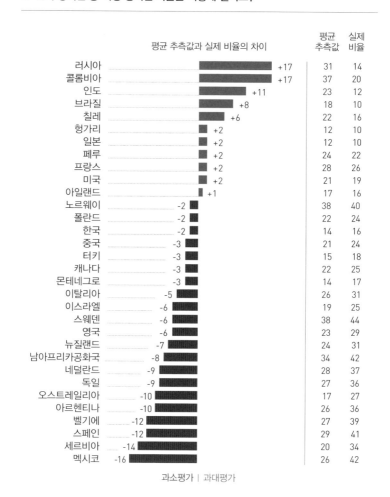

	평균 추측값과 실제 비율의 차이	평균 추측값	실제 비율
러시아	+17	31	14
콜롬비아	+17	37	20
인도	+11	23	12
브라질	+8	18	10
칠레	+6	22	16
헝가리	+2	12	10
일본	+2	12	10
페루	+2	24	22
프랑스	+2	28	26
미국	+2	21	19
아일랜드	+1	17	16
노르웨이	-2	38	40
폴란드	-2	22	24
한국	-2	14	16
중국	-3	21	24
터키	-3	15	18
캐나다	-3	22	25
몬테네그로	-3	14	17
이탈리아	-5	26	31
이스라엘	-6	19	25
스웨덴	-6	38	44
영국	-6	23	29
뉴질랜드	-7	24	31
남아프리카공화국	-8	34	42
네덜란드	-9	28	37
독일	-9	27	36
오스트레일리아	-10	17	27
아르헨티나	-10	26	36
벨기에	-12	27	39
스페인	-12	29	41
세르비아	-14	20	34
멕시코	-16	26	42

과소평가 | 과대평가

표 24 **여성 정치인 비율을 추측한 대답은 국가마다 정확도가 크게 달랐다. 많은 국가가 꽤 정확하게 답을 맞힌 동시에 몇몇 국가는 여성 정치인 비율을 크게 과대평가하거나 과소평가했다.**

을 보면 왜 수많은 국가에서 (대부분 남성인) 정치인이 여성 대표 문제에 더욱 과감한 조치를 취하지 않는지를 분명히 알 수 있다.

정치인들은 성별 외에도 다양한 인구통계학적 특성을 가진 집단에 호소하기 위해 끊임없이 계산기를 두드린다. 서구 여러 국가에서 경제성장이 더뎌지고 대다수의 임금이 침체되면서 최근 몇 년간 정치인들은 특히 경제적으로 '뒤처진' 사람들에게 구애를 해왔다. 2008년 금융 위기 이후 대부분의 선거 캠페인에서는 이들이 경험한 고통을 정당 또한 '절실히 실감한다'는 느낌을 전달하는 것이 핵심 목표가 되었고, 이러한 분위기는 2016년 미국 대선까지 이어졌다.

정치인이 실업률을 말할 때 의심해볼 것들

도널드 트럼프는 대선 캠페인 동안 미국의 실업률을 여러 차례 언급했다. 당시 공식 발표된 실업률은 약 5퍼센트였지만 트럼프는 실업률이 42퍼센트까지 치솟았다고 주장했고, 실제 수치를 아는 사람들은 트럼프를 한껏 비웃었다. 《워싱턴포스트》의 팩트체크 팀은 트럼프에게 가장 높은 점수인 '피노키오 네 개'를 부여하며(거짓말의 정도에 따라 피노키오 수가 늘어나는 방식이다-옮긴이), 트럼프의 거짓말이 '터무니없는 수준'이라고 보았다.[12] 트럼프는 지지자들에게 이렇게 말했다. "가짜 숫자를 믿지 마십시오. 실업률은 28이나 29, 어쩌면 35(퍼센트)입니다. 저는 최근 42퍼센트라는 이야기까지 들었습니다."[13]

이후 한 집회에서 그는 이런 발언을 했다.

"아시겠지만, 실업률은 완전히 거짓입니다. 만약 당신이 6개월 동안 일을 구하다가 그만두면 저들은 당신이 포기했다고 생각합니다. 당신은 포기한 겁니다. 그리고 집으로 가서 이렇게 말하죠. '여보, 일자리가 없어.' 그러면 저들은 통계상 당신이 고용된 것으로 간주합니다. 사실이 아니죠. 하지만 걱정하지 마십시오. 제가 순식간에 해결할 테니까요."[14]

트럼프가 말한 실업률은 거짓이지만 저 발언의 의미(트럼프가 말하고자 했던 것)는 분명하다. 국가가 당신을 포기한다는 뜻이다. 시스템이 나쁜 뉴스를 감추려 하기 때문에 당신은 소외된다는 뜻이다. 트럼프는 감정을 이용했다. 이런 일은 처음이 아니었다. 트럼프는 다양한 주제에서 사람들의 감정을 건드렸다. 예를 들어 ABC 〈월드뉴스투나잇〉의 앵커 데이비드 뮤어David Muir가 "증거도 없이 수백만 명이 불법 투표를 한다고 이야기하는 것이 미국에 좋지 않은 영향을 미친다고 생각하지 않습니까?"라고 묻자 트럼프는 이렇게 답했다. "아니, 전혀요! 전혀 그렇지 않습니다. 왜냐하면 수많은 사람이 저와 똑같이 느끼고 있으니까요."[15] 현실보다 감정이 중요하다. 영국 칼럼니스트 매튜 단코나Matthew d'Ancona는 이렇게 말했다. "그는 야비한 방식으로 (지지자들에게) 공감한다. 이 공감은 통계나 경험, 꼼꼼하게 확인한 정보에서 나온 것이 아니라 분노와 조급증, 비난 돌리기에 뛰어난

재능에서 비롯된다."[16]

물론 미국을 포함한 각국의 통계청은 여러 가지 척도로 실업률과 불완전고용률을 측정한다. 트럼프가 가짜라고 말한 실업률은 국제적으로 승인된 기준을 따른 것으로 전 세계 정부에서 가장 많이 사용하는 지표다. 이 기준은 불완전고용보다는 적극적인 구직 활동에 관한 정보를 전달하기 위해 마련되었으며, 대부분의 국가가 이와 비슷한 척도를 사용하기 때문에 국가 간의 비교에 매우 유용하다.

하지만 어떤 척도는 실업의 의미를 더 넓게 설정하기도 하며, 당연히 이 기준에 따르면 실업률은 높아진다. 예를 들어 어떤 척도는 정규직 일자리를 원하지만 어쩔 수 없이 파트타임으로 일하는 사람도 실업자로 간주한다. 하지만 이러한 척도로 측정한 실업률조차 트럼프가 말한 수치 근처에도 못 간다.

실제로 미국에서 42퍼센트라는 실업률이 나올 수 있는 유일한 방법은 아이들을 돌보는 양육자와 학생 그리고 은퇴자까지 실업자에 포함시키는 것뿐이다. 절대 유용한 척도가 아니다. 물론 트럼프는 척도 자체보다는 사람들이 자기 발언을 어떻게 이해할지에 관심이 있었을 것이다.

그렇다면 사람들은 자신이 살고 있는 국가의 실업 수준을 어떻게 생각하고 있을까? 흥미롭게도 14개국의 대답은 현실보다는 도널드 트럼프의 발언에 훨씬 가까웠다! 거의 모든 국가의 평균 추측값이 실제 수치를 훨씬 웃돌았다. 가장 정확하게 답을 맞힌 독일조차 실업률을 공식 수치인 6퍼센트와는 훨씬 동떨어진 20퍼센트로 추측했다.

평균 추측값이 정답과 가장 동떨어진 국가는 이탈리아였다. 이탈리아 사람들은 49퍼센트가 실업 상태로 일자리를 구하고 있을 거라고 생각했지만 당시 실제 실업률은 12퍼센트였다. 매우 높은 수치이긴 하지만, 그래도 생산가능인구의 절반이 실업 상태인 것은 아니다. 미국의 평균 추측값은 32퍼센트로, 트럼프가 내뱉은 (여러) 수치에 근접했다. 그리고 이 설문조사는 미국 대통령 선거전이 시작되기 훨씬 전에 실시되었다.

물론 사람들에게 수치를 추측해달라고 요청한 다른 질문과 마찬가지로 우리 머릿속에서 이뤄지는 재조정이 실업률 추측에 영향을 미칠 수도 있다. 우리는 위험을 분산하기 위해 주어진 범위의 중간값에 베팅한다. 하지만 이런 정신물리학적 효과를 감안하더라도 이탈리아와 한국의 대답은 상상 이상으로 정답을 빗나갔다. 심지어 정신물리학적 효과를 감안하면 평균 추측값이 실제 수치에 거의 근접한 미국에서조차 극단적인 대답을 한 사람이 많았다. 예를 들어 미국인 다섯 명 중 한 명은 인구의 61퍼센트 이상이 실업 상태일 거라고 생각했다!

여기서도 감정적 반응이 큰 역할을 하면서 자신이 염려하는 문제를 과대평가한 것으로 보인다. 우리 모두 사람들이 실업률을 진심으로 걱정한다는 사실을 알고 있다. 우리가 매달 26개국을 대상으로 가장 걱정스러운 문제가 무엇인지를 조사하는 설문에서 실업률은 늘 상위권을 차지한다. 2008년 금융 위기 이후 실업률은 다른 모든 문제를 앞서는 가장 큰 걱정거리가 되었다. 이탈리아와 스페인 같은

Q 전체 생산가능인구 100명 중 실업 상태로 구직 중인 사람은 몇 명일까요?

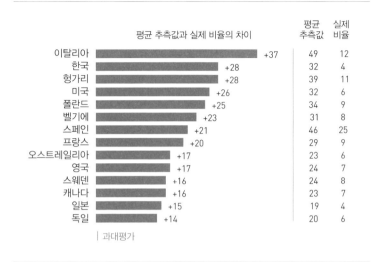

	평균 추측값과 실제 비율의 차이	평균 추측값	실제 비율
이탈리아	+37	49	12
한국	+28	32	4
헝가리	+28	39	11
미국	+26	32	6
폴란드	+25	34	9
벨기에	+23	31	8
스페인	+21	46	25
프랑스	+20	29	9
오스트레일리아	+17	23	6
영국	+17	24	7
스웨덴	+16	24	8
캐나다	+16	23	7
일본	+15	19	4
독일	+14	20	6

| 과대평가

표 25 **모든 국가에서 실업률을 크게 과대평가했다.**

국가에서는 국민의 약 3분의 2가 실업률을 국가가 직면한 가장 큰 문제로 여긴다.

위스콘신 매디슨 대학의 정치학 교수 캐시 크레이머Kathy Cramer는 위스콘신의 시골 지역에서 유권자들과 인터뷰한 내용을 바탕으로 2016년 《분노의 정치The Politics of Resentment》를 출간했다. 당시는 크레이머가 파악한 동향이 아직 널리 논의되기 전이었다. 크레이머는 위스콘신 시골에 사는 유권자들이 미국 정치에 분노하는 핵심 이유를 파악했다. 이는 다른 국가의 다른 인구 집단에도 똑같이 적용 가능한 이유였다. 크레이머에 따르면 경제적으로 불안정한 지역에 거주하는 사람들 중 상당수는 자신이 마땅히 누려야 할 의사결정권과 자원 그리고 존중을 누리지 못한다고 생각한다(자신이 겪고 있는 어려움이나 자신이 나라에 기여하는 바가 충분히 인정받지 못한다고 생각한다).

2016년 대선 결과가 나오기 전에 《워싱턴포스트》와의 인터뷰에서 크레이머는 사실 정보나 정책보다는 자기 고민을 알아준다는 느낌이 더 중요했다는 점을 강조했다.

> "우리는 사람들이 정책을 어떻게 생각하는지 파악하는 일에 너무 많은 에너지를 쏟고 있습니다. 저는 사람들이 세상을 바라보는 방식과 그들의 사회적 위치를 이해하는 일에 더 많은 에너지를 쏟아야 사람들이 어디에 투표하고 어떤 후보자에게 끌릴지 이해할 수 있다고 생각합니다. (…) 전 신문이 사람들에게 더 많은 정보를 준다고 생각하지 않습니다. 사람들은 자신이 이미 갖고 있는 관점을 통해 정보를 해석할 테니까요. 사람들은 오로지 자신이 존중하는 정보원과 소통할 때에만 새로운 사실을 받아들일 것입니다."[17]

크레이머는 우리가 앞에서 살펴본 확증 편향이나 불확증 편향과 관련이 있는 '일방향 의도적 합리화'에 대해 설명하고 있다. 이와 관련해 어떻게 정치인의 정책적 입장보다 리더십이 더 중요할 수 있는지를 분석한 연구에 오래된 증거가 나온다. 이 연구에 따르면, 사람들은 자신이 선호하는 정치인이 정책을 바꿀 경우 선호하는 정치인을 바꾸기보다는 자신의 입장을 바꾼다.[18] 브랜드에 대한 우리의 태도와도 비슷하다. 새로운 브랜드를 알아보고 자신이 선호하는 브랜드를 바꾸는 데에는 시간과 돈이 너무 많이 든다.

이런 관찰 결과는 매우 중요하지만 너무 자주 무시된다. 그래도 사람들의 정체성은 너무 확고하고 강력하기 때문에 더 많은 정보를 제공해봤자 아무 소용이 없다고 말하는 것은 너무 절대론적이다. 분명 사람들은 자신이 보고 들은 것을 바탕으로 정치 지도자와 정당에 대한 관점을 업데이트한다. 우리의 선호도는 정보와 신념 간의 균형을 통해 형성되며, 이는 증거와 신념에 대한 사람들의 생각에서도 잘 드러난다.

우리는 영국에서 여러 정당이 내놓은 다양한 정책에 관해 자신과 다른 사람들이 어떤 식으로 결정을 내린다고 생각하는지 물어보았다. 사람들은 증거를 바탕으로 자신의 입장을 결정할까, 아니면 자신의 신념에 따라 입장을 결정할까, 아니면 둘 다일까? 우리는 사람들에게 자신과 타인이 실제로 어떻게 행동한다고 생각하는지를 물어본 다음 우리가 어떻게 결정을 내려야 한다고 생각하는지 물었다. 물론 이 질문은 복잡한 상호작용을 지나치게 단순화한 것이지만, 우리는 사람들이 이 두 요소의 중요성을 어떻게 인식하고 있는지 궁금했다. 그 결과 분명한 패턴이 나타났다. 우리는 다른 사람은 직감에 따라 정책을 판단한다고 생각한 반면 자신은 증거와 신념을 모두 고려해 둘 사이에서 균형을 잡으려 한다고 생각했다. 그리고 자신처럼 균형을 이루어 정책을 판단하는 것이 이상적이라고 생각한 사람이 많았다. 즉 증거와 신념을 모두 고려해 결정을 내려야 한다는 대답이

41퍼센트였고, 증거를 더 중시해야 한다는 대답이 26퍼센트였으며, 무엇이 옳은가에 대한 자신의 직감에 따라야 한다는 대답이 13퍼센트였다.[19]

이어서 우리는 정치인과 관련된 질문을 몇 개 더 했고, 사람들의 시각은 비슷하게 갈렸다. 모든 사람이 정치인은 온갖 증거에도 불구하고 자신이 옳다고 믿는 것만 밀어붙이는 관념가라고 생각하지는 않았다. 정치인이 어떻게 행동해야 하는가에 대한 시각은 사람들이 생각하는 자신의 모습과 매우 비슷했다. 사람들의 생각에 따르면 정치인은 신념보다는 사실 정보에 기반해서 결정을 내려야 하지만 동시에 둘 사이의 균형도 중요했다.

사람들이 실제로 이렇게 판단하는지에 대해서는 논란이 있겠지만 이러한 태도가 우리가 지향해야 할 합리적 태도인 것만은 분명하다. 우리는 정체성이 현실 인식과 정치적 선호에 중요한 영향을 미친다는 점을 제대로 인지하는 동시에 증거와 사실 정보의 중요성을 완전히 무시해서는 안 된다.

지난 수십 년간 정치의 위기와 관련해 가장 자주 논의된 문제는 정체성 정치가 힘을 얻으면서 정체성과 증거 간의 균형이 깨졌고, 자신이 선택한 정당과 지도자의 실패에 눈감은 채 점점 더 두 집단으로 양극화되었다는 것이다. 하지만 사람들이 갈수록 한 정당만 고집하는 것은 아니라는 사실을 알아야 한다. 네덜란드의 변화 추세를 정리한 [표 26]에 이러한 사실이 잘 드러난다. 우리는 네덜란드 사람들에게 특정 정당에 애착을 느끼는지 물었다. 정치나 투표에 관심이

Q 다른 정당에 비해 특히 애착이 가는 정당이 있습니까?

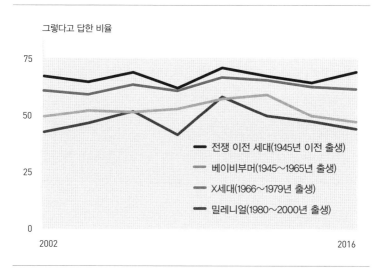

그렇다고 답한 비율

- 전쟁 이전 세대(1945년 이전 출생)
- 베이비부머(1945~1965년 출생)
- X세대(1966~1979년 출생)
- 밀레니얼(1980~2000년 출생)

표 26 **네덜란드에서 젊은 세대는 한 정당을 지지한다고 대답한 비율이 더 낮았다.**

있는지를 물은 것이 아니라 한 정당을 특별히 지지하는지를 물은 것이다. 우리는 세대별로 응답을 나누었다. 이때 10대, 20대같이 나이대가 아니라 어떤 시대에 태어났는지를 기준으로 삼았다. 이 방식은 미래의 모습을 예측하는 데 매우 유용하다. 인구의 중심은 노화하는(그러다가 사망하는), 나이가 가장 많은 집단에서 가장 어린 집단으로 서서히 이동하기 때문이다.

그 결과 매우 명확한 패턴이 나타났다. 가장 젊은 세대는 특정 정당을 특히 지지한다고 말한 비율이 가장 낮았다. 뿐만 아니라 시간의 흐름에 따라 세대별 응답을 나타낸 그래프의 선이 매우 평평해졌다.

정치에 대한 태도가 대체로 어린 나이에 사회화되어 평생 유지된다는 사실을 보여주는 패턴이다. 실제로 사람들이 정치관을 확고하게 정해두고 흔들림 없이 한 정당을 지지하던 것은 먼 과거에나 있었던 일이며, 나이대가 높은 집단이 인구의 대다수를 차지하던 때의 이야기다. 현재와 미래는 과거보다 유동적이다.

물론 그렇다고 정체성 정치가 감소하고 있다거나 중요하지 않다는 뜻은 아니다. 그저 정당이 옛날만큼 국민의 절대적 지지를 받지는 못한다는 뜻이다. 한때는 노동조합이나 종교 같은 고용구조나 사회구조에 따라 쉽게 정치적 입장을 선택했지만 이런 구조는 점차 사라지거나 바뀌고 있다. 이제 젊은 세대는 더욱 자유롭게 자신의 정치관을 선택하고 있다. 네덜란드에서만 이러한 패턴이 나타나는 것은 아니다. 우리가 살펴본 유럽 거의 모든 국가에서 정도는 다양하지만 비슷한 패턴이 나타났다. 어쩌면 우리는 미래에 여러 정체성 집단이 서로 간극을 좁히지 못하는 모습이 아닌, 과거보다 더욱 활발하게 정치적 사안에 따라 뭉쳤다 흩어지는 모습을 보게 될지 모른다.

팩트 감각 기르기

감정과 정체성은 우리가 정치 현실과 정치인을 바라보는 방식에 매우 중요한 영향을 미친다. 과거에는 이러한 사실이 충분히 논의되지 않았다. 그리고 단순히 사람들이 냉정하게 정책을 비교하여 정당과 정치 지도자를 선택할 거라고만 생각했다. 이제 우리는 좀 더 균형 잡힌 시각을 갖게 되었다. 그리고 정치인이 현실을 무시한 채 유권자의 감정에 호소하며 대중을 잘못된 길로 이끌 수 있다는 것도 알게 되었다. 하지만 그렇다고 증거가 깡그리 무시된다는 뜻은 아니다. 사실 정보는 여전히 중요하며, 우리는 정보에 따라 관점을 바꾼다.

한편 현실은 몇몇이 묘사하거나 우리가 생각하는 것만큼 바뀌고 있지 않다. 사람들은 생각만큼 정치에 관심을 쏟지 않는다. 그렇다고 과거보다 정치에 더 무식해진 것도, 더 굳건하게 이데올로기 집단을 형성하는 것도 아니다.

우리는 여성 대표 문제에서도 생각만큼 빨리 진보하고 있지 않다. 그토록 많은 국가에서 여전히 여성 정치인 비율이 평균 4분의 1이라는 사실이 너무나도 충격적이다. 각국의 상황이 크게 다른 점도 놀랍다. 여성 정치인 수가 터무니없이 적은 국가가 있는 반면 이 문제에 주목하고 조치를 취함으로써 빠른 속도로 큰 변화를 이뤄낸 국가도 있다. 우리는 정치계의 여성 대표 문제가 빠른 속도로 개선되고 있다는 생각에 안주하지 않도록 주의해야 한다. 현재 우리가 어디에 서 있는지를 알아야 앞으로 얼마나 멀리 가야 하는지를 알 수 있다.

7장

정치

브렉시트와 트럼프 당선이 말하는 교훈

2016년에 있었던 영국의 브렉시트 투표와 미국 대선은 '정치인의 호도'와 '잘못된 인식' 하면 가장 먼저 떠오르는 사건들이 되었다. 그동안 이 두 사건과 관련해 무엇이 옳고 무엇이 그른지, 무엇이 합당하고 무엇이 호도인지를 두고 수많은 연구가 이루어졌다. 이런 연구는 앞으로도 계속될 것으로 보인다.

이번 장에서는 정말 '가짜 뉴스'가 만연한지, 우리가 정말 전무후무한 '탈진실'의 시대를 살고 있는지를 직접 살펴볼 것이다. 저널리스트이자 작가인 매튜 단코나는 '탈진실 정치'에 관한 저서에서 현재 무언가 바뀌었다면 정치인의 태도보다는 우리의 반응이 바뀐 것이라고 열렬히 주장했다. "새로운 것은 정치인의 거짓말이 아니라 거짓말에 대한 대중의 반응이다. 분노는 무관심에 길을 내주고 말았고 결국 결탁이 일어났다."[1]

오늘날 사람들의 반응이 질적으로 달라졌다는 증거, 과거에는 사람들이 더욱 빨리 분노하고 행동에 나섰다는 증거가 충분한지는 모르겠다. 이러한 시각에는 '장밋빛 회상'이 작용했을 수 있다. 그렇다고 아무것도 바뀌지 않았다는 뜻은 아니다. 브렉시트와 미국 대선이라는 엄청난 정치적 사건은 분명 사람들의 신념과 소망적 사고가 어떻게 잘못된 인식을 불러오는지를 생생히 보여주는 중요한 사례다.

짜증과 분노

'영국, 독일, 프랑스, 이탈리아 중 유럽연합 분담금을 가장 많이 내는 나라는 어디일까?' 장담컨대 이 질문에 영국이라고 답하는 독자는 별로 없을 것이다. 이 설문 결과를 발표할 때마다 영국을 고르는 청중이 두어 명 정도 있기는 하지만 아마도 그들은 질문을 잘못 들었을 것이다.

하지만 영국 국민은 거의 4분의 1(23퍼센트)이 유럽연합 분담금을 가장 많이 내는 나라로 영국을 꼽았다. 물론 틀린 생각이다. 정답은 독일이다. 독일의 분담금은 영국의 두 배다. 그리고 프랑스와 이탈리아가 영국보다 돈을 많이 내기 때문에 영국은 저 4개국 중에 꼴찌다. 아무리 질문을 다르게 이해했어도(사실 이 질문은 보기보다 복잡하다) 영국을 고를 수는 없다. 상황을 어떻게 보더라도, 그러니까 영국이 환급받는 금액을 고려하지 않거나(1985년 마거릿 대처가 협상한 결과 영국은 유럽연합 분담금의 일부를 매년 환급받고 있다) 1인당 금액으로 계산하거나 순 기여도를 보더라도 영국이 유럽연합에 지출하는 비용은 독일보다 한참 적다.

'팩트만 알려줘. 그러면 우리가 결정할게.' 이게 바로 유럽연합 국민투표 캠페인에서 대중이 요구한 것이었다. 우리는 설문조사를 통해 사람들에게 저 말에 동의하느냐고 물었다. 사람들은 자신이 합리적으로 행동한다고 믿고 싶어 하므로 그렇다고 답했다.[2] 하지만 투표 결과를 어떻게 여기든 간에 캠페인 활동가들이 사실 전달에 실패한 것은 분명했다. 특히 영국의 유럽연합 분담금이라는 중요한 사안에서는 말이다. 실제로 유럽연합 분담금은 영국 사람들이 유럽연합을 짜증스러워하는 가장 큰 이유 중 하나였다.

물론 사람들이 오로지 '사실 정보'만을 토대로 결정을 내린다는 생각은 너무 순진하다. 영국이 다른 국가보다 분담금을 많이 낸다는 사람들의 대답은 '일방향 의도적 합리화'를 보여주는 좋은 사례다. 이런 의도적 합리화는 강렬한 감정적 반응에서 비롯된다. 저명한 심리학자 대니얼 카너먼이 브렉시트 투표 결과가 나오기 전에 이미 알아챘듯, 브렉시트는 사실 정보만큼이나 감정과 관련된 문제였다. 투표가 있기 몇 주 전에 카너먼은 '짜증과 분노'가 브렉시트로 이어질 수 있다고 말했다. "토론을 지켜보면 유럽연합을 탈퇴해야 하는 이유가 명백하게 감정적이라는 사실을 알 수 있다."[3] 그리고 카너먼의 주장은 엄청난 선견지명이었던 것으로 밝혀졌다.

우리가 '속임수에 넘어가' 거짓 정보를 믿게 되는 이유는 상당히 많다. 먼저 미디어와 동료, 정치인이 우리를 속여 현실을 잘못 인식하게 만든다. 하지만 우리 자신 역시 사실 정보보다는 잘못된 사고나 소망적 사고에 기대어 세상을 판단함으로써 '스스로를 속일' 때가 많다. 우리에게는 원하는 대로 사실 정보를 이용하려는 욕구가 있으며, 이 충동에 저항하는 것은 보기보다 쉽지 않다.

이에 관한 놀라운 증거가 있다. 예일대 법대 교수인 댄 카한Dan Kahan은 1000명이 넘는 미국인에게 과학 연구 자료를 검토하고 결과의 의미를 추론해달라고 요청했다. 일부 실험 참가자는 '피부 발진을 치료하는 새 크림'의 효과를 숫자로 정리한 표를 받았고, 나머지는 '개인이 공공장소에서 몰래 권총을 소지하는 것을 금지하는 새로운 법률'의 효과를 숫자로 정리한 표를 받았다. 그리고 참가자들이 받은 표 절반에서는 새 크림 또는 법률이 효과적이었으며, 다른 절반에서는 효과가 없었다.

두 경우 모두 계산에서 실수한 사람이 많았지만(우리 뇌가 통계를 얼마나 힘들어하는지 다시 한 번 알 수 있다) 놀랍게도 권총 관련 자료에서 결과를 잘못 해석한 사람이 훨씬 많았다. 심지어 수학 실력이 뛰어난 사람(옛날에 수학 수업에서 특히 좋은 성적을 받았거나 수리 능력을 요하는 분야에서 일하는 사람)이 결론을 잘못 도출한 확률이 더 높았다. 도대체 왜일까? 정치적 신념이 수리 능력을 압도했기 때문이다. 좌파 성향인 민주당 지지자들은 표의 내용상 총기금지법이 효과가 없을 때에도 효과가 있다고 답한 경우가 많았고, 우파 성향인 공화당 지지자들은 표의 내용상 총기금지법이 효과가 있을 때에도 효과가 없다고 답한 경우가 많았다.[4]

이 결과는 자신의 입장과 지지 정당의 공식 입장이 다른 사안에 관해 질문을 받으면 대답에 더 오랜 시간이 걸린다는 연구 결과와도 맥락이 일치한다. 여기서 자기 신념에 저항하려면 '부가적인 인지적

노력additional cognitive effort'을 기울여야 한다는 것을 알 수 있다.[5]

　카한의 분석에는 중요한 함의가 있다. 바로 우리의 통계적·비판적 추론 능력 자체만으로는 매번 일방향의 의도적 합리화를 막을 수 없다는 것이다. 어쩌면 상황이 더 악화될 수도 있다. 자기 세계관에 맞게 자료를 왜곡할 도구가 더 많은 셈이기 때문이다.

　매우 중요한 통찰이지만, 모두가 이렇게 행동하지는 않는다는 점을 다시 한 번 짚고 넘어가야겠다. 그저 이런 경향이 약간 나타난 것뿐이다. 때때로 이 획기적인 실험이 우리는 모두 신념의 노예이며 비판적 사고는 아무 도움도 되지 않는다는 사실을 보여준다는 식으로 언급될 때가 있다. 하지만 실제 연구 결과와 결론은 보다 미묘하다.

　영국의 브렉시트 투표에 관한 우리의 조사에서는 영국의 유럽연합 분담금에 대한 추측 이외에도 여러 소망적 사고가 드러났다. 우리는 영국인으로 구성된 표본에게 영국에 투자되는 금액 100파운드 중 유럽의 투자금과 중국의 투자금이 각각 얼마일지 추측해달라고 요청했다.

　사람들은 유럽연합의 투자금 액수를 완전히 잘못 추측하진 않았다. 사람들의 평균 추측값은 30퍼센트였고, 실제 수치는 48퍼센트다. 사람들은 유럽과의 긴밀한 경제적 관계를 과소평가하긴 했지만 유럽연합이 영국의 해외 투자 소득에서 가장 큰 부분을 차지한다는 사실은 알고 있었다. 유럽연합 탈퇴에 표를 던지겠다고 말한 사람들은 유럽연합의 투자 금액을 좀 더 낮게 추측했지만(25퍼센트) 그리 큰 차이는 아니었다. 카너먼이 분석했듯 사람들은 영국이 받을 경제적 타

Q 2014년 영국에 들어온 해외 투자 금액은 1조 340억 파운드였습니다. 그중 다음 국가에서 들어온 해외 투자 금액은 각각 몇 퍼센트일까요?

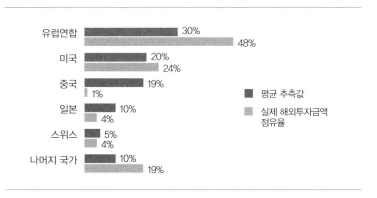

유럽연합 30% / 48%
미국 20% / 24%
중국 19% / 1%
일본 10% / 4%
스위스 5% / 4%
나머지 국가 10% / 19%

■ 평균 추측값
■ 실제 해외투자금액 점유율

표 27 일반 대중은 유럽연합의 투자 금액은 과소평가하고 중국의 투자 금액은 지나치게 높게 추측했다.

격을 전혀 모르지 않았다. 그저 다른 문제를 더 우려했을 뿐이다.

중국의 투자금에 대해서는 훨씬 추측을 하지 못했다. 사람들은 영국으로 들어오는 100파운드 중 거의 20파운드가 중국의 직접투자 액일 거라고 생각했지만 현실은 1파운드뿐이었다. 브렉시트 캠페인 에서는 미래의 파트너로서 중국의 중요성을 크게 강조했다. 탈퇴 진영의 메시지는 다음과 같았다. 유럽연합과의 긴밀한 관계를 희생해야 할지도 모르지만 이 관계에서 해방되면 경제가 빠르게 성장 중인 다른 나라와 무역 거래를 하거나 그 나라의 투자를 받을 수 있다. 이 게 당시 분위기였다. 이 이야기를 들어본 적이 없었어도 중국 경제의 규모와 성장 속도에 대해서는 다들 대강 알고 있었을 것이다.

또한 중국이 영국의 사회 기반 시설과 에너지 분야에 크게 투자해 전국적인 뉴스가 된 적이 몇 번 있었다. 이 뉴스에서 중국의 투자는 대개 영국의 통치권을 위협할 수도 있는 위험 요소로 소개되었지만 바로 그 점 때문에 오히려 사람들의 뇌리에 더욱 강하게 박혔다. '부정적 정보'는 영향력이 더 크기 때문이다. 아이러니하게도 중국의 위협은 중국이 영국 경제에 매우 중요하며, 그러므로 영국이 유럽에 그리 의존적인 것은 아니라는 메시지를 강화했다.

세상에서 가장 짧은 브렉시트의 역사

유럽연합과 관련해 영국이 오해한 내용 중에는 영국 바깥에 사는 사람(그리고 영국에 사는 수많은 사람)에게는 비상식적으로 보이는 내용도 있다. 브렉시트 국민투표 과정에서 바나나가 며칠이나 이슈가 되리라고 생각한 사람은 별로 없었을 것이다. 하지만 유럽연합이 정말로 유럽에서 휜 바나나의 유통을 금지했는지, 그래서 좋아하는 과일을 먹을 천부적 권리를 영국인에게서 빼앗았는지를 둘러싼 논쟁에는 (슬프게도) 긴 역사가 있다. 그 역사는 1994년 《더선The Sun》지의 인상적인 헤드라인으로까지 거슬러 올라간다. "그들이 정말로 미쳤다Now they've really gone bananas. 유럽연합 지도자들이 지나치게 휜 바나나를 금지했다." 그리고 《더선》지는 시름에 빠진 독자가 전화를 걸수 있도록 '바나나 핫라인'을 마련했다.[6]

휜 바나나는 이후로도 몇 년간 타블로이드 신문에 오르내리다 전

런던 시장인 보리스 존슨에 의해 브렉시트 국민투표 캠페인의 핵심 이슈로 떠올랐다. 보리스는 스태퍼드에서 열린 집회에서 언제나처럼 허풍을 떨며 바나나 문제를 소환했다.

"바나나가 네 개 이상 달린 송이를 판매할 수 없고 비정상적 변형이 있는 바나나를 판매할 수 없다니, 정말 터무니없는 일입니다. 이건 초국가적 조직이 영국인에게 이래라 저래라 할 문제가 아니란 말입니다!"[7]

며칠 지나지 않아 바나나가 보리스와 함께 주목받기 시작했다. 고릴라 분장의 남자가 보리스 앞에 나타나 항의했고, 보리스는 이런 저런 인터뷰와 토론에서 질문 공세를 받았다. 보리스의 대답이 그가 말하려던 바를 잘 보여준다.

"바나나와 관련된 유럽연합 규정이 몇 개인지 아십니까? 네 개입니다. 정말 네 개나 필요할까요?"

보리스가 바나나 한 송이에 달린 바나나 개수에 대해 떠들어댄 것에는 일말의 진실이 있다고 해도 사실 영국 국민을 완전히 호도한 것이었다. 보리스가 언급한 규정을 보면 도매업자는 바나나가 두 개나 세 개 달린 송이를 포장할 수 없다. 한 개짜리 바나나 또는 바나나가 네 개 이상 달린 송이여야 포장이 가능하다. 하지만 이 규정은 소매업자에게 아무 영향도 미치지 않는다. 소매업자는 자신이 원하는 크기의 바나나를 얼마든지 판매할 수 있다.

실제로 위원회 규정 1333/2011은 비정상적 변형이 있는 바나나의 판매를 금지했다. 이 규정이 제시한 수입 바나나의 최저 기준에 따르면 바나나는 '기형이 아니고 비정상적 변형이 없어야 한다'. 하지만 이 '비정상적 변형'이라는 문구에 평균보다 더 휜 바나나를 금지하려는 의도는 없다. 바나나 수송에 쓰이는 표준 크기의 상자에 담기지 않을 정도로 기형이 심하거나 너무 이상하게 생겨서 아무도 사지 않을 법한 바나나를 막는 것이 이 규정의 목적이다.[8]

이 일을 하면서 바나나 규정까지 조사하게 될 줄은 몰랐다. 하지만 어떻게 보면 바로 그 점이 핵심이다. 보리스가 강조하려던 것은 유럽연합의 세세한 규제가 누가 봐도 우스꽝스럽다는 것이었다. 바나나 규정은 생생한 일화(바나나만큼 생생하고 어처구니없는 일화도 없다)와 발화자의 열의(사회과학자들이 말하는 '유창 휴리스틱fluency heuristic'과 관련이 있다. 이는 사람들이 잘 전달된 이야기에 더 관심을 보인다는 의미다)뿐만 아니라 더 현실적이고 폭넓은 우려(유럽연합이 고칼륨 과일에까지 사사건건 참견한다면 다른 것도 간섭하려 나설 것이며, 결국 영국의 통치권이 침해되리라는 의심)가 합쳐진 그야말로 자극적인 사안이었다.

물론 여기에는 심각한 오해가 있다. 다소 터무니없어 보이는 이런 종류의 규정은 유럽연합만이 아니라 영국에도 있으며, 타당하고 실질적인 이유에서 나온 것일 때가 많다. 하지만 보리스의 말은 많은 사람들의 뇌리에 남았다. '유럽신화euro myths'(유럽연합과 관련된 허위 정보와 과장된 정보-옮긴이)에 관해 조사한 결과 영국 국민의 4분의 1이 이 금지 조치가 부당하다고 믿고 있었다.[9] BBC의 정치 프로그램 〈퀘스천타임Question Time〉에 출연한 한 방청객은 유럽연합 잔류에서 탈퇴로 마음을 바꾸기까지 바나나 이슈가 중요한 역할을 했다고 말했다.[10]

브렉시트 캠페인에서 핵심 역할을 했던 '사실 정보' 중 가장 유명한 것은 영국이 매주 유럽연합에 3억 5000만 파운드를 보낸다는 것이었다. 이 이야기는 버스 광고에도 붙고 포스터로도 제작되었으며 사람들의 입에도 자주 오르내렸다. 그 결과 엄청나게 많은 사람이 이 이야기를 기억했다. 우리의 설문조사에 따르면 80퍼센트가 이 주장을 들어본 적이 있다고 답했다.[11] 게다가 이 의심스러운 금액이 사실이라고 믿은 사람 또한 50퍼센트나 되었다.

정치인 노먼 램Norman Lamb의 요청으로 영국 통계청은 영국이 유럽연합에 보내는 금액을 세세히 분석했다. 먼저 총 분담금은 3억 5000만 파운드이고, 여기서 환급받는 금액을 제외하면 2억 8000만 파운드가 된다. 그다음 영국 공공 부문이 유럽연합에서 받는 직접 기금을 제외하면 1억 8000만 파운드가 남는다. 마지막으로 민간 부문이 유럽연합에서 받는 금액을 제외하면 최종 1억 2000만 파운드가 분담금이 된다.[12]

이 최종 금액이야말로 영국이 '매주 유럽연합에 보내는' 진짜 액수다. 하지만 보리스 존슨은 이 점에 관심이 없었다. 그는 2017년 9월에 다시 한 번 3억 5000만 파운드를 입에 올렸다. 이에 관해 영국 통계청이 '놀랍고 실망스럽다'라는 입장을 내놓았지만[13] 보리스는 2018년 1월 다시 한 번 이렇게 말했다. "버스에 붙은 내용에는 오류가 있었습니다. 유럽연합 탈퇴 후에 다시 우리가 통제하게 될 총액을 심각하게 과소평가했습니다." 영국이 유럽연합에서 완전히 탈퇴하는 2021년쯤에는 유럽연합에 보내는 총 분담금이 매주 4억 3800만 파운드가 된다는 예측에 대해 했던 말이다. 더 나아가 보리스는 영국이 다시 통제하게 될 자금의 절반을 공공 서비스에 사용할 수 있을 것이며, 그중 국민의료보험이 '가장 우선순위'가 될 것이라고 덧붙였다.[14]

틀린 수치를 지적하는 것은 중요하지만, 그래도 요점을 벗어난 행동이다. 당시 영국 독립당 대표였던 나이절 패라지Nigel Farage는 브렉시트 선거 캠페인 이후 틀린 수치를 말한 것이 아니냐는 질문에 이렇게 답했다.

"우리 편이 있고 적이 있을 경우 절대 우리 편 등에 총을 쏘면 안 됩니다. 우리 앞에는 적이 있기 때문이지요. 하지만 영국이 유럽연합에 매주 보내는 순 분담금은 2억 5000만 파운드가 맞습니다. 보리스가 2억 5000만 파운드라고 말했어도 우리가 지독하게 많은 돈을 낭비하고 있다는 걸 유권자에게 충분히 납득시킬 수 있었을 겁니다."[15]

패라지가 말한 순 분담금 역시 틀린 금액이지만 국민 정서에 관한 말은 옳았다. 분담금이 정확히 얼마든 간에 상상 이상으로 큰돈이라는 점은 같으며, 영국이 돌려받는 금액보다 많은 돈을 유럽연합에 보내는 것도 사실이다. 물론 이 계산도 정확한 것은 아니다. 유럽연합 회원국으로서 얻는 다른 경제적 이익이 있기 때문이다. 하지만 그 경제적 이익은 눈에 잘 보이지 않고 설명하기도 어렵다.

유럽연합 잔류 진영과 재무부는 영국이 받을 경제적 타격을 수치화함으로써 탈퇴 진영의 공격을 받아쳤다. 영국이 유럽연합을 탈퇴하면 2030년경 각 가구가 매년 4300파운드만큼 가난해질 거라고 주장한 것이다. 이론상 이 수치의 영향력은 엄청나다. 개인의 금전 문제이고 손실에 초점을 맞췄기 때문이다. 우리는 사람들이 손실을 극도로 기피한다는 사실을 안다. 사람들은 이익보다 손실을 더욱 예민하게 느낀다. 하지만 이 수치는 3억 5000만 파운드의 영향력을 발끝만큼도 따라가지 못했다. 실제로 이 수치가 사실이라고 믿은 사람은 17퍼센트뿐이었다.[16] 50퍼센트가 3억 5000만 파운드 이야기를 믿었던 것과 비교하면 정말 보잘것없는 숫자다.

여기에는 여러 이유가 있다. 먼저, 이 수치는 현재 일어나고 있는 상황이라기보다는 미래의 일이다. 미래의 예측으로 사람들을 설득하기는 늘 어렵다. 특히 그 일이 10년도 더 지난 후의 일이라면. 게다가 그 예측에 누군가의 이해관계가 개입되어 있을 거라는 의심도 발생한다. 둘째, 이 수치는 애초에 신뢰를 얻기 어려웠다. 유럽연합을 탈퇴할 경우 2030년경이 되면 유럽연합에 잔류했을 때보다 영국의 경제 규모가 6.2퍼센트 작아진다고 예측한 모델을 토대로 손실 규모를 총 가구 수로 나눈 것이(현실에서는 결코 모든 가구가 손실을 동등하게 부담하지 않는다) 4300파운드였다. 평균 연봉이 약 2만 5000파운드인 국가에서 4300파운드를 잃게 된다는 주장은 믿기 어려웠을 것이다.

브렉시트 국민투표 캠페인은 사실 정보를 토대로 진행됐어야 했지만 현실은 전혀 그렇지 않았다. 어떤 진영도 사실 정보를 중시했다고 스스로를 속여서는 안 된다. 잔류 진영의 캠페인은 반대편에게 '프로젝트 공포Project Fear'라 불렸다. 물론 그럴 만한 이유가 있었다. 변화에 반대하는 캠페인을 벌일 때는 잠재적 손실을 강조하는 것이 좋은 전략이기 때문이다. 보통 사회과학자들은 미지의 세계를 두려워하는 것이 우리의 타고난 성향이므로 결정을 내릴 때는 '현상 유지 편향'이 작용하리라 생각한다. 브렉시트 국민투표 2년 전에 영국에서 있었던 스코틀랜드 국민투표에서는 분명히 이런 편향이 작용했다. 하지만 철저히 검토해본 결과 현상 유지 편향은 사람들이 생각하는 만큼 뚜렷하지 않다는 증거가 나왔다. 여론조사 전문 학자인 스티븐 피셔Stephen Fisher와 앨런 렌윅Alan Renwick이 1990년 이후 실시된 250개의 국민투표 자료를 분석한 결과 실제로 열 번 중 일곱 번의 비율로 변화를 지지하는 쪽이 승리한다는 사실이 밝혀졌다(하지만 투표 결과가 유효하게 간주되려면 추가 요건이 필요했기 때문에 실제로는 그중 40퍼센트만이 통과되었다). 두 학자는 가장 마지막에 있었던 설문조사와 실제 결과의 관계도 검토했다. 대체로 마지막에 현 상태를 유지하는 쪽으로 되돌아오는 움직임이 약간 있긴 하지만 그 마지막 움직임이 유럽연합 잔류 진영의 손을 들어주리라고 믿을 만한 근거는 없었다. 실제로 많은 전문가가 마지막엔 결국 현상 유지 쪽으로 기울 거라고 추측했고, 바로 그 때문에 예측에 실패했다. 현상 유지 편향이 실제로는 나타나지 않았던 것이다.[17]

잔류 진영은 사실 정보에 과도하게 치중했다는 비판을 들었다. 예를 들면 탈퇴 진영의 애런 뱅크스Arron Banks는 이렇게 말했다. "잔류 진영은 팩트, 팩트, 팩트만 강조했다. 좋은 방법이 아니다. 사람들과 감정적으로 교감했어야 했다."[18] 지극히 중요한 지적이지만 이 또한 반쪽의 진실에 불과하다. 잔류 진영이 유럽연합에 남자고 주장하면서 감정적 유대를 형성하지 못한 것은 분명한 사실이며, 이게 바로 잔류 진영의 가장 큰 약점이었다. 하지만 잔류 진영이 내세운 사실 정보가 불확실하다는 점도 문제였다. 이에 대해 한 학자는 이렇게 말했다. "미래에 관한 사실은 없다."[19]

정치인의 예측을 의심하는 것은 이해 가능한, 심지어 합리적인 행동이다. 오히려 많은 사람이 과거의 사실을 완전히 날조한 '가짜 뉴스'에 쉽게 속는 게 더 큰 문제일 수 있다.

교황이 트럼프를 지지한다?

도널드 트럼프는 '가짜 뉴스' 논의에서 빠질 수 없는 인물이다. 그건 (황당하게도) 트럼프가 2017년의 텔레비전 인터뷰에서 자신이 '가짜fake'라는 말을 만들어냈다고 주장해서만은 아니다.[20] 트럼프는 가짜 뉴스 현상이 주목받는 계기를 마련한 여러 날조된 이야기와 관런 있는 인물이기도 하다. 우리는 버즈피드(가짜 뉴스 현상에 관해 매우 훌륭한 연구를 수행했다)의 의뢰를 받아, 미국인이 2016년 가장 유명했던 가짜 뉴스 중에 무엇을 보았고 무엇을 믿는지에 관해 설문을 실시했다. 그 결과 트럼프 대통령과 대선이 어떤 이슈보다도 많이 언급되었다.[21]

엄청나게 많은 미국인이 트럼프와 관련된 가짜 이야기를 들었다. 예를 들면 미국인 약 다섯 명 중 한 명이 완전히 날조된 세 가지 이야기를 들었다고 답했다. 바로 프란치스코 교황이 트럼프를 지지한다는 것과 트럼프 반대자들이 3500달러를 받고 반대에 나섰다는 것 그리고 트럼프가 자기 전용 비행기를 보내 해병대원 200명을 구출했다는 것이었다.

교황이 트럼프를 지지한다는 이야기는 특히 말도 안 되는 거짓말이었다. 이 이야기는 현재는 사라진 사이트 'WTOE 5 News'에 처음 등장했다가(이 사이트는 풍자였다고 주장했다) '엔딩 더 페드Ending the Fed'라는 가짜 뉴스 사이트에 올라왔다. 버즈피드에 따르면 이 게시물은 처음 올라온 사이트에서 사라졌는데도 페이스북에서 거의 100만 인게이지먼트(클릭, 좋아요, 댓글, 공유 정도를 나타낸 지수-옮긴이)를 기록했다. 재미없고 단순한 문장이었다. 풍자적으로 비꼰 부분도, 모순을 드러내려는 시도도 없었다. 가짜 뉴스는 이렇게 말했다. "프란치스코 교황은 교황으로서가 아니라 '세상일을 걱정하는 한 시민으로서' 트럼프를 지지한다고 말하면서 더욱 강하고 자유로운 미국을 위해 트럼프를 지지해야 한다는 의사를 밝혔다."

미국인은 단순히 이 이야기를 보기만 했던 것이 아니라 실제로 믿었다. 64퍼센트가 교황이 트럼프를 지지한다고 믿었고(클린턴 지지자의 46퍼센트 포함), 79퍼센트가 트럼프 반대자들이 대가로 돈을 받았다고 믿었으며, 84퍼센트가 트럼프가 전용기를 보내 해병대원을 구조했다고 믿었다.[22] 이건 사회의 현실을 잘못 판단한 것도 아니고, 일말의 진실이라도 들어 있는 통계나 발언을 믿은 것도 아니다. 이건 완전히 말도 안 되는 거짓말을 믿은 것이므로 음모론이나 도시괴담에 대한 믿음, 아니면 그동안 학계에서 수없이 연구한 '플라세보 오해placebo misperception'에 가깝다.

플라세보 오해는 (지어낸 이야기이므로) 이전에 절대 들어봤을 리가 없는 가짜 주장을 알고 있거나 본 적이 있다고 주장하는 현상이다. 예를 들면 한 연구에서는 33퍼센트의 미국인이 미국 정부가 '노스다코타 사고'(챔프먼 대학 연구원들이 꾸며낸 사건이었다)를 은폐하고 있다고 믿었다.[23] 브리티시컬럼비아 대학교의 심리학 교수 딜로이 파울러스Delroy Paulhus는 한 연구에서 실험 참가자들에게 150가지 주제를 주고 얼마나 알고 있느냐고 물었다. 150가지 주제는 나폴레옹에서부터 '단어의 이중적 의미'까지 다양했고, 사이사이에 '코라민'이나 '엘 푸엔테'같이 완전히 지어낸 주제가 섞여 있었다. 참가자들은 실제로 존재하는 주제 중에 44퍼센트를 조금이라도 알고 있다고 주장했다. 그리고 더 나아가 지어낸 주제 중 25퍼센트를 알고 있다고도 주장했다.[24]

이 실험은 대학 시절의 나라면 분명 싫어했을 법한 잔인한 속임

수처럼 보이지만 내가 싫어한 다른 실험들과 마찬가지로 매우 중요한 의도를 담고 있다. 특히 서문에서 이야기한 것처럼 무지와 잘못된 인식 사이의 경계가 얼마나 흐릿한지를 잘 보여준다. 사실 우리 회사에서도 수십 년간 정치 관련 설문조사를 실시하면서 이와 비슷한 실험을 진행해왔다. 우리는 1980년대부터 주기적으로 사람들에게 실존하는 정치인과 더불어 '스튜어트 루이스Stewart Lewis'(지금은 은퇴한 우리 회사의 연구 책임자)라는 인물을 평가해달라고 부탁했다. 스튜어트는 선거 입후보자 목록 근처에도 가본 적이 없지만 매번 응답자의 약 20퍼센트가 스튜어트에 대한 의견을 표시했다.

물론 오래전부터 풍자가들은 꾸며낸 정보를 아는 척하는 사람들을 놀려댔고, 이런 수법을 통해 권력자와 유명인들이 얼마나 잘 속아넘어가는지, 우리가 얼마나 쉽게 도덕적 공황 상태에 빠지는지, 아무것도 모르는 문제에도 얼마나 의견을 내고 싶어 하는지를 까발렸다. 〈온더아워On the Hour〉에서 〈더데이투데이The Day Today〉를 거쳐 〈브래스아이Brasseye〉에 이르기까지, 20년 전부터 크리스 모리스Chris Morris와 여러 공동 제작자가 만들어온 영국의 정치풍자 프로그램은 이런 경향이 커질 것임을 예측하고 강조한 걸작이었다. 가장 악명 높은 에피소드는 정치인과 유명인을 속여 가짜 캠페인에 참여시킨 것이었다. 그들은 '케이크Cake'라는 합성(또는 '가짜') 약품이 '섀트너의 바순Shatner's Bassoon'이라는 뇌 부위를 자극하여 약품 사용자들이 '눈물로 온몸의 수분을 모두 배출하게' 한다고 카메라 앞에서 진지하게 설명했다. 심지어 한 정치인은 국회 질의 시간에 영국이 어떻게 하면 이

처럼 커져가는 위협을 처리할 수 있겠느냐고 묻기까지 했다.[25]

물론 이 사례들은 의도적으로 어처구니없는 상황을 만들어낸 것이다. 하지만 요점은, 충분한 동기만 있다면 사람들이 완전한 거짓도 받아들이리라는 것이다.

'탈진실'은 2016년 올해의 단어였고 '가짜 뉴스'는 2017년 올해의 단어였다. 하지만 이미 13년 전에 스티븐 콜베어Stephen Colbert는 미국 텔레비전 쇼 〈콜베어 르포어The Colbert Report〉에서 첫 번째 '오늘의 단어'로 '진실스러움truthiness'을 꼽았었다. '진실스러움'은 훨씬 전부터 있었던 말이지만, 이날 콜베어는 '증거나 논리, 사실을 고려하지 않고 직감이나 다른 사람의 인식에 근거해 특정 발언이 사실이라고 믿거나 주장하는 것'이라고 단어의 뜻을 더욱 정확히 정의했다. 당시 콜베어의 인터뷰를 보면 그가 왜 그렇게 이 단어를 중요하게 여겼는지를 알 수 있다.

"'진실스러움'이 이 나라를 찢어놓고 있습니다. 누가 이 단어를 생각해냈느냐는 논쟁을 말하는 게 아닙니다. 이게 새로운 문제인지는 저도 모릅니다만, 이제는 무엇이 팩트인지가 그리 중요해 보이지 않는다는 점에서 요즘의 문제인 것만은 분명합니다. 과거에는 모두가 자신의 의견을 가질 권리는 있었지만 자기만의 사실을 가질 권리는 없었죠. 하지만 더 이상 그렇지 않습니다. 사실 정보는 전혀 중요하지 않아요. 인식이 다지요. 중요한 건 확신입니다. 사람들은 대통령(조지 W. 부시)이 리더로서 자신의 선택을 확신하기 때문에 대통령을 좋아합니다. 대통령을 뒷받침해주는 사실이 하나도 없어 보이는 데도 말이죠. 이 나라 국민을 움직이는 건 대통령이 확신을 갖고 있다는 사실 그 자체입니다. 전 미국 대중이 둘로 나뉜다고 봅니다. 뭐가 중요한가요? 당신이 사실이길 원하는 게 중요합니까, 아니면 사실이 중요합니까?"[26]

콜베르의 이 발언은 2004년 《뉴욕타임스》에 실린 론 서스킨드Ron Suskind의 글에 대한 반응이기도 했다. 이 글에서 론 서스킨드는 익명의 백악관 보좌관의 말을 인용한다(사람들은 이 익명의 보좌관이 부시 대통령의 수석 고문이었던 칼 로브Karl Rove라고 추측하지만 당사자는 부인했다). 다음은 론 서스킨드의 글이다.

그 보좌관은 나 같은 사람이 '우리가 현실에 기반한 공동체라고 부르는 곳에' 산다고 말했다. 그리고 이런 사람들을 '눈앞의 현실을 신중하게 연구하면 해결 방법이 나타날 거라고 믿는' 사람이라고 정의했다. ……그리고 말을 이었다. "세상은 더 이상 그렇게 돌아가지 않아요. 지금 우리는 제국 안에 살고 있습니다. 행동으로 원하는 현실을 만들어낼 수 있어요. 당신들이 현실을 연구하는 동안(신중하게 연구하겠지요) 우리는 다시 행동에 나서서 새로운 현실을 만들어낼 거고, 그러면 당신은 그걸 또 연구하겠지요. 세상은 그렇게 굴러가는 겁니다. 우리는 행동으로 역사를 만들어냅니다. ……그리고 당신들은, 당신 모두는 뒤처진 채 그저 우리가 해낸 일들을 연구하겠죠."27

이 발언은 악명을 떨쳤고, 진보주의자들은 자기 웹사이트에 자신 역시 '현실에 기반한 공동체'에 산다고 자랑스레 덧붙였다. 그리고 최근 미국의 록그룹 더내셔널The National이 자신들의 노래 〈워크잇백Walk It Back〉 가사에 이 발언을 넣음으로써 다시 한 번 이슈가 되었다. 더내셔널은 서스킨드에게 저작권료 일부를 주겠다고 약속했으나, '우린 당신이 그 발언을 했다는 걸 안다'는 것을 로브에게 상기시키기 위해 사실은 그에게 저작권료를 주고 싶다고 한다.

문제는 이러한 현상이 새로 등장했거나 우리 시대에 국한된 것이 아니라는 점이다. 2017년 《애틀랜틱Atlantic》에 실린 커트 앤더슨Kurt Andersen의 날카로운 글 〈미국은 어떻게 미치게 되었는가How America Lost its Mind〉는 어떻게 우리가 이렇게 사실 정보에 무관심해졌는지 설명한다.

치명적인 개인주의를 극단적 종교와 섞어라. 쇼 비즈니스를 다른 모든 것과 섞어라. 그리고 수 세기 동안 그대로 두고 발효시켜라. 그다음 그것을 뭐든지 다 가능했던 1960년대와 인터넷 시대로 퍼뜨려라. 그 결과가 바로 오늘날 우리가 살고 있는 미국이다. 이곳에서 현실과 판타지는 기괴하고 위험하게 뒤섞여 흐릿해진다.28

물론 과거에 진실과 이성의 황금기가 있었다고 생각해서는 안 된다. 하지만 현재의 커뮤니케이션 환경은 분명 예전과는 다르며, 새로운 위협이 등장하고 있다. 요즘 커뮤니케이션은 우리의 수많은 편견을 과거에는 상상도 하지 못한 규모로 활용하기 때문이다. 이에 대해서는 다음 장에서 커뮤니케이션 기술의 성장이 어떤 영향을 미쳤는지 알아보면서 다시 살펴볼 것이다.

커뮤니케이션 환경이 갈수록 혼란스러워지면서 사람들은 과거와 현재의 정치적 이슈에 관해 무엇이 진실이고 가짜인지를 정확히 구분하지 못하고 정치인의 예측을 의심하게 되었다. 하지만 우리는 정말로 정치인보다 정치적 문제를 잘 예측할까?

대중의 선택은 항상 옳을까?

일반 대중이 어떻게 전문가보다 사건의 결과를 더 잘 예측하는지에 관해서는 자료가 상당히 많다. 그중 가장 유명한 것은 제임스 서로위키의 《대중의 지혜》다. 이 책에서 서로위키는 병에 담긴 젤리 수를 맞혀달라고 요청할 경우 다수의 평균 추측값이 개개인의 대답보다 더 정확할 거라고 설명한다.[29] 이런 생각은 1907년 한 가축 품평회에서 있었던 프랜시스 골턴Francis Galton의 유명한 실험으로까지 거슬러 올라간다. 이 가축 품평회에서는 소의 무게를 맞히는 시합이 열렸고, 골턴이 확인한 결과 소의 무게를 추측한 전체 '참가자'들의 평균 추측값이 실제 무게와 거의 똑같았다. 개인의 추측 오류가 상쇄

됐기 때문이었다.

사실 서로위키는 대중이 얼마나 잘 틀리고 쉽게 휩쓸리는지를 지적하기도 했다. 하지만 정치적 사건의 결과를 예측할 때는 대중의 목소리에 관심을 기울여야 한다는 생각에는 나름의 가치가 있다. 진짜 사람들이 진짜 돈을 거는 도박 시장이 여론조사나 과학 모델보다 결과를 더욱 정확하게 예측해준다는 주장도 있다.

그러므로 《대중의 지혜》가 출간된 후 정치 여론조사 분야에서 어디에 투표할지보다는 어떤 결과가 나올지를 묻는 편이 실제 결과를 더 정확하게 예측해줄 것인지에 관심을 보인 것은 당연한 일이었다. 초기에는 고무적인 증거가 나왔다. 예를 들면 2010년 영국 총선에서 한 여론조사 전문가가 실시한 실험은 '대중의 지혜'에 기초한 접근법이 가장 정확한 여론조사 결과를 제공해준다는 사실을 보여주었다. 하지만 정치 여론조사에서 종종 그렇듯, 우연히 선거 결과를 알아맞힌 새로운 방법이 늘 예측에 성공하는 것은 아니다. 이는 트위터 대화나 X박스 사용자에 대한 설문조사를 분석해서 단 한 번 결과 예측에 성공한 모델이 수없이 많다는 점에서도 잘 드러난다. 대중의 지혜에 기초한 접근법도 마찬가지였다. 2015년 영국 총선에서 이 방법은 다른 설문조사와 마찬가지로 보수당이 최대 정당이 될 것임을 예측하지 못했다. 이유는 명확하다. 소의 무게를 추측하거나 젤리 수를 알아맞히는 것과 달리 선거에서는 사람들이 미디어의 결과 예측을 접하므로 추측이 완전히 독립적이지 않다. 그리하여 대중의 지혜에 기초한 이 접근법은 최근 몇 년간 다소 잠잠해졌다.

40개국에서 트럼프가 대통령에 당선될지를 물어본 우리의 연구 결과 역시 대중의 지혜를 더욱 의심하게 했고, 그 원인도 어느 정도 비슷하다. [표 28]에서 알 수 있듯, 도널드 트럼프가 힐러리 클린턴을 이기리라고 예측한 사람이 훨씬 많았던 국가는 러시아와 세르비아뿐이었고, 중국은 의견이 거의 반으로 갈렸다. 이 세 국가를 제외한 나머지 국가에서는 대부분의 국민이 트럼프의 당선을 예측하지 못했다.

나머지 국가는 모두 압도적인 비율로 클린턴의 당선을 점쳤다. 미국 역시 50퍼센트가 클린턴이 당선되리라 보았고 트럼프의 승리를 예상한 사람은 26퍼센트뿐이었다. 멕시코가 가장 극단적이었다. 86퍼센트가 클린턴이 이길 거라고 예상한 반면 트럼프의 승리를 점친 사람은 고작 6퍼센트뿐이었기 때문이다.

물론 미국 대선은 믿을 수 없을 정도로 아슬아슬한 선거였고, 실제로 더 많은 투표수를 얻은 것은 클린턴이므로 사람들의 예측을 너무 가혹하게 평가해선 안 된다. 하지만 대다수가 선거 결과 예측에 실패했다는 사실은 '우리가 듣는 이야기'와 '우리의 사고방식'이라는 두 가지 요소의 영향력을 잘 보여준다. 이 선거의 경우 미디어 보도 때문에 사람들이 클린턴의 우세를 점친 탓도 있지만 우리의 소망적 사고 또한 잘못된 예측을 이끌어낸 원인 중에 하나였다. 우리는 어느 정도는 자신이 예측한 결과를, 어느 정도는 자신이 원하는 결과를 말한다. 선거 당시부터 이어진 전 세계의 설문조사 결과에서 나타나듯, 도널드 트럼프에 대한 부정적 시각이 대부분의 국가에 영향을 미쳤을 것이다.

Q 다가오는 미국 대선에서 도널드 트럼프와 힐러리 클린턴 중 누가 대통령으로 당선될까요?

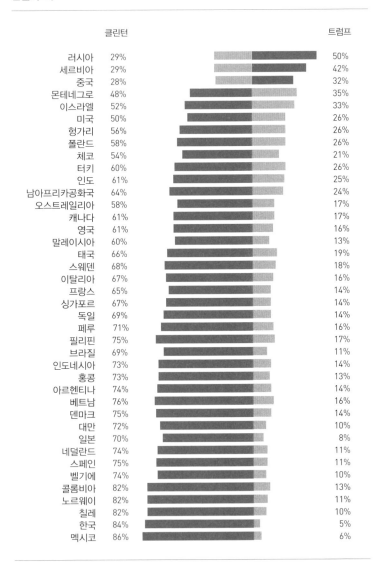

	클린턴		트럼프
러시아	29%		50%
세르비아	29%		42%
중국	28%		32%
몬테네그로	48%		35%
이스라엘	52%		33%
미국	50%		26%
헝가리	56%		26%
폴란드	58%		26%
체코	54%		21%
터키	60%		26%
인도	61%		25%
남아프리카공화국	64%		24%
오스트레일리아	58%		17%
캐나다	61%		17%
영국	61%		16%
말레이시아	60%		13%
태국	66%		19%
스웨덴	68%		18%
이탈리아	67%		16%
프랑스	65%		14%
싱가포르	67%		14%
독일	69%		14%
페루	71%		16%
필리핀	75%		17%
브라질	69%		11%
인도네시아	73%		14%
홍콩	73%		13%
아르헨티나	74%		14%
베트남	76%		16%
덴마크	75%		14%
대만	72%		10%
일본	70%		8%
네덜란드	74%		11%
스페인	75%		11%
벨기에	74%		10%
콜롬비아	82%		13%
노르웨이	82%		11%
칠레	82%		10%
한국	84%		5%
멕시코	86%		6%

표 28 미국 대선에서 트럼프의 당선을 예상한 국가는 러시아와 세르비아, 중국뿐이었다.

러시아 미디어가 트럼프에게는 우호적 태도를 보이고 클린턴은 부정적으로 묘사했다는 사실은 이미 널리 알려졌다. 그에 반해 세르비아 국민이 트럼프의 당선을 확신한 이유는 그리 뚜렷해 보이지 않을 수도 있다. 세르비아는 러시아와 상당히 긴밀한 관계를 맺고 있으며, 이는 미디어 소비 면에서도 마찬가지다. 또한 세르비아 사람들은 코소보와 보스니아에 대한 공습과 빌 클린턴의 관련성 때문에 대체로 힐러리 클린턴에게 부정적이다. 실제로 2016년 대선 캠페인 당시 트럼프가 빌 클린턴이 주도한 폭격에 대해 사과했다는 이야기가 세르비아 전국에 떠돌기도 했다(이후 도널드 트럼프는 이를 부정했다).

스펙트럼의 다른 한쪽 끝에는 멕시코가 있다. 멕시코 사람들이 트럼프의 당선 가능성을 가장 낮게 점친 것은 당연했다. 트럼프가 멕시코에 대해 극단적인 발언을 서슴없이 쏟아냈기 때문이다. 트럼프는 멕시코 전 대통령인 비센테 폭스Vicente Fox와 주기적으로 언쟁을 벌이기도 했다(폭스는 "나는 그 X같은 장벽에 한 푼도 내지 않을 거야!"라는 인상적인 트윗을 남겼다).

팩트 감각 기르기

우리의 감정과 정체성은 현실 감각과 정보에 반응하는 방식에 영향을 미친다. 이 같은 사실은 매우 중요한 요소로서 브렉시트와 트럼프라는 맥락 밖에서도 광범위하게 이해되어야 한다. 우리는 여러 국가의 정치 운동과 사회 변화 속에서 감정과 정체성이 중요한 역할을 하는 모습을 목도하고 있다. 2017년이 밝아올 때 몇몇이 예상하고 두려워했던 것처럼 아직 포퓰리즘이 걷잡을 수 없이 밀려들진 않았지만 정체성 정치는 여전히 세력을 키워가고 있다. 그렇다면 기성 정당을 지지하는 유권자 연합이 지속되리라고는 보장할 수 없다. 세대가 지날수록 평생 한 정당을 지지하는 비율이 줄어들고 있음을 고려하면 이탈리아의 오성운동이나 프랑스의 앙마르슈En Marche처럼 새로운 정당이 등장할 수 있다. 앞 장에서 살펴봤듯이 역사적 연결고리나 정치인 발언의 진정성, 알 수 없는 정치·경제적 결정의 결과를 신중하게 가늠하는 것보다 더 중요한 것은 내가 신뢰하는 사람이 진실로 나의 고통에 공감해주느냐다.

증거를 고려하지 않는 현상이 이전에는 없었던 새로운 현상이라거나 도처에서 튀어나오는 극복 불가능한 현상이라는 생각에는 맞서 싸워야 한다. 풍자 잡지인《디어니언The Onion》은 2017년에 다음과 같은 헤드라인을 뽑았다. "공포에 빠진 미국인, 연방정부가 빼앗아가기 전에 사실 정보들을 쟁여두다."[30] 여기에는 현재가 특히 위험한 시대라는 의미가 담겨 있다. 하지만 이 잡지의 헤드라인은 지난 몇십 년 동안에도 오늘날만큼이나 신랄했을 것이다. 물론 이런 농담은 마치 무지와 잘못된 인식에 우리 책임이 없는 것처럼 보이게도 한다. 그러나 무지와 잘못된 인식은 아주 오래전부터 있었던 문제이며, 우리 뇌의 작동 방식에도 원인이 있다.

보다 개인적인 차원의 시사점도 있다. 결정을 내리고 미래를 예측할 때 우리가 어떤 감정 상태가 되는지, 우리가 어떤 잘못된 사고와 소망적 사고를 갖는지를 인식해야 한다. 인구의 절반이 트럼프의 당선과 브렉시트 투표 결과를 보고 깜짝 놀랐다는 것은 곧 이념으로 갈라진 양쪽 모두에서 소망적 사고가 상당히 만연하며, 우리가 세상을 이해하는 데는 매우 강력한 필터가 작용하고 있음을 의미한다.

8장

온라인 세계

거품 가득한 세상에서 제정신으로 살아가는 법

구글의 수석 경제학자 할 배리안Hal Varian은 몇 번이나 이렇게 말했다. "앞으로 10년 후에는 통계학자가 세상에서 가장 섹시한 직업이 될 겁니다. 농담이 아닙니다."[1] 배리안이 이 말을 여러 번 반복하고 농담이 아니라고 재차 확인한 것을 보면 모두가 이 얘기에 수긍하는 것은 아닌 듯하다. 배리안의 생각처럼 사람들은 통계적 사고의 가치를 평가절하한다. 수학 능력이 부족한 것보다 읽고 쓰는 능력이 부족한 것이 더 당황스러울 거라고 대답한 사람이 그 반대의 경우보다 세 배는 많았으니 말이다.[2] 계속해서 배리안은 통계에 미친 괴짜가 성공하는 현실(나는 그저 행복하다!)이 세상의 변화를 보여주며, 이 변화를 이끄는 기술이 우리 삶의 모든 측면에 스며들고 있다고 설명한다.

정보를 활용하는 능력(정보를 이해하고, 처리하고, 가치를 뽑아내고, 시각화하고, 전달하는 능력), 이것이 앞으로 수십 년간 무엇보다 중요한 기술이 될 것이다.[3]

새로운 기술은 몇십 년 전만 해도 결코 상상할 수 없었던 방대한 양의 자료를 불러왔다. 그전에도 기술은 진보했지만 삶의 모든 영역에서 재사용하고 분석할 수 있는 정보가 이만큼 비약적으로 증가했던 적은 없다.

이러한 기술의 진보는 중립적으로 분석되는 수동적인 정보의 흐름만 제공하는 것이 아니다(우리에게 분석 능력이 있다면 말이지만). 정보는 적극적으로 활용되어 (다시 한 번) 몇 년 전만 해도 전혀 상상하지 못한 방식으로 우리가 무엇을 보고 경험할지를 결정한다. 지금과는 달리 초창기에는 개방적인 인터넷 공간에서 사람들이 협력하며 정보를 공유하리라는 시각이 우세했다. 당시에는 정보에 충분히 접근할 수 있다면 진실을 얻을 수 있으리라는 낙관론이 지배적이었다. 우리의 편견과 휴리스틱을 떠올리면 믿기 어려울 정도로 순진한 생각이다. 우리의 편견은 정확히 반대 상황이 벌어질 수 있는 완벽한 환경을 제공했다. 충동이 무의식적으로 고개를 내밀어 우리가 인식하지도 못하는 사이에 선한 의도를 밀어내버리기 때문이다.[4]

전체주의의 기원

'필터 버블'은 바이럴 영상 사이트 업워시Upworthy의 최고 책임자이자 인터넷 활동가인 엘리 패리저Eli Pariser가 만든 용어다. 이는 기존 세계관과 일치하는 자료를 선호하는 우리의 성향과 우리가 온라인에서 접할 정보를 결정하는 눈에 보이지 않는 알고리즘 간의 상호작용을 의미한다. 패리저에 따르면 이러한 알고리즘은 '우리 각각에게 고유한 정보의 우주'를 만들어내며, '이 우주는 우리가 정보와 개념을 접하는 방식을 근본적으로 바꿔놓는다'.[5]

패리저는 구글 검색이 사용자의 인터넷 사용 이력에 따라 완전히 다른 결과를 보여준다고 설명한다. 예를 들어 서로 다른 두 명이 'BP British Petroleum'(영국의 석유회사)를 검색한 결과 한 명은 이 회사가 받은 투자 관련 뉴스를 보게 되었고, 다른 한 명은 최근의 석유 유출 사고와 관련된 정보를 보았다. 딕셔너리닷컴(dictionary.com)에서 '우울'이라는 단어를 검색하면 이 사이트는 검색에 이용한 장치에 223개에 달하는 추적 신호소를 설치해 다른 웹사이트가 항우울제 광고를 띄울 수 있게 한다. 이 현상의 핵심에는 감시라는 비즈니스 모델이 있으며, 우리가 거의 무료로 인터넷을 사용할 수 있는 것은 이러한 감시 덕분이다.[6]

물론 우리가 인터넷의 보이지 않는 복잡한 기능을 과대평가하는 것일 수도 있다. 사업가이자 작가인 마거릿 헤퍼넌Margaret Haffernan이 말했듯, 한낱 인간에 지나지 않는 우리가 인터넷의 복잡성과 정확도를 감히 이해하지 못할 거라는 생각은 IT 기업이 우리 삶에 미치는 실질적인 영향에 의문을 제기하지 못하게 하는 장애물이 될 수 있다.[7] 풍자적 온라인 웹사이트 《데일리매시The Daily Mash》가 분명히 밝혔듯 인터넷은 사람들의 말처럼 늘 정확하진 않다.

인터넷은 우리의 정보를 거둬들여 우리 삶의 모습을 정확하게 그려내고 우리에게 딱 맞는 광고를 보여주며 우리의 정신을 통제하는 악의 세력이라고들 한다. 글쎄, 내가 할 수 있는 말은 인터넷이 내가 얼마나 가난한 놈인지를 전혀 모른다는 것뿐이다. 내 페이스북 페이지의 사이드바는 헛다리의 연속이다. 자꾸 값비싼 단독주택 데크 광고가 뜬다. 그런데 어쩌나, 나는 아파트 4층에 사는데.[8]

IT 기업이 아직 우리의 내밀한 생각을 속속들이 파악하진 못한다 해도 위협은 여전히 존재한다. 지금까지 우리의 편견과 휴리스틱에 대해 알아본 바와 같이 우리의 현실 인식이 왜곡될 가능성은 충분히 크다. 친구에게 휴대전화를 빌려주면 값비싼 양복 광고나 파란색 알약 광고가 튀어나올 수 있다는 점은 잠시 차치해두자.

여기에는 더 큰 문제가 있다. 우리가 소셜미디어에서 선택한 친구와 알고리즘 프로그램이 우리의 현실 감각을 결정한다면 우리의 필터 버블은 '에코 챔버'가 되어 우리는 자기 목소리와 듣고 싶은 내용만 듣게 된다. 그러면 사회가 제대로 기능하기 위해 필요한 정보의 공유가 이뤄지지 않는다.

이러한 인간 성향은 새로운 것이 아니다. 우리는 사랑스럽고 위로가 되는 사람과 정보만 주위에 둠으로써 늘 세상을 필터링한다. 레온 페스팅거는 1950년대에 이러한 현상에 '인지적 조화cognitive consonance'라는 이름을 붙였다. 하지만 현재 우리의 필터링 능력은 페스팅거의 첫 실험 이후 100만 킬로미터 정도 더 나아갔다. 페스팅거의 실험은 사람들이 자신이 구입한 자동차에 대한 비판적인 잡지 리뷰를 피할 것이라는 사실을 보여준 정도였다.

1962년 독일의 사회학자이자 철학자인 위르겐 하버마스Jürgen Habermas는 건강한 '공론장'(사회 이슈가 논의되고 의견이 형성될 수 있는, 실재하거나 가상이거나 상상 속의 공간)이 민주주의의 필수 요소이며, 모두가 이 공론장에 참여할 수 있어야 한다고 주장했다. 하지만 2006년 하버마스는 다음과 같은 사실을 인정했다. "전 세계에 수백만 개의 파편화된 채팅방이 등장하면서 거대하지만 정치적으로는 한곳에 집중된 대중이 엄청난 수의 고립된 이슈 공중issue publics으로 파편화되는 경향을 보였다."[9]

이러한 현상은 실질적인 영향을 미친다. 프린스턴 대학의 제이컵 샤피로Jacob Shapiro는 검색엔진의 정치 이슈 순위를 조작하는 실험을 통해 한쪽으로 치우친 검색엔진 순위가 아직 마음을 정하지 않은 유권자의 투표 방향을 20퍼센트의 확률로 바꿔놓을 수 있음을 증명했다. 이때 사람들은 자신이 본 것이 조작된 것임을 알아채지 못했다.[10]

바로 이러한 잠재력 때문에 2018년 3월 페이스북 사용자 수백만 명의 정보가 아무도 모르는 사이에 정치에 이용되었을 수도 있다는 사실이 드러났을 때 그토록 많은 사람이 우려한 것이다. 정치 컨설턴트 회사인 케임브리지애널리티카의 내부 고발자가 밝힌 바에 따르면, 케임브리지 대학의 한 학자가 단순한 성격 검사 퀴즈를 개발했고, 연구원들이 이 퀴즈를 푼 27만 명의 페이스북 사용자뿐만 아니라 그들의 페이스북 친구 정보 전체에 접근할 수 있었다. 그리고 이렇게 얻은 8700만 명의 정보는 결국 케임브리지애널리티카에 팔렸다. 케임브리지애널리티카는 이 정보를 통해 3000만 개의 '인격 프로필'을 개발했고, 이 인격 프로필은 브렉시트 국민투표와 2016년 미국 대선에서 타깃 광고 개발에 이용되었을 가능성이 높다.

이 책을 쓰고 있는 현재까지도 사건의 진상은 온전히 밝혀지지 않았다. 영국에서 청문회가 열릴 예정이며, 마크 저커버그Mark Zuckerberg는 미 의회에서 증언해야 한다. 어쨌거나 정보 타기팅이 두 정치 사건에 실질적인 영향을 미쳤는지 알아낼 방법은 없다. 적어도 트럼프 캠프의 몇몇 인사들은 케임브리지애널리티카가 이 정보를 이용해 구축한 커뮤니케이션 전략이 사람들의 주장만큼 정확하고 유용한지에 의문을 제기했다.[11]

하지만 유럽평의회의 뛰어나고도 무시무시한 보고서 〈정보의 이상Information Disorder〉이 설명했듯 이것은 거대한 추세의 일부분일 뿐이다. 사람들은 선거의 타깃 광고를 넘어 '불신과 혼란을 싹틔우고 국적 · 민족 · 인종 · 종교적 갈등을 통해 기존 사회문화적 분열을 더욱 공고히 하려는 허위 정보 캠페인이 장기적인 영향'을 미칠 것을 염려하고 있다.[12]

버즈피드의 크레이그 실버먼Craig Silverman은 어떻게 이런 일이 발생하는지를 설명한다. "미국 대선 기간의 마지막 3개월 동안 거짓 사이트와 편파적 블로그에 올라온 가짜 선거 이야기 중에 가장 인기 있었던 20개는 페이스북에서 871만 1000개의 공유와 반응, 코멘트를 이끌어냈다. 같은 기간 19개의 주요 뉴스 웹사이트에 올라온 선거 관련 이야기 중에 가장 인기 있었던 20개는 페이스북에서 총 736만 7000개의 공유와 반응, 코멘트를 얻었다."[13] 진짜 뉴스와 가짜 뉴스의 영향력은 위험할 정도로 불균형하다.

러시아가 유럽연합을 상대로 벌인 프로파간다를 조사한 유럽연합 스트랫컴 태스크포스StratCom Task Force의 분석에 따르면, 러시아의 전략은 혼란스러운 메시지를 최대한 전파하여 사람들이 진실을 찾아내기엔 이야기의 버전이 너무 많다고 생각하게 하는 것이었다. 이 정보 전쟁은 기존 대중 매체에서 비주류 매체까지 모든 종류의 자원을 활용하며, 러시아의 장군들은 '거짓 정보'와 '불안정을 유발하는 프로파간다'가 자신들이 가진 도구 중에 하나임을 공공연하게 인정한다. 러시아 국방부는 정보를 '또 다른 유형의 군대'라고 표현했다. 다른 국가들 역시 이러한 기술이 국가 안보에 매우 중요하다는 사실을 점차 인식하고 있으며, 오스트레일리아와 영국을 포함한 다수의 국가에서 정보 전쟁을 전담하는 부서를 새로 출범하거나 기존 부서의 목표를 재설정하고 있다.[14]

물론 이러한 도구는 새로운 것일 수 있지만 이론은 예전부터 존재했다. 1951년에 출간된 한나 아렌트의 752페이지짜리 역작《전체주의의 기원》은 소셜미디어에서 다음 문구가 널리 공유되면서 2017년 아마존에서 일시적으로 품절 사태를 빚었다.

전체주의적 지배의 이상적 주체는 확신에 찬 나치나 헌신적인 공산주의자가 아니라 사실과 허구, 참과 거짓을 더 이상 구분하지

못하는 사람들이다.[15]

　원문이 약간 생략되어 있는 문구이고, 사실 아렌트의 분석은 이보다 훨씬 폭넓다. 하지만 실제로 이 문장은 현재 우리가 직면한 위험을 잘 짚어내며, 기존 시각을 더욱 공고히 하려는 성향과 무서울 정도의 규모로 이를 가능하게 하는 기술의 힘을 떠올리게 한다. 전체주의적 지배에서는 진실성과는 상관없이 우리가 보는 것의 일관성이 믿음을 만들어낸다.

　'가짜 디지털 풀뿌리운동'이라는 현대적 도구(돈을 받고 '좋아요'를 누르는 클릭 농장과 댓글 부대, 자동 생성된 미디어 계정을 이용하는 운동)를 러시아나 전체주의 정권만 사용하는 것은 아니다. 추적 결과 28개국에서 다양한 목적으로 이런 활동을 벌인 것으로 드러났다.[16]

　오보(의도치 않게 거짓 정보를 공유하는 것)와 허위 정보(거짓 정보를 일부러 만들어내고 공유하는 것)의 양은 여러 가지 이유에서 커다란 문제다. 첫째, 가짜 정보가 엄청나게 많다는 것은 곧 우리가 정보의 범람으로 지나치게 산만해져서 정확한 이야기를 찾지 못하게 된다는 뜻이다. 하지만 더욱 심각한 문제는 가짜 정보를 반복해서 전달하는 것만으로도 오류적 진실 효과(같은 정보를 한 번 이상 접할 경우 발생한다)를 통해 사람들의 신뢰를 얻을 수 있다는 것이다.[17]

필터링된 세계에 대하여

지금까지 잘못된 인식에 대해 살펴보면서 이런 악독한 개입이 있어야만 현실관에 문제가 생기는 것은 아님을 알게 되었다. 우리에게는 이미 기존 관점을 강화하는 정보로 주위를 둘러싸는 타고난 성향이 있다. 전통적인 미디어가 사람들의 의견에 어떤 영향을 미치는지 파악하는 일에 학자들이 어려움을 겪은 이유도 우리가 기존 의견과 일치하는 신문과 방송 채널을 고르기 때문이다. 온라인에서도 마찬가지다. 사람들은 소셜미디어에서 팔로를 하고 친구를 맺을 때 끼리끼리 뭉친다는 사실이 수많은 연구에서 입증되었다.

이것이 얼마나 심각한 문제인지, 버락 오바마가 대통령 퇴임 연설에서 그 위험성을 짚고 넘어갔을 정도다.

> "우리는 자기만의 거품 속에서 점점 더 안정감을 느끼게 되었고 이제는 증거에 기초해 의견을 형성하는 대신 정보가 사실이든 아니든 간에 자기 의견과 일치하는 것만을 받아들이기 시작했습니다."[18]

여러모로 온라인에서 우리의 존재는 확증 편향을 중심으로 구축된다. 인터넷은 우리가 기존 관점을 확증해주는 정보를 접하며 기뻐하도록 무던히 애쓴다. 그리고 부조화라는 불편을 야기하는 것이라면 무조건 제거하려고 최선을 다한다. 그렇게 하지 않으면 사람들은 바로 다음 페이지를 클릭할 것이다.

일리노이 대학교의 커뮤니케이션 이론가 제임스 케리James Carey는 커뮤니케이션의 '의례적ritualistic' 기능을 강조한다. 커뮤니케이션이 사람과 집단 간에 공유되는 신념을 드러내는 핵심 역할을 한다는 것이다. 우리는 커뮤니케이션의 '전달' 기능(정보 알리기)을 자주 이용한다. 이를 통해 우리가 어떤 사람이고 어떤 신념을 공유하는지를 전달할 때 커뮤니케이션은 전달 기능뿐만 아니라 의례적 기능을 수행한다.[19]

개개인이 메시지에 다르게 반응하는 이유와 그 방식을 이해하려면 커뮤니케이션의 의례적 측면을 이해해야 한다. 유럽평의회의 보고서가 설명했듯 우리가 어떤 정보를 소비하고 정보를 어떻게 이해하느냐는 우리의 자아 정체감과 우리가 교류하는 '집단'에 따라 크게 달라진다. 우리가 무엇에 '좋아요'를 누르고 댓글을 남기며 무엇을 공유하는지가 친구와 가족, 그리고 동료에게 드러나는 세상에서 이런 '사회적' 힘은 그 어느 때보다도 강력해진다.

우리는 '좋아요'와 댓글, 공유를 얻기 위해 '역할을 수행'한다. 그리고 친구와 팔로어의 기대에 따라 '좋아요'를 누르고 정보를 공유하는 경향을 보인다. 우리는 사회적 동물이므로 규범을 어떻게 인식하느냐에 따라 우리 자신의 시각과 행동도 달라진다. 이는 앞에서 다원적 무지의 사례를 통해 살펴보았듯 규범이 아닌 것을 규범이라고 잘못 생각할 때에도 마찬가지다. 우리에게는 사회적 선망 편향이 있기 때문에 타인의 승인을 얻을 만한 자기 이미지를 전시함으로써 무의식적으로 '인상 관리'를 한다.

정보기술을 주제로 설문조사를 실시한 결과, 사람들은 자기가 본 것을 일반화함으로써 심각하게 왜곡된 세계관을 갖게 되었다. 정체성 정치 같은 뜨거운 이슈에서만 이런 문제가 발생하는 것은 아니다. 인터넷 사용률 같은 기본적 사실을 추측할 때에도 우리의 세계관이 얼마나 필터링되어 있는지가 여실히 드러난다.

온라인이 세상의 전부라는 착각

인터넷은 사회·경제적 가치가 어마어마하게 크다. 우리 삶의 모든 영역이 인터넷의 영향을 받으며, 인터넷이 우리 삶에 너무 깊숙이 뿌리를 내렸기 때문에 오히려 그 중요성을 인지하기가 어렵다. 한 연구는 저개발국과 나머지 국가 간의 인터넷 사용 격차를 줄이면 새로운 일자리 1억 4000만 개가 생겨나고 250만 명이 목숨을 구할 거라고 보았다. 건강 정보 이해도와 사망률 간에 상관관계가 있기 때문이다.[20] 하지만 사람들은 여전히 전 세계 인구의 절반 정도가 인터넷을 사용하지 못한다는 사실을 쉽게 잊곤 한다.

독자는 다음 질문에 어떤 대답을 하겠는가? '당신이 살고 있는 국가에서 100명 중 몇 명이 인터넷을 사용할까요?' 곧 살펴보겠지만 전 세계의 인터넷 접근성은 제각각 다르며, 이는 사람들의 대답에서도 그대로 드러났다. 실제로 설문에 참여한 국가 가운데 절반은 인터넷을 사용하는 인구 비율을 너무 높게 추측했고(평균 추측값이 황당할 정도로 높은 국가도 있었다) 절반은 너무 낮게 추측했다.

특히 인도가 자국민의 인터넷 사용 비율을 심하게 잘못 인식하고 있었다. 전체 인도인의 60퍼센트가 인터넷을 사용할 거라는 것이 평균 추측값이었지만 설문조사 당시(2016년) 실제 인터넷 사용 비율은 19퍼센트였다. 물론 인도처럼 빠르게 성장하고 있는 국가에서는 인터넷 사용 인구가 순식간에 늘어난다. 실제로 이 책을 쓰고 있는 지금 인도의 인터넷 사용률은 25퍼센트로 증가했다. 하지만 60퍼센트까지는 아직 갈 길이 멀다. 페루나 중국처럼 아직 저개발된 국가들역시 인터넷 사용률을 크게 과대평가했다.

반면 이스라엘은 인터넷 사용률을 60퍼센트로 너무 낮게 추측했다(실제 사용률은 76퍼센트였다). 이밖에도 거의 모두가 인터넷을 사용하는 여러 국가에서 인터넷 사용률을 80퍼센트 정도로 다소 낮게 추측했다.

이런 국가들의 오류는 정신물리학으로 가장 잘 설명할 수 있다. 사람들은 자신이 큰 숫자를 골랐다고 생각하지만 사실은 그리 큰 숫자가 아니다. 우리에게는 큰 것을 줄이고 중간에 베팅하는 성향이 있기 때문이다.

하지만 더욱 흥미롭고 중요한 점은 표의 다른 한쪽 끝에, 특히 인도의 결과에 있다. 중간에 베팅하는 정신물리학적 성향이 아무리 크다고 해도 인도의 평균 추측값은 설명이 되지 않는다. 이런 심각한 편견에 대해서는 다른 설명이 있다. 우리가 실시한 설문조사는 온라인에서 진행되었으므로 당연히 응답자는 인터넷 보급률이 낮은 국

Q 100명 중 몇 명이 컴퓨터나 휴대전화로 집에서 인터넷에 접속할 수 있을까요?

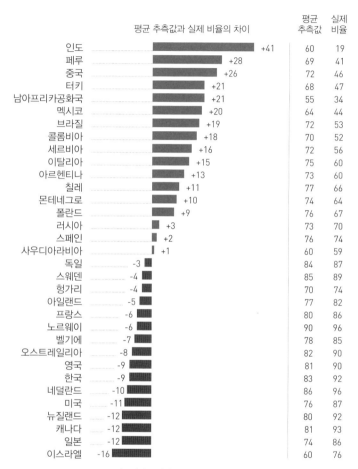

	평균 추측값과 실제 비율의 차이	평균 추측값	실제 비율
인도	+41	60	19
페루	+28	69	41
중국	+26	72	46
터키	+21	68	47
남아프리카공화국	+21	55	34
멕시코	+20	64	44
브라질	+19	72	53
콜롬비아	+18	70	52
세르비아	+16	72	56
이탈리아	+15	75	60
아르헨티나	+13	73	60
칠레	+11	77	66
몬테네그로	+10	74	64
폴란드	+9	76	67
러시아	+3	73	70
스페인	+2	76	74
사우디아라비아	+1	60	59
독일	-3	84	87
스웨덴	-4	85	89
헝가리	-4	70	74
아일랜드	-5	77	82
프랑스	-6	80	86
노르웨이	-6	90	96
벨기에	-7	78	85
오스트레일리아	-8	82	90
영국	-9	81	90
한국	-9	83	92
네덜란드	-10	86	96
미국	-11	76	87
뉴질랜드	-12	80	92
캐나다	-12	81	93
일본	-12	74	86
이스라엘	-16	60	76

과소평가 | 과대평가

표 29 저개발국의 응답자들은 인터넷을 사용하는 국민 비율을 과대평가한 반면 선진국의 경우 반대 결과가 나타났다.

가에 거주한다고 해도 인터넷에 접근할 수 있는 사람이었다. 인도 같은 국가의 응답자들은 흔치 않은 인터넷 사용자였기에 인터넷 보급률이 높은 국가의 응답자만큼 전체 국민을 대변해주지 못했다. (우리 회사와 함께 일하는 여러 기업체들은 인터넷에 연결된 이 집단에 훨씬 관심이 많다. 그들이 부유해서라기보다는 트렌드를 설정하고 퍼뜨리기 때문이다. 물론 그렇다고 인터넷에 접속하지 못하는 대다수 국민을 무시하는 것은 아니다. 우리 회사는 사회조사 연구를 통해 주기적으로 그들에게도 설문을 실시한다.)

그러므로 인도의 설문조사 자료는 인터넷에 연결된 신흥 중산층만을 대변한다는 점을 분명히 해야 한다. 하지만 한편으로 이 자료는 우리 사고방식에 내재된 또 다른 편견을 살펴볼 유용한 기회이기도 하다. 인도의 이 하위집단은 현실과는 달리 나머지 국민이 자신과 비슷할 거라고 생각했다. 우리의 응답자들은 모두 인터넷을 사용할 수 있었고, 아마 그들이 주기적으로 교류하는 사람들도 인터넷을 사용할 확률이 높다. 그러므로 그들은 인도 국민 대다수 역시 인터넷에 접근할 수 있으리라 추측했다.

이러한 현상은 사회심리학자들이 말하는 '잘못된 합의 효과false consensus effect'와 관련이 있다. 사람들은 자신의 행동과 판단이 비교적 흔한 편이며, 자신과 다른 반응은 드물 거라고 생각하는 경향이 있다. 우리는 다른 사람이 우리와 비슷할 거라고 생각하며, 자신이 처한 상황을 기준으로 일반화를 한다. 이 효과는 대개 신념과 태도에서 나타나지만(즉 타인이 실제보다 자기 의견에 더욱 동의할 거라고 생각한다) 행동에서도 나타난다.

1970년대에 스탠퍼드 대학의 리 로스Lee Ross가 이 효과를 훌륭하게 증명해 보였다. 로스는 학생들에게 "조스 샌드위치에서 밥을 먹어라", "회개하라"(그 시대가 생생하게 떠오른다!) 같은 약간 당황스러운 글귀가 쓰인 판자를 몸에 걸치고 캠퍼스를 한 바퀴 돌며 사람들의 반응을 기록해달라고 부탁했다. 로스는 학생들에게 이 일을 하지 않아도 학점을 주겠다고 말했다.

몇몇은 이 일을 했고 몇몇은 하지 않았다(나라면 도망쳤을 것이다. 나는 당시 너무 쿨했고 자신감이 없었다). 하지만 그다음에야말로 진짜 실험이 펼쳐졌다. 로스는 학생들에게 다른 학생이 이 일을 얼마나 했을 것 같은지 물었다. 그 결과 어떤 선택을 했든 상관없이 60~70퍼센트 정도가 다른 학생들도 자신처럼 행동했을 거라고 생각했다.

다른 사람이 자신처럼 생각하고 행동할 거라고 여기는 성향을 증명하기 위해 실험에 지나치게 공을 들인 것처럼 보일 수도 있지만 로스는 학생들이 머릿속에서가 아니라 실제로 행동을 선택하고 수행해야 한다고 생각했다.

우리의 설문조사에서 인도의 중산층은 동료 국민 대다수가 인터넷을 얼마나 적게 사용하고 있는지를 전혀 모르는 것처럼 보인다. 이런 판단 착오를 하면 인터넷 보급이 얼마나 긴급한 문제인지, 인터넷을 사용하지 못하는 사람들이 인터넷이 가져다주는 기회에서 뒤처지지 않게 하는 것이 얼마나 중요한지를 모를 수도 있다.

페이스북은 정말 우리를 더 연결시켜줄까?

인간이 사회적 연결을 매우 중요하게 여긴다는 사실이 페이스북의 성공 열쇠다. 페이스북의 첫 번째 미션은 "보다 열리고 연결된 세상을 만들자"였다. 2017년에 마크 저커버그는 미션을 "커뮤니티를 이루고 세상을 더욱 가깝게 만들 힘을 사람들에게"로 바꾸어 목적 의식을 더욱 분명히 하고 사람들 간의 연결이 유익한 이유를 설명했다.[21]

이렇게 연결되려는 욕구는 페이스북을 엄청난 대기업으로 성장시켰다. 페이스북의 월간 이용자 수는 전 세계 인구의 거의 30퍼센트에 달하는 22억 명이며, 하루에 페이스북에 로그인하는 사람만 14억 명이다. 이 수치는 여전히 성장 중인데, 2017년 연말에 페이스북의 하루 이용자 수는 2016년보다 14퍼센트 증가했다.[22] 저커버그는 이렇게 말했다. "여러 측면에서 페이스북은 전통적인 회사라기보다는 하나의 정부에 가깝다."[23]

페이스북은 케임브리지애널리티카 스캔들로 불명예스럽게 헤드라인에 오르내렸다. 이 책을 마무리하는 시점에 #deletefacebook(페이스북 삭제) 운동이 시작되었지만 페이스북이 수많은 사람의 삶에 얼마나 밀접하게 얽혀 있는지를 생각해보면 이 정도의 스캔들이 페이스북 이용에 큰 영향을 미치지 못한다고 해도 전혀 놀랍지 않다. 기술 모니터링 전문 회사에 따르면 폭로가 나오고 몇 주간 전 세계의 페이스북 사용량은 평소와 그리 다르지 않았다.[24]

페이스북의 엄청난 장악력이 페이스북 이용자 수를 추측하는 데도 영향을 미칠까? [표 30]에서 드러나듯 실제로 모든 국가에서 페이스북 이용자 수를 엄청나게 과대평가했다. 이 정도로 심각한 오류는 머릿속에서 자동으로 이뤄지는 재조정의 결과로는 설명할 수 없으며, 페이스북 이용자 수에 대한 우리의 시각에 편견이 작용했다고밖에 할 수 없다.

페이스북 이용자 수를 특히 잘못 추측한 국가는 인터넷 사용률을 과대평가한 국가와 거의 일치했다. 가장 독보적인 국가는 인도였다. 인터넷을 사용하는 인도인들은 전체 인도인의 64퍼센트가 페이스북 계정을 갖고 있을 거라고 생각했지만 실제 페이스북 계정을 가진 사람은 8퍼센트에 불과했다. 분명 이 결과는 실제보다 많은 인도인이 인터넷을 사용할 거라는 잘못된 이미지에서 기인했겠지만, 어쨌거나 우리가 측정한 잘못된 인식 중에서도 가장 심각한 편에 속했다.

예리한 독자라면 인도 사람들이 인터넷 사용자 수보다 페이스북 사용자 수를 더 많이 추측했음을 발견했을 것이다. 페이스북에 관한 조사는 인터넷 사용자 수에 관해 질문하고 1년이 지났을 무렵 실시한 것이다. 따라서 이러한 결과가 나온 것은 두 자료의 출처가 각기 다른 설문조사이기 때문일 수도 있다. 우리의 인도인 응답자들이 페이스북 사용자의 규모는 완전히 잘못 추측했어도 인터넷 사용률이 상당히 빠른 속도로 증가했다는 사실은 알아챘을지 모른다.

하지만 인터넷 보급률이 낮은 국가에서만 페이스북 사용자 수를 잘못 추측한 것은 아니다. 예를 들면 독일인들은 국민의 72퍼센트가

Q 13세 이상 국민 100명 중 몇 명이 페이스북 계정을 갖고 있을까요?

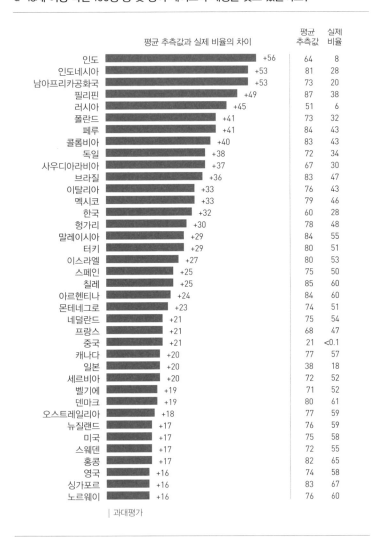

	평균 추측값과 실제 비율의 차이	평균 추측값	실제 비율
인도	+56	64	8
인도네시아	+53	81	28
남아프리카공화국	+53	73	20
필리핀	+49	87	38
러시아	+45	51	6
폴란드	+41	73	32
페루	+41	84	43
콜롬비아	+40	83	43
독일	+38	72	34
사우디아라비아	+37	67	30
브라질	+36	83	47
이탈리아	+33	76	43
멕시코	+33	79	46
한국	+32	60	28
헝가리	+30	78	48
말레이시아	+29	84	55
터키	+29	80	51
이스라엘	+27	80	53
스페인	+25	75	50
칠레	+25	85	60
아르헨티나	+24	84	60
몬테네그로	+23	74	51
네덜란드	+21	75	54
프랑스	+21	68	47
중국	+21	21	<0.1
캐나다	+20	77	57
일본	+20	38	18
세르비아	+20	72	52
벨기에	+19	71	52
덴마크	+19	80	61
오스트레일리아	+18	77	59
뉴질랜드	+17	76	59
미국	+17	75	58
스웨덴	+17	72	55
홍콩	+17	82	65
영국	+16	74	58
싱가포르	+16	83	67
노르웨이	+16	76	60

| 과대평가

표 30 모든 국가가 페이스북 계정을 소유한 자국민의 비율을 심각하게 과대평가했으며, 인도, 인도네시아, 남아프리카공화국은 그 정도가 특히 심했다.

페이스북 계정이 있을 거라고 생각했지만 현실은 그 절반 수준인 34 퍼센트였다. 평균 추측값과 실제 수치의 차이가 15퍼센트 이하인 국가는 한 곳도 없었다.

러시아와 중국의 결과는 특히 흥미로웠다. 러시아에는 러시아판 페이스북인 Vk.com이 있다. 키릴 알파벳을 쓴다는 독보적인 특징 때문에 러시아에서 페이스북은 다른 나라에서만큼 흥하지 못했다. 그리하여 러시아의 페이스북 사용자는 겨우 6퍼센트 정도지만, 러시아 응답자들은 국민의 거의 절반이 페이스북 계정을 가졌을 거라고 추측했다. 중국의 상황은 또 다르다. 중국은 2009년 7월 중국 북서부의 신장웨이우얼자치구에서 대규모 충돌이 발생한 것과 페이스북이 관련이 있다는 이유로 2009년부터 본토에서 페이스북 사용을 금지했다. 이런 맥락에서 응답자들이 국민의 약 20퍼센트가 당국의 금지 조치를 어기고 있다고 생각했다는 점은 몹시 흥미롭다. 실제로 중국의 페이스북 사용자는 (추정상) 단 0.1퍼센트뿐이다. 하지만 이런 상황은 그리 오래 지속되지 않을 수도 있다. 마크 저커버그가 계속 중국을 방문하면서 중국 시장의 환심을 사려고 애쓰고 있으며, 시진핑 주석이 두 번째 임기에 들어서면서 규제를 완화할지도 모른다는 기대감이 있기 때문이다.

러시아와 중국의 특이한 상황을 제외하면 페이스북 사용자를 이토록 잘못 추측한 이유는 인터넷 보급률을 잘못 추측한 이유와 비슷하다. 사람들은 '내가 보는 게 전부'라고 생각하는 경향이 있으므로 자신의 경험으로 타인을 일반화한다.

하지만 원인은 이뿐만이 아니다. 구글이 인터넷 검색엔진을 장악하고 있듯이 페이스북은 소셜네트워크를 완전히 장악하고 있다. 이 두 사이트의 추천 트래픽(하이퍼링크를 통해 다른 사이트로 이동하는 트래픽)은 전체 트래픽의 75퍼센트를 차지한다.[25]

앞 장에서는 긍정적인 결과나 특성과 관련해서 자신이 다른 사람보다 운이 좋고 능력이 뛰어나다고 생각하는 성향에 대해 살펴보았다. 이번 장에서는 거울 효과의 위험성을 알 수 있다. 우리는 우리의 행동과 경험이 표준이라거나 전부라고 생각하지 않기 위해 노력해야 한다.

팩트 감각 기르기

버블을 터뜨리려면 어떻게 이 세계가 이토록 필터링되었는지, 이 현상이 우리의 현실 인식에 어떤 영향을 미치는지를 살펴봐야 한다. 가장 끔찍한 사실은 이제 겨우 시작이라는 것이다. 변화가 더욱 가속화되고 있으며, 우리가 변화를 제대로 막지 못하고 있다는 것이 진짜 심각한 문제다.

예를 들어 정치인과 미디어는 텍스트 위주의 허위 정보에 집중하여 글로 된 '가짜 뉴스'를 통제하고 바로잡으려고 애쓴다. 하지만 가장 많이 공유되는 정보는 시각 자료이며, 시각 자료는 머릿속에서 글자보다 훨씬 빨리 처리된다. 예를 들면 매사추세츠 공과대학의 신경

과학자들은 우리가 눈앞의 전체 이미지를 최소 0.013초 만에 처리할 수 있음을 밝혀냈다. 그러므로 이미지를 볼 때는 글자를 읽을 때보다 비판적 추론 능력이 덜 작용할 것이다.[26]

앞으로 영상과 소리를 조작하는 방식은 '짤방' 제작자들의 단순한 포토샵 작업을 훨씬 능가할 것이다. 예를 들면 워싱턴 대학의 연구원들은 인공지능 프로그램을 이용해 완전히 가짜지만 시각적으로는 전혀 이상한 점이 없는 버락 오바마의 영상을 만들었다. 먼저 연구원들은 '훈련 자료'로서 컴퓨터 신경망에 17시간 분량의 오바마 전 미국 대통령 연설 화면을 학습시켰다. 그렇게 만들어진 알고리즘은 오바마의 목소리에 맞게 입모양을 만들어낸 다음 그 목소리와 입모양을 완전히 다른 영상 속의 오바마 얼굴에 입혔다.[27] 페이크앱 FakeApp이라는 상당히 단순한 프로그램 등에서 이와 비슷한 기술을 이미 무료로 사용할 수 있다. 지금까지 이 기술은 (예상대로) 포르노 영상 조작에 주로 사용되었다. 사람들은 포르노 영상 속의 여성 얼굴을 유명 연예인의 얼굴로 바꾸거나, (이러한 일들이 인터넷에서 이루어진다는 사실을 고려하면 역시 예상 가능하게도) 니컬러스 케이지의 얼굴을 그가 출연하지 않은 영상에 입히고 있다.[28]

소리는 영상보다도 조작이 쉽다. 어도비Adobe는 보코VoCo('오디오계의 포토샵'이라고 불린다)라는 시제품을 발표했다. 누군가의 짧은 목소리 클립을 이 프로그램에 적용하기만 하면 입력한 글자가 그 사람의 목소리로 흘러나온다.

이런 기술은 가짜 '리벤지 포르노' 영상 이상으로 심각한 결과를 불러올 것이 분명하다. 사람들의 말과 행동을 자연스럽게 날조해낼 수 있다면 완전히 다른 수준의 허위 정보가 등장할 수 있기 때문이다.

물론 우리의 편견을 겨냥한 엄청난 기술 발전 앞에서 속수무책인 것만은 아니다. 정부와 여러 플랫폼이 행동에 나서기 시작했으며, 페이스북/케임브리지애널리티카 사건이 폭로됨에 따라 더욱 강도 높은 조치가 이뤄질 확률이 크다. 페이스북과 구글은 광고주 명단을 관리하고 제3집단에 팩트체크를 맡김으로써 허위 정보 퇴출에 나섰다. 이 두 기업은 관련 기사를 통해 우리의 필터 버블을 터뜨리기 위해 노력하고 있고 이는 어느 정도 효과를 거두고 있다. 2015년 위스콘신 매디슨 대학의 레티샤 보드Leticia Bode와 에밀리 브라가Emily Vraga의 연구 결과, 허위 정보를 포함한 페이스북 게시물이 올라왔을 때 즉시 바로 아래에 '관련 기사'를 올려 사용자가 전후 맥락을 파악하게 하자 잘못된 인식이 크게 줄어들었다. 사용자를 호도하는 정보를 재빨리 파악한 다음 초기에 개입해 다른 이야기를 제공하면 실제로 좋은 효과를 낼 수 있다.[29]

하지만 소셜미디어 플랫폼이 자발적 조치를 취하는 것만으로는 우리의 필터 버블이 터지지 않을 것이다. 기존 세계관을 되돌아보게 하는 콘텐츠가 계속 올라오면 결국 사용자들은 그 플랫폼에서 보내는 시간을 줄일 것이고, 이는 곧 광고 수익 하락을 의미한다. 실제로 페이스북은 반대의 시각을 담은 콘텐츠를 전달하려고 해도 사람들이 클릭하지 않는다고 토로했었다.

최근 '팩트체크'가 폭발적으로 증가하고 있다. 유럽평의회의 보고서에 실린 목록을 보면 유럽 20개국에만 34개의 상설 팩트체크 기관이 존재한다.[30] 팩트체크는 정말로 중요한 작업이다. 증거에 따르면 팩트체크는 개인이 올바른 정보의 방향으로 사고하도록 슬쩍 밀어주는 역할을 한다. 그저 사실 정보를 전달해주기보다는 전반적인 맥락을 설명하며, 더 많은 이야기를 전달해야 팩트체크의 효과가 특히 커진다.

물론 사후에 정보를 바로잡는 것이 팩트체크의 유일한 목표는 아니다. 더 멀리 보자면 이것이 주요 목표도 아니다. 정보를 바로잡는 것은 '1세대' 목표에 불과하다. 영국 최대의 독립 팩트체크 기관인 풀팩트는 '3세대 팩트체크'로 나아가는 단계를 다음과 같이 설명한다. 현재 우리가 서 있는 지점인 2세대 팩트체크는 이전의 팩트체크에서 나온 증거를 통해 변화를 촉구하는 캠페인을 벌이거나 기자 또는 정치인에게 정보를 정확히 사용하는 방법을 교육하는 등 행동의 변화를 이끌어내는 것에 주력한다. 이제 막 시작된 3세대 팩트체크는 구글 등과의 협력을 통해 실시간으로 팩트체크를 하고 팩트체크에서 나온 정보가 쉽게 사용·재사용되게 한다.[31] 시스템을 바꾸는 것이 목표다. 하지만 시스템을 바꾸지 못한다면 선제공격을 하는 것이 핵심이다. 러시아의 프로파간다를 연구한 보고서에 따르면 사용자에게 예방주사를 놓는 것, 즉 "잘못된 정보를 미리 경고하거나, 아니면 가짜 '사실'을 논박하고 철회시키기보다는 애초에 잘못된 정보에 앞서 사실 정보를 전달하는 것"이 허위 정보에 맞서는 가장 효과

적인 방법 중 하나다.[32]

심지어 이런 광범위한 조치도 충분치 않다. 유럽평의회가 보고서에 34가지 권고 사항을 담아 기술정보 회사, 정부, 미디어 조직, 교육부, 자금 지원 단체, 연구원 모두에게 일정 역할을 촉구했다는 점에서도 문제의 복잡성이 잘 드러난다. 문제를 해결하려면 기술적인 방법에만 의존하는 것이 아니라 다면적인 조치를 취해야 한다. 한 가지 만병통치약은 존재하지 않는다.

예를 들어 사람들은 규제가 충분치 않다고 여기며, 규제를 매력적인 수단으로 느낄 수도 있다. 억만장자 투자자이자 자선가인 조지 소로스George Soros는 2018년 다보스포럼에서 소셜미디어 기업의 영향력을 가차 없이 비판하며, 규제가 필요하다고 역설했다. 소로스는 사회를 보호할 의향이 전혀 없는 사람을 '사회악'이라 칭했다.

"부지불식간에 사고방식과 행동에 영향을 미치는 사람들은 사회의 악입니다. 그들은 민주주의의 기능에, 특히 선거의 무결함에 심각한 악영향을 미칩니다. ……존 스튜어트 밀이 말한 '마음의 자유'를 주장하고 지켜내기 위해서는 엄청난 노력을 들여야 합니다. 그 자유를 한번 잃어버린 사람은, 특히 디지털 시대에 나고 자란 사람은 자유를 되찾기가 몹시 어려울 수도 있습니다."[33]

하지만 여기에는 규제가 과도해질 수 있다는 위험도 있다. 결국 정부가 누가 무엇을 보는지를 통제하고 '진실'이 무엇인지 결정할 수도 있게 되는 것이다. 이러한 가능성만으로도 사람들이 규제를 주저하는 이유로는 충분하다. 소셜미디어와 인터넷 기업이 점점 자발적 조정에 나서는 데서도 알 수 있듯이, 꼭 규제를 통해 무엇이 '진실'인지를 결정하지 않아도 압력을 가할 방법들이 있다. 예를 들어 미국 법에는 다음과 같은 문장이 있다. "쌍방향 컴퓨터 서비스 공급자 또는 이용자는 다른 정보 콘텐츠 공급자가 제공한 정보에 대하여 그 발행자 또는 송신자적 입장에 있는 것으로 취급되지 아니한다."[34] 《프로스펙트》지에서 제임스 노튼James Naughton이 말한 것처럼, "이 조항을 신중하게 개정한다면 소셜미디어 기업이 자기 사이트에 올라온 내용에 어느 정도 책임을 지게 할 수 있다."[35]

규제만으로는 허위 정보를 완전히 없앨 수 없다. 그러므로 또 다른 방법으로 '뉴스 제대로 읽기' 프로그램을 장려하는 것을 생각해 볼 수 있다. 국가 교육과정에 뉴스 읽기 교육을 포함하는 것도 방법이다. 이때 교육은 기술적 측면과 지식(공신력 있는 자료원과 그렇지 않은 자료원을 구분하는 방법, 알고리즘의 작동 방식, 통계 능력 등)뿐만 아니라 감정적 반응과 인종적 정체성이 판단력을 마비시킬 경우 대처하는 방법처럼 더욱 중요하고 어려운 내용도 다뤄야 한다.

비판적 사고 능력을 훈련함으로써 진화 과정에서 습득한 여러 편견을 통제하기란 상상 이상으로 어렵지만 이런 과정이 없다면 절대 상황을 개선할 수 없다. 우리의 잘못된 인식은 우리가 듣는 이야기 때문이기도 하지만 우리의 사고방식 때문이기도 하다. 게다가 현재에도 그리고 앞으로도 우리의 현실 인식에 많은 위협이 도사리고 있기 때문에 비판적 사고 능력을 키우는 것은 우리 시대에 가장 중요하고도 긴급한 사회적 도전이 되고 있다.

이런 교육은 학교에서 어린아이들에게 실시해야 더욱 효과가 크다. 그리고 이와 관련해 몇몇 고무적인 움직임이 이루어지고 있다. 예를 들어 이탈리아는 8000개 고등학교에서 시범적으로 읽기, 쓰기, 국어 수업과 함께 '가짜 뉴스 판별하기' 수업을 실시한다.[36] 영국에서는 BBC가 1000개 학교와 손잡고 온라인 학습 자료와 각종 수업 활동을 홍보하면서 아이들에게 뉴스 읽기를 가르치고 있다. BBC는 〈리얼리티 체크 로드쇼〉를 통해 전국에서 교육 활동을 펼칠 예정이다.[37] 고무적인 변화지만 역시 충분치 않다. 온라인에서의 습관이 현실관에 큰 영향을 미치며, 뉴스를 판별하는 기술을 차후에 습득할 수 있다는 증거가 나오고 있기에 더욱 그렇다.

예를 들어 최근 스탠퍼드 대학 연구팀은 박사 학위를 취득한 역사학자 열 명과 전문 팩트체커 열 명, 그리고 학부생 25명이 어떻게 웹사이트를 평가하고 사회정치적 이슈에 관한 정보를 찾는지를 확인했다. 그 결과 역사학자와 대학생들은 로고처럼 쉽게 조작 가능한 가짜 웹사이트의 특성에 속아넘어가는 경우가 많았다. 이 두 집단은 교육 수준이 높은데도 가짜 웹사이트에 오래 머무는 경향을 보인 반면, 팩트체커들은 새 창을 열어 재빨리 정보의 사실 여부에 대한 외부적 관점을 살펴보는 등 훨씬 수평적인 접근법을 취했다. 팩트체커들은 역사학자와 학부생보다 훨씬 빠른 시간 안에 올바른 결론에 도달했다.

물론 우리 모두가 삶의 모든 측면에서 팩트체커가 될 수는 없으며(몹시 지치는 일일 것이다), 이 방법이 모두에게 효과적이지 않을 수도 있다. 하지만 이런 실용적 기술과 습관은 앞으로 점점 중요해질 것이다. 허위 정보의 규모와 위험성을 고려하면 온라인 커뮤니케이션 관련자 모두가 행동에 나서야 한다는 것은 의심할 여지없는 사실이다. 하지만 우리의 사고방식 또한 문제의 원인이므로 다른 사람이 문제를 해결해주길 기다리기만 해서는 안 된다.

전 지구적 이슈

세상은 나빠지고 있다?
나아지고 있다!

국제개발은 대중은 물론, 전문가들 사이에서도 혼란과 불안 그리고 모순이 들끓는 분야다. 심지어 이 작업을 어떤 이름으로 불러야 하는지에 대해서도 논란이 많다. '원조'나 '개발' 같은 단어는 마치 귀족의 후원처럼 부유한 국가가 아무런 이익도 없이 가난한 국가를 일방적으로 도와준다는 느낌을 풍긴다. '기부국'들이 과거에 가난한 나라들을 착취했다는 사실은 전혀 드러나지 않는다. 사람들의 태도와 잘못된 인식을 조사한 설문에서 나타나듯 일반 대중이 동정과 의심, 분노가 뒤섞인 시각으로 국제개발을 바라보는 것은 이처럼 사안이 복잡하기 때문이다.

'해외 원조'는 국민이 가장 줄이길 바라는 정부 지출 항목이다. 그러므로 정치인들이 자신은 '우리 국민'을 가장 우선시한다고 강조하기 위해 주기적으로 해외 원조 지출을 삭감하겠다고 떠드는 것도 놀라운 일이 아니다. 대부분의 사람들은 저개발국으로 돈을 보내도 달라지는 것이 없다고 생각한다. 정치인들이 해외 원조의 무의미함을 반복해서 떠들어대고 경제 위기가 연이어 발생하면서 해외 원조의 효과를 의심하게 된 것이다. 하지만 우리가 실제로 해외에 보내는 금액은 생각보다 훨씬 적다. 예를 들어 미국 국민은 연방정부 예산의 31퍼센트가 해외 원조에 쓰일 거라고 생각하지만 실제 금액은 1퍼센트에도 한참 미치지 못하며, 영국 국민의 26퍼센트는 해외 원조가 정부 예산 중 가장 규모가 큰 세 가지 항목에 든다고 생각하지만 실제로 해외 원조는 가장 금액이 적은 항목 중 하나다.[1]

같은 방식으로 세계적인 차원의 현실을 살펴보면 사람들이 세계의 변화를 어떻게 바라보는지를 알 수 있다. 언뜻 봐도 혼란이 판친다. 그만큼 우리는 여러 중요한 면에서 전 세계의 추세를 상당히 잘못 인식하고 있는 것이다.

국제개발에 대한 잘못된 인식은 안나 로슬링 뢴룬드Anna Rosling Rönnlund와 올라 로슬링Ola Rosling, 한스 로슬링Hans Rosling이 2005년에 설립한 스웨덴 비영리단체인 갭마인더Gapminder가 특히 관심을 갖는 주제다. 독자 중에도 한스 로슬링과 올라 로슬링이 갭마인더의 자료를 소개하는 매우 고무적인 영상을 본 사람이 있을지 모르겠다. 한스의 테드TED 강연인 "당신이 이제껏 본 적이 없는 최고의 통계"는 조회 수가 높은 영상이다. 이 강연 덕분에 한스는 2017년 초 세상을 뜨기 전까지 현대의 진정한 통계 스타로서 활약할 수 있었다. 한스처럼 통계 분석과 스토리텔링을 적절하게 섞으면 보는 재미가 있을뿐더러 잘못된 인식을 효과적으로 줄일 수 있다. 갭마인더가 계속 고수하고 있는 이 전략은 여전히 의미가 크다.[2] 할 수 있는 일이 없고 모든 것이 나빠지고 있다는 생각은 무관심과 나태로 이어질 뿐만 아니라 어느 정도 효과를 내고 있는 일에도 반대하게 만들기 때문이다.

전 지구적 이슈에 대한 우리의 뒤떨어진 감각

지나치게 부정적인 태도는 몇 가지 핵심 사안에 대해 늘 나타나는 패턴이며, 이는 전 세계의 극빈층 비율 문제에서도 마찬가지다. 지난 20년간 전 세계의 극빈층 비율이 어떻게 바뀌었을지 묻는다면 무엇이라고 답하겠는가? 두 배가 됐을 것 같은가, 거의 그대로일 것 같은가, 아니면 절반이 됐을 것 같은가? 당신이 우리가 설문조사를 실시한 12개국 국민과 비슷하다면 아마 당신의 생각은 틀렸을 것이다. 전 세계의 극빈층 비율이 절반으로 줄었을 거라고 답한 정답자는 9퍼센트뿐이었다.

실상을 가장 정확히 파악하고 있는 국가는 27퍼센트가 정답을 맞힌 스웨덴이었다. 스웨덴이 갭마인더의 고향이며, 스웨덴에서 로슬링 가족이 전국적으로 유명하다는 사실은 우연일까? 아마 이 또한 스웨덴의 정답 비율이 높은 이유일 수 있다. 스웨덴에서는 갭마인더의 분석이 엄청나게 자주 보도되기 때문이다. 로슬링 가족은 '잘못된 인식을 폐기하고 사실에 기초한 세계관을 고취하기 위해' 무료 교육 자료를 들고 학교와 회사를 방문하곤 한다.[3] 이로써 스웨덴 전역에서 잘못된 인식이 사라진 거라면 믿기 어려울 정도의 큰 성취다. 그리고 여러 가지 사실 정보를 올바로 맞힌 스웨덴 국민들에게 2차 설문조사를 실시해 어떻게 정답을 알게 되었는지 물어본 결과, 공통적으로 '한스 로슬링'이라는 대답이 나왔다.[4] 물론 지금껏 살펴봤듯이 스웨덴 사람들은 대체로 갖가지 현실을 추측하는 일에 꽤 능숙한 편이다.

하지만 나머지 국가에서는 절망적일 정도로 정답을 맞힌 사람이 적었다. 특히 스페인과 헝가리의 정답률이 심각했다. 헝가리에서는 극빈층 비율이 절반으로 줄었다고 생각한 사람이 4퍼센트뿐이었고 스페인에서는 71퍼센트가 오히려 극빈층이 두 배로 늘었다고 생각했다. 이 질문은 지금까지 살펴본 여타 질문들보다 쉬운 편이었는데, 세 개의 선택지 중 하나를 고르면 되었기 때문이다. 갭마인더의 설명처럼 사람들이 무작위로 답을 고른다면 33퍼센트의 정답률을 보일 것이라는 뜻이다. 한스 로슬링과 올라 로슬링이 기억하기 쉽게 설명해준 것처럼 이 설문조사 결과는 우리가 '침팬지보다 세계를 잘 모른다'는 의미를 담고 있다. 왜냐하면 "보기를 바나나에 적은 다음 동물원의 침팬지에게 정답을 맞혀달라고 하면 침팬지는 그냥 무작위로 바나나를 고를 것이기 때문이다."[5] 요컨대 우리가 정답을 몰라서 막무가내로 답을 고르기 때문에 답을 못 맞히는 것이 아니라는 말이다. 우리는 편견 때문에 정답을 맞히지 못한다. 그리고 그 편견은 거의 모든 국가(심지어 스웨덴까지도)의 대다수 국민에게서 늘 부정적인 방향으로 나타난다.

이게 바로 잘못된 인식이 생겨나는 핵심 이유다. 우리 모두 가난에 대한 끔찍한 이야기를 들은 경험이 있다. 상황이 아무리 개선되어도 비극은 개인과 집단에게 늘 발생하는 것처럼 보인다. 우리는 부정적 정보가 담긴 끔찍한 사례에 이끌리고, 긍정적인 면은 알아채지 못한다.

Q 지난 20년 동안 극빈층의 비율이 어떻게 바뀌었을까요?

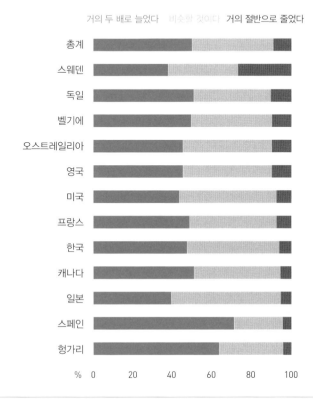

거의 두 배로 늘었다　비슷할 것이다　거의 절반으로 줄었다

표 31 거의 열 명 중 한 명만이 지난 20년 동안 극빈층의 비율이 절반으로 줄었음을 알고 있었다.

　유아 예방접종 비율을 포함한 전 세계의 보건 실태에 관해서도 마찬가지다. 그동안 백신 접종률은 혁명적으로 증가했고, 덕분에 전 세계의 보건은 믿기 어려울 정도로 개선되었다. 인구의 20퍼센트 미만이 홍역 예방주사를 맞았던 1980년에 전 세계의 홍역 환자 수는

9장 전 지구적 이슈　269

한 해에만 400만 명 이상이었다. 하지만 예방 접종률이 (어떤 자료를 참고하느냐에 따라) 80~90퍼센트였던 2009년에 홍역 환자 수는 25만 명 정도로 뚝 떨어졌다.[6]

하지만 우리는 예방주사를 맞는 인구 비율에 심각할 정도로 비관적이다. 오늘날 전 세계의 한 살배기 아이들 가운데 몇 퍼센트가 몇 가지 질병에 대한 예방주사를 맞았을지 묻자 25개국의 평균 추측값은 40퍼센트 미만이었다. 하지만 실제 수치는 평균 추측값의 두 배 이상인 85퍼센트다.

많은 국가가 정답을 크게 빗나갔다. 일본의 평균 추측값은 겨우 19퍼센트였고, 한국과 프랑스의 평균 추측값은 25퍼센트 정도였다. 정신물리학자들의 제안에 따라 가운데에 베팅하는 성향을 감안한다고 해도 여전히 대부분의 국가가 정답에서 멀찌감치 떨어져 있다.

하지만 다른 국가에 비해 평균 추측값이 현실에 상당히 근접한 국가도 있었다. 바로 세네갈과 케냐, 나이지리아 같은 아프리카 국가들과 인도였다. 현실에 비하면 이 국가들의 추정치도 너무 낮은 편이지만, 어쨌거나 현실과의 차이는 가장 적었다. 아마도 개발도상국의 국민 대부분이 약물의 도움을 받지 못할 거라는 고정관념이 이 국가들의 경우에는 눈앞의 현실과 크게 다르기 때문일 수도 있다. 아마 일본 응답자들은 개발 초기 단계의 국가에서는 예방접종이 드물며, 개발도상국 국민이 전 세계 인구의 대부분을 차지한다고 생각했을 것이다. 이러한 생각의 흐름에 따라 낮은 평균 추측값이 나온 것이다.

평균 추측값이 낮은 또 다른 이유는 접종 가능한 모든 예방주사를 맞은 한 살배기의 비율이 아니라 '몇 가지' 질병에 예방접종을 한 비율을 물었기 때문일 수 있다. 우리 모두는 가난한 국가에서 예방접종을 하지 못해 질병이 확산된 비극적 사례를 기억하고 있으며, 제약회사가 백신 가격을 높게 매기면 돈이 없어 주사를 맞지 못하는 사람이 생긴다는 것도 알고 있다.[7] 이처럼 생생하고 강렬한 이야기가 머릿속에 남아 있으면 진짜 질문이 무엇이었는지 잊어버리게 된다.

앞에서 살펴봤듯이 부정적인 정보는 사람들의 이목을 끌며, 뇌 안에서 처리되는 방식도 완전히 다르다. 긍정적인 변화는 대체로 느리게 축적된다. 우리는 눈길을 끄는 갑작스러운 재난만큼 이런 긍정적인 변화를 능숙하게 알아채지 못한다. 옥스퍼드 대학의 맥스 로저Max Roser가 지적했듯, 여러 신문은 지난 25년간 매일 "극빈층 수가 어제보다 13만 7000명 줄어들다"라는 헤드라인을 내걸었을 수도 있다.[8] 하지만 학자들이 뉴스 가치와 그 기준에 대해 분석했듯이 예측 가능한 정보에는 뉴스 가치가 없다. 우리 뇌가 그런 식으로 작동하기 때문이다. 우리는 우리에게 어울리는, 어느 정도는 우리가 원하는 미디어를 접한다.

이는 장밋빛 회상의 부정적 효과다. 장밋빛 회상은 과거의 실패나 나쁜 경험에 사로잡히지 않도록 우리를 보호해주기도 하지만 때로는 현재를 지나치게 부정적으로 보게 한다. 하버드 대학의 심리학 교수 스티븐 핑커는 다음과 같이 설명한다.

대부분의 상처는 시간이 흐르면 치유된다. 나쁜 경험의 부정적 색채는 시간이 지남에 따라 흐릿해진다. ······프랭클린 피어스 애덤스Franklin Pierce Adams는 이렇게 말한다. "좋았던 지난날의 일등공신은 나쁜 기억력이다."[9]

실제로 이는 우리가 자국에 관한 사실보다 전 세계적 특징과 변화를 훨씬 잘못 인식하는 이유이기도 하다. 직접적인 정보에서 멀리 떨어져 있기 때문에 불확실성이 생겨날 뿐만 아니라, 그 틈새에서 고정관념과 우리 뇌의 별난 특성 그리고 최악을 생각하게 하는 외부적 요인이 편견을 만들어내기 때문이다.

핑커가 저서 《우리 본성의 선한 천사》에서 설명한 것처럼 기준의 변화도 원인이다.[10] 우리는 정부나 경제 시스템이 현재 우리의 기대에 못 미친다고 생각하지만, 이는 기준이 계속 바뀌고 있음을 망각한 것이다. 예를 들면 현재 우리는 사람을 고문하는 행위에 격분하지만 그리 오래지 않은 과거에 고문은 흔한 일이었다.

상황이 악화되고 있다는 잘못된 시각은 실질적인 영향을 미친다. 갭마인더가 지적하듯 이런 생각은 스트레스를 유발해 불필요한 불안을 일으키며 전 지구적 규모에서 잘못된 선택을 내리게 만든다.

그럼에도 불구하고 낙관주의를 이야기하는 이유

우리의 부정적 성향은 세상이 나빠지고 있다고 생각하는지, 아니면 좋아지고 있다고 생각하는지를 물은 질문에서 특히 뚜렷하게 나타난다. 지금까지 함께 살펴본 내용을 떠올려보면 사람들의 대답이 그리 긍정적이지 않다는 사실이 그리 놀랍진 않을 것이다. 하지만 앞부분을 읽지 않은 사람이라면 질문이 터무니없이 막연해서 대답을 제대로 하지 않을 가능성이 높다고 생각했을지 모른다. 실제로 응답자들이 '모르겠는데요'라고 대답하고 자신이 70억 인구가 살고 있는 5억 1010만 평방미터 넓이의 행성 상황을 어떻게 알겠느냐고 반문해도 이상할 것이 없다. 아니면 경제, 환경, 정치, 사회 등 구체적으로 어떤 측면을 물은 것인지 궁금해할 수도 있다.

하지만 사람들은 잘 모르겠다는 입장을 전혀 취하지 않았다. 의견은 분명했다. "우린 망했어." 열 명 중 한 명만이 세상이 나아지고 있다고 생각했고, 다섯 명 중 한 명은 잘 모르겠다고 했으며, 무려 68퍼센트가 세상이 나빠지고 있다고 생각했다. 가장 긍정적인 국가는 (역시) 스웨덴이었고, 세상에나, 가엾은 벨기에인들은 오직 3퍼센트만이 세상이 나아지고 있다고 생각한 반면 세상이 나빠지고 있다고 생각한 사람은 83퍼센트나 되었다.

2016년(우리가 이 설문을 실시한 해)에는 다들 2016년이 왜 최악의 해였는지를 줄줄이 나열하곤 했다. 그해 있었던 사건 목록은 불안정한 정치적 변화에서부터 무시무시한 테러 공격, 실패한 쿠데타, 여러

Q 세상이 어떻게 바뀌고 있다고 생각합니까?

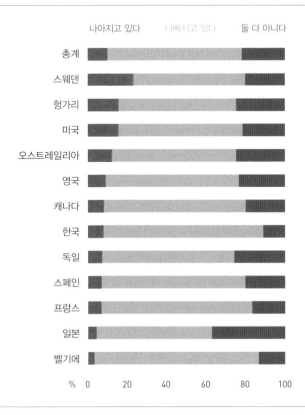

표 32 오로지 10퍼센트만이 세상이 나아지고 있다고 생각했다. 하지만 스웨덴 사람들은 이보다는 긍정적이었다.

유명 인사의 죽음에 이르기까지 정말 다양했다(이런 인상적인 트윗도 있었다. "데이비드 보위가 우주를 지켰다는 말은 아니야. 하지만, *눈앞의 현실을 한번 보라는 듯한 몸짓을 한다*").[11]

　하지만 이 세상에는 우리가 지금 당장 떠올리는 것보다 유쾌한 일들이 훨씬 많다. 대부분의 국가에서 최근 테러 공격으로 인한 사망자 수는 20세기 말에 테러로 사망한 사람 수보다 훨씬 적다. 살인율도 마찬가지다. 전 세계의 극빈층 비율은 지난 몇 년간 처음으로 10퍼센트 아래로 떨어졌다. 화석연료 사용에 따른 전 세계의 탄소 배출량은 3년 연속 증가하지 않았다(안다. 그렇다고 기후변화 문제가 해결되는 것은 아니라는 사실을. 그래도 이건 긍정적인 변화다). 전 세계 국가의 절반 이상이 사형제도를 폐지했다. 유아사망률은 1990년에 비해 거의 절반으로 줄었다. 더욱 과거로 거슬러 올라가면, 성인의 수명이 그리 길지 않고 유아의 사망률이 높던 1900년에는 기대수명이 고작 31세에 불과했다. 하지만 현재 기대수명은 71세다. 매일 30만 명이 새로 전기를 공급받고 있다. 심지어 자이언트판다도 멸종위기종에서 벗어났다.[12]

우리가 너무 비관적이라는 생각은 '신新낙관주의' 운동을 불러왔다. 세상의 변화에 대해 보다 긍정적인 그림을 제시하고 앞으로 세상이 어떻게 더 변화할지를 알리는 운동이다.

미디어는 신낙관주의 운동에 (아이러니하게도) 꽤나 부정적으로 반응하고 있다. 비판의 핵심 내용은, 그동안 이루어낸 변화에 주목하면 앞으로 가야 할 길이 얼마나 먼지를 잊게 되며, 좀 더 급진적으로 변화를 추구했더라면 이뤘을 수도 있는 일들을 깨닫지 못하게 된다는 것이다. 그러니까 최선을 다해 노력했더라면 전 세계의 빈곤을 확실하게 뿌리 뽑을 수 있지 않았을까? 즉 낙관주의는 변화가 이미 이루어졌다는 느낌을 주어 현실에 안주하게 한다는 것이다. 그리고 시간이 갈수록 더욱 밀접하게 연결되고 있는 이 위험한 세상에서 이런 나태함은 특히 유해하다는 것이다.

지금까지 사람들이 사회적 현실과 변화를 어떻게 인식하는지를 살펴본 결과, 낙관주의보다는 비관주의가 훨씬 위험하다. 정말 위험한 것은 부정적인 내용에 지나치게 주목하는 성향, 그리고 아무것도 개선할 수 없다는 생각에 압도되는 것이다.

자선, 구호 단체를 어떻게 바라봐야 할까?

오리건 대학의 심리학 교수 폴 슬로빅Paul Slovic은 스스로 '정신적 마비psychic numbing'라고 명명한 현상을 수십 년간 연구해왔다. 정신적 마비란 비극적 사건 또는 도움이 필요한 사건의 규모가 너무 크면, 오히려 아무것도 하지 않게 되는 것을 뜻한다.

사람들은 대부분 '어떤 한 사람'이 곤경에 처한 것을 보면 마음을 쓰며 도와주려고 한다. 하지만 그들도 훨씬 큰 곤경에 처한 '여러 사람' 중 '한 명'을 보면 무관심해지는 경우가 많다. 왜 선한 사람들이 대량학살에 눈을 감는 것일까? 구체적으로 말하면 그건 우리가 숫자를 제대로 소화하지 못해서 대량학살을 곧장 거대한 인간의 비극과 연결시키고, 거대한 인간의 비극에 대해서는 행동에 나서봤자 아무 소용이 없을 거라고 생각하기 때문이다.[13]

여기서 우리가 개인과는 유대감을 느끼는 반면 대규모 비극 앞에서는 거리감과 무력함을 느낀다는 사실을 알 수 있다. 슬로빅은 여러 획기적인 실험을 통해 정신적 마비 현상의 실질적인 영향을 연구했다. 그중 한 실험에서는 참가자들에게 서아프리카 아이들을 위해 기부해달라고 요청했다. 첫 번째 집단에게는 로키아라는 이름의 일곱 살배기 아이를 지원해달라고 요청했고 두 번째 집단에게는 굶주리고 있는 수백만 명의 아이들을 위해 기부해달라고 요청했다. 그리고 세 번째 집단에게는 로키아를 도와달라고 요청하는 동시에 통계 자료를 통해 로키아가 살고 있는 국가의 어려운 상황을 알려주었다. 지금까지 살펴본 내용을 고려하면 수백만 명의 아이들을 도와달라고 했을 때보다 로키아를 도와달라고 했을 때 사람들이 두 배 많은 금액을 후원한 것은 당연해 보인다. 정말 놀랍고 충격적인 결과는 아프리카에서 수많은 사람이 굶주리고 있다는 배경 정보를 제공했을 때 로키아를 도우려는 의지가 줄었다는 것이다.[14]

기부 의지를 없애는 데는 수백만 명이 필요한 것도 아니었다. 단 한 명을 더하는 것만으로도 충분하다. 또 다른 실험에서는 한 집단에게는 로키아를, 다른 집단에게는 로키아와 같은 상황에 처한 무사라는 이름의 남자아이를 위해 기부해달라고 요청했다. 두 경우 모두 사람들은 너그러운 마음으로 기부를 했다. 하지만 로키아와 무사의 사진을 나란히 놓고 둘 모두에게 기부해달라고 하자 기부금이 줄어들었다. 슬로빅은 피해자가 한 명에서 두 명으로 늘어난 경우에도 도우려는 의지가 줄어든다는 사실을 발견했다. 그는 이렇게 말한다. "죽는 사람이 늘어날수록 관심은 줄어든다."[15] 내용을 조금씩 바꾼 여러 비슷한 실험에서도 동일한 결과가 나타났다.

우리는 사실 정보보다 감정에 더 크게 반응한다. 그러므로 슬픈 감정이 행동의 동기가 된다는 사실에도 놀라서는 안 된다. 사진 속의 피해자가 행복한 표정이거나 감정을 드러내지 않을 때보다는 슬픈 표정일 경우 기부금이 많아졌다. 연구자들은 '정서 전이emotional contagion' 때문에 이런 현상이 발생한다고 생각한다. 정서 전이가 발생하면서 사진을 본 사람들이 피해자의 표정에 드러난 감정을 간접적으로 느끼게 된 것이다.[16]

사람들은 구체적인 사례를 판단할 때 일반적인 대상을 판단할 때와는 전혀 다른 과정을 거친다. 개개인의 필요를 판단하는 과정에는 감정이 많이 개입되는 반면 통계 수치는 보다 신중한 반응을 이끌어낸다. 신중하게 사고할수록 감정은 밀려나고, 기부금도 줄어든다.[17]

이러한 현상은 자선단체에 양날의 검으로 작용한다. 자선단체는 슬픔 버튼을 마구 누르면 기부금을 얻어낼 수 있음을 알지만 그건 일시적인 반응일 수 있다. 좋은 일에는 돈이 필요하므로 계속 슬픔 버튼을 누르고 싶을 것이다. 하지만 절박한 상황에 처한 아이들의 사진을 마구 뿌려대면 장기적 참여나 적극적인 지원은 오히려 줄어들 수 있다. 장기적 지원을 이끌어내려면 상황이 개선되고 있다는 인식이 필요하다.

예를 들어 또 다른 실험에 따르면 사람들은 1만 1000명이 거주하는 난민 캠프에 4500명이 사용할 상수도 시설을 마련하는 데는 기꺼이 돈을 지불하지만, 25만 명이 거주하는 난민 캠프에 똑같은 상수도 시설을 설치하려는 경우에는 기부를 훨씬 적게 했다. 캠프에 거주하는 난민 대부분을 구하는 것은 성공으로 느껴지지만 소수를 구하는 것은 실패로 느껴지는 것이다. 그리고 실패는 즐거운 경험이 아니다. 여러 다른 실험에서도 만족이라는 개인적 보상이 이타주의의 핵심 동기라는 사실이 드러났다.[18] 좋은 일을 하는 것은 그 자체로 (마음의) 보상이 되기도 한다. 단, 무언가를 성취했다는 느낌이 들 경우에만 말이다.

지구온난화, 최악의 시나리오

미래를 어느 정도 두려워하는 것이 늘 나쁜 것은 아니다. 2017년 데이비드 월리스 웰스David Wallace-Wells가 《뉴욕매거진》에 기후변화에 관한 글을 실었을 때 독자들의 반응에서도 그런 사실이 잘 드러났다. "사람이 살 수 없는 지구"라는 제목의 이 글은 지구온난화가 야기할 수 있는 최악의 시나리오를 담고 있다.[19] 이 글은 《뉴욕매거진》 역사상 가장 많이 읽힌 글이 되었다. 부정적인 정보에 이끌리는 우리의 고질적 성향을 떠올린 다음 글의 주제들을 훑어보면 아마 이해될 것이다. 소주제들은 다음과 같다. '뉴욕 기온의 바레인화', '식량의 종말', '기후로 인한 재난', '숨 쉴 수 없을 정도로 질 나쁜 공기', '빈번

한 전쟁', '끝없는 경제 위기', '유독해진 바닷물'.

기후변화 전문가들이 이 글에 보인 주요 반응은 두려움을 부채질해봐야 아무 도움도 안 된다는 것이었다. 기후과학자들은 《워싱턴 포스트》의 사설란에 실린 "'지구 최후의 날' 시나리오는 기후변화를 부정하는 것만큼 유해하다"라는 제목의 글에서 이렇게 말했다. 두려움은 "동기를 부여해주지 않으며, 두려움에 호소하는 전략은 오히려 역효과를 낼 때가 많다. 두려움은 사람들이 문제로부터 거리를 두게 함으로써 결국 문제에 관심을 끊고 의심하고 심지어 무시하게 만들기 때문이다."[20] 언뜻 보면 이 주장은 앞에서 살펴본 내용, 즉 행동에 나서려면 자기효능감과 주체성이 필요하다는 사실과 대체로 일치하는 듯하다. 하지만 여기에는 몇 가지 조건이 있다. 첫째, 사회심리학에서는 감정이 각기 따로 경험되는 독립적 상태가 아니라고 본다. 감정은 늘 다른 감정이나 맥락과 상호작용한다. 또한 감정은 우리가 본 내용 또는 기존 생각을 강화하거나 반박하는 정보에 따라 변화한다(그렇기 때문에 커뮤니케이션에서 반복이 그토록 중요한 것이다). 우리는 실제 세상에서 감정이 행동에 어떤 영향을 미치는지 온전히 알지 못하며, 이는 여러 증거가 서로 엇갈린다는 점에서도 잘 드러난다. 그러므로 '두려움은 나쁘다'거나 '희망은 좋다'라고 결론 내리는 것은 지나치게 단순한 생각이다.

둘째, 실험 결과가 서로 엇갈리는 이유 중 하나는 지금까지 살펴보았듯 모두를 일반화할 수 없기 때문이다. 사람들은 사실 정보와 감정에, 그리고 사실과 감정이 섞인 정보에 저마다 다르게 반응한다.

나는 "두려움이 행동에 아무런 영향도 미치지 못한다는 주장은 증명되지 않았다"는 기후변화 전문 작가 데이비드 로버츠David Roberts의 주장에 동의한다. 그는 이렇게 말한다. "인간은 복잡하고 다양하다. 또한 인간은 갖가지 종류의 내러티브, 이미지, 사실 정보, 비유, 그밖에 여러 형태의 집단 강화 학습을 접해야 이처럼 중요한 문제를 제대로 이해할 수 있다."[21] 한 가지 방식이 모두에게 맞을 수는 없다.

이 주장은 그동안의 변화와 미래의 가능성에 좀 더 긍정적일 필요가 있다는 시각과 전혀 모순되지 않는다. 월리스 웰스의 글은 의도적으로 최악의 시나리오를 묘사한 것이지만 어쨌든 전문가들의 분석을 바탕으로 한 것이었다. 웰스는 자신과 대화를 나눈 기후변화 과학자 대다수가 이 모든 현실적 문제에도 불구하고 결국 우리는 지구 최후의 날을 피할 방법을 찾을 것이라고 낙관했다는 말로 글을 마무리한다.

팩트 감각 기르기

나는 '신낙관주의' 운동이 우리 시각에 균형을 맞춰주는 중요한 요소라고 믿는다. 그리고 그동안의 성취에 그렇게 만족할 필요가 있는지에 의문을 제기하는 여러 비판이 요점을 놓치고 있다고 생각한다. 너무나도 많은 설문조사에서 드러났듯, 모든 것이 이미 끝장났다는 과장된 생각에 맞서 싸워야 더 많은 행동을 이끌어낼 수 있다. 그렇다고 오로지 희망만이 효과가 있다거나, 사람들이 두려움에 긍정적으로 대처하지 못한다는 뜻은 아니다. 하지만 앞에서 살펴본 것처럼 우리는 여러 가지 사안에서 이미 우리 앞에 놓인 문제를 지나치게 부정적으로 받아들이고 있다. 우리가 전 세계를 대상으로 실시한 설문조사에서 응답자의 61퍼센트가 '기후변화를 막기 위한 노력보다 기후변화의 부정적 영향에 대해 훨씬 많이 들었다'라는 말에 동의했고 단 19퍼센트만이 여기 동의하지 않은 것도 그리 놀라운 일은 아니다.[22]

그동안 세계가 얼마나 진보했는지에 대해 사실에 기초한, 현실적 시각을 가져야 하는 또 다른 중요한 이유가 있다. 첫째, 여러 면에서 그건 사실이다. 다양한 감정적 반응과 행동 사이에 어떤 관계가 있는지 온전히 이해하지 못한 상황에서 사람들의 반응을 제어하려고 하기보다는 그동안의 발전에 대해 터놓고 이야기하면서 우리 앞에 아직 거대한 문제가 놓여 있음을 모른 척하지 않는 쪽이 훨씬 윤리적이다.

둘째, 그동안 이뤄낸 좋은 변화를 좀 더 잘 이해하는 것이 우리 정신 건강에도 좋다.

10장

어느 국가가 가장 많이 틀렸을까?

"이탈리아 국민을 대표해서 감사한 마음으로 이 상을 받겠습니다. 이탈리아는 자랑스러운 국가이며, 이 상이 결코 불쾌하지 않습니다. 우리는 형형색색의 색깔 속에서 살며 큰 몸짓으로 말하는 감정적인 국가이기도 하기 때문입니다. 저는 이게 바로 우리나라에서 잘못된 인식이 그렇게 널리 퍼지는 이유 중 하나라고 생각합니다. 하지만 그럴 때조차 우리에게는 스타일이 있지요."

런던에서 열린 입소스 사회과학자 연례회의가 끝을 향해 달려가고 있다. 답답한 공기의 회의장에는 전 세계 조사팀의 수장 50여 명이 모여 있다. 우리는 이곳에서 이틀을 보낸 참이다. 점심으로 먹은 샌드위치 냄새와 사람들이 내뿜은 이산화탄소가 섞인 독특한 악취가 다행히도 그리 심하게 느껴지지 않는다.

당시 지겨움에 몸부림치는 전 세계의 사회과학자가 이보다 많이 모여 있는 공간은 분명 런던에서 찾을 수 없었을 것이다. 하지만 다행히도 연례회의에는 시상식이라는 기대할 만한 순서가 있다. 가장 훌륭한 연구 프로젝트에 상을 주는 것이 아니다. 잘못된 인식 연구에서 가장 많이 틀린 국가가 상을 받는다. 올해는 우리가 연구를 진행한 첫해로, 나는 (플라스틱으로 된) 금메달과 싸구려 와인을 받을 만반의 준비를 마쳤다(이건 오스카상이 아니다).

회의장이 열광의 도가니였다고 하면 거짓말이겠지만 누가 '최고'가 될지에는 다들 관심을 보였다. 우리는 사람들의 인식을 다루는 사회과학자이므로 사람들이 언제 답을 틀리는지, 국민들이 가장 많이 틀리는 국가가 어디인지에 완전히 매료된다. 하지만 보다 전략적으로 보면, 미디어는 성적표를 좋아한다. 세계에서 답을 가장 많이 틀린 국가가 되면 미디어의 관심을 (답을 가장 잘 맞히는 것보다 훨씬 더) 보장받을 수 있다.

그리하여 관중은 중대 발표를 기다리고 있다(그 발표란 파워포인트 슬라이드에 국기 이미지를 붙여넣은 다음 42인치 텔레비전 화면에 쏘는 것이다. 다시 한 번 말하지만 이건 오스카상이 아니다). 잘못된 인식 지표의 첫 번째 1등 수상국은…… 이탈리아! 방금 읽은 매력적인 수상 소감의 주인공인 이탈리아 팀의 수장 난도 파그노첼리Nando Pagnocelli는 크게 기뻐한다.

이건 우리의 첫 번째 시상식이었고, 이후 우리는 시상식을 몇 번 더 진행했다. 각 수상자는 멕시코, 인도, 남아프리카공화국이었다.

잘못된 인식 지표는 어떤 국가의 인식이 가장 많이 틀렸는지를 (그리고 가장 옳았는지를) 보여주는 중요한 기능을 수행한다. 지금까지 여러 다양한 질문을 살펴보는 동안 독자들도 특히 정답을 잘 맞히거나 잘 틀리는 국가가 있음을 눈치챘을 것이다. 하지만 그 경향이 늘

일관적인 것은 아니라서 한 국가가 어떤 질문에서는 엉망진창이었다가 어떤 질문은 잘 알아맞히기도 한다. 잘못된 인식 지표는 여러 질문에서 나타난 오류를 표준화한 다음 합산하는 식으로 공정하게 조사 결과를 요약한 것일 뿐이다.

우리는 이 책을 위해 여태껏 실시한 모든 연구를 아우르며, 다시 한 번 방대한 양의 지표를 정리했다. 즉 30여 개의 질문을 훑으며, 4년 동안 13개국 5만 명에게서 나온 자료를 정리했다는 뜻이다. 국가를 13개로 좁힌 것은 한 개도 빠짐없이 모든 질문에 대해 조사한 국가가 13개였기 때문이다. 이렇게 해야 그 어떤 경우에도 가장 공평할 수 있다. 이 13개국은 응답자들이 전 국민을 폭넓게 대변한다고 여길 수 있을 만큼 인터넷 보급률이 높은 곳이다.

국가별 순위 목록은 대답이 틀린 정도를 상대평가한 매력적인 정보를 보여준다. 이탈리아 다음은 미국이었다. 정답을 가장 잘 맞혀서 스펙트럼의 맨 끝에 위치한 국가는 (지금까지 살펴본 내용을 떠올리면 그리 놀랍지도 않지만) 스웨덴이며, 그다음은 독일이다. 영국은 한국과 일본에 이어 다섯 번째로 정답을 잘 맞힌 국가로 그리 나쁘지 않은 결과를 냈다.

이 자료가 흥미로운 요약 지표이긴 하지만 독자는 곧 '왜?'라는 질문을 떠올릴 것이다. 왜 몇몇 국가는 다른 국가보다 사실 정보를 올바르게 인식하는 걸까? 우리는 이 자료에서 무엇을 배울 수 있을까? 이 두 가지는 내가 기자들에게서 가장 자주 받는 질문이다.

하지만 이 자료에서 패턴을 읽어낼 수 있을까? 어떤 요인이 여러

평균 추측값과 실제 비율의 차이

국가	값	
이탈리아	100	가장 많이 틀린 국가
미국	90	
프랑스	86	
오스트레일리아	78	
벨기에	77	
캐나다	77	
스페인	76	
폴란드	76	
영국	76	
일본	72	
한국	70	
독일	64	가장 적게 틀린 국가
스웨덴	53	

표 33 **잘못된 인식 수준이 가장 높은 국가는 이탈리아와 미국이었고, 사실 정보를 가장 정확하게 알고 있는 국가는 스웨덴과 독일이었다.**

국가의 상대적 위치를 결정하는지 찾아낼 수 있을까? 이 책에서 살펴본 잘못된 인식의 원인을 전부 돌이켜보면 이 자료를 각각의 설명과 짝지어 상관관계를 파악할 수 있을까?

　이상의 질문에 대해 우리가 알아낸 내용은 이제 곧 설명할 것이다. 그전에 앞에서 언급한 우리 내면의 편견을 짚고 넘어갈 필요가 있다. 우리는 인과관계를 찾도록 프로그래밍되어 있다. 그건 '스토리텔링 애니멀'인 우리의 본성이다. 그렇기에 기자들의 첫 번째 질문이 늘 '왜?'인 것이다. 하지만 우리는 상관관계를 인과관계와 혼동하기도 한다. 우리는 자연스럽게 패턴을 찾으려 하고, 아무 의미도 없는 패턴에 의미를 부여하려 한다. 그 무궁무진한 사례는 기사에서 끝도 없이 찾아볼 수 있다. 앞서 살펴본 두 가지 주제를 결합한 기사를 예로 들어보자. "하면 할수록 돈도 더 벌어: 섹스를 가장 많이 하는 사람이 돈도 가장 많이 번다." 표현이 다소 경박하다는 점을 제외하면 그저 두 요소의 관계를 언급한 꽤나 중립적인 헤드라인이다. 하지만 기사의 논의는 이렇게 이어진다. "과학자들은 ……섹스를 일주일에 네 번 이상 하는 사람이 섹스를 일주일에 한 번 하는 사람보다 연봉이 3.2퍼센트 높다는 사실을 발견했다. 섹스를 전혀 하지 않는 독자가 없기를 바란다." (독자를 다소 놀려대는) 이 기사가 암시하는 바는 분명하다. 더 잘나가고 싶다면 섹스를 해야 한다.[1]

물론 학자들은 훨씬 신중했다. 《사이언티픽아메리칸Scientific American》은 이 기사에 관해 다음과 같이 말한다. "건강이 성 활동과 소득에 영향을 미칠 가능성이 있고, 성행위는 건강의 특정 측면을 개선해줄 수 있다. 인과적 고리는 매우 복잡하고 여러 순환 관계로 가득할 가능성이 높다."[2]

타일러 비겐Tyler Vigen은 원인을 찾아내려고 하는 인간의 성향을 소재로 '사이비 상관관계'라는 멋진 웹사이트와 책을 만들었다. 여기에는 매년 미국에서 수영장에 빠져 죽는 사람의 수와 배우 니컬러스 케이지가 출연한 영화의 수, 1인당 치즈 소비량과 침대 시트에 질식해 죽은 사람의 수, 메인주의 이혼율과 1인당 마가린 소비량 간의 음산한 상관관계 등이 실려 있다(비겐은 기이한 사망 원인과 유제품 간의 상관관계를 특히 많이 다룬다).[3] 물론 이 사례들에 인과관계가 있을 거라고 상상하긴 어렵다.

잘못된 인식을 설명할 때도 이런 성향을 경계해야 한다. 하지만 어떤 요소가 영향을 미칠지 예상하도록 근거가 되어줄 이론적 틀이 있다. 우리는 학자들이 말하는 '연역적' 추리를 통해 잘못된 인식이 교육 수준, 통계적 소양, 뉴스 이해력, 각국의 정치와 미디어, 사람들이 자기감정을 얼마나 표현하는지와 같은 문화적 요인과 어느 정도 상관관계를 맺고 있으리라 예상해볼 수 있다.

단순한 연관성 하나를 증명하는 데만도 여러 문제가 있다. 먼저, 공정한 지표를 산출할 수 있을 만큼 자료가 충분한 국가는 13개국뿐이다. 물론 이 자료는 더 많은 국가를 상대로 인터뷰를 수만 번 진행한 대규모 연구에서 나온 것이지만, 패턴을 찾을 때는 13개국의 자료만 참고할 수 있으므로 그만큼 신중해야 한다. 물론 13개국이 아니라 26개국이라 하더라도 우리가 내린 결론에는 여전히 한계가 있을 것이다. 이게 바로 국가 간 비교연구의 어려움이다.

둘째, 원인이 될 만한 요소에 관한 자료를 찾기가 상당히 어렵다. 우리는 인식의 위험을 연구하면서 개별 국가와 전 세계의 사실 정보를 찾기 위해 많은 시간을 쏟았다. 덕분에 이미 자료가 상당히 많긴 하지만, 원인이 될 만한 요소를 유의미하게 측정한 자료를 구하는 것은 쉽지 않았다. 국가별 교육 수준을 평가한 자료는 비교적 쉽게 얻을 수 있지만 이 수치들은 개괄적인 지표일 뿐, 우리가 측정하고 싶은 비평적 문해력에 초점을 맞춘 것이 아니었다. 예를 들어 OECD의 국제학업성취도평가PISA 자료는 각국 고등학생의 수학과 읽기, 과학 능력을 비교할 수 있는 훌륭한 지표지만 각국 국민 전체의 비평 능력에 대해서는 알려주는 바가 거의 없다. 정치적 맥락, 미디어의 질과 다양성, 각국 사람들이 소셜미디어를 사용하는 방법과 소셜미디어가 통제되는 방식 등 우리가 알아보고 싶은 여러 다른 척도도 마찬가지다. 각국 대중의 성격 특성에 관해, 예를 들면 그 나라 국민이 얼마나 '감정적'인지를 어떻게 철저히 측정할 수 있겠는가?

이런 여러 가지 어려움에도 불구하고 우리는 최대한 많은 자료를 한데 모으고자 했다. 실제로 우리는 PISA 평가를 포함해서 한 국가의 사회 발전 정도를 측정한 지표, 미디어의 다양성과 독립성과 자유도 척도, 각국의 다양한 가치 체제를 측정한 입증된 지표, 온라인 활동 척도뿐만 아니라 자국의 제도를 얼마나 신뢰하는지, 자국 국민이 감정을 얼마나 터놓고 표현한다고 생각하는지, 아이들에게 어떤 가치가 중요하다고 생각하는지, 자국의 앞날을 어떻게 생각하는지처럼 사고방식과 관련된 요소에 이르기까지 다양한 영역에서 여러 지표를 입수했다. 참고문헌에서 우리가 사용한 자료의 목록을 볼 수 있다.[4]

이 책의 서문을 보면 그리 놀랍지 않겠지만 우리는 마술 같은 답을 발견하지 못했다(가짜 상관관계라는 산업에 뭔가를 더 보태고 싶지 않은 마음도 있었다). 다만 우리가 관찰한 패턴을 통해 대략적인 암시만 할 수 있을 뿐이다. 하지만 우리가 발견한 내용에 아무 가치가 없는 것은 아니다. 다음 세 가지 영역은 국가와 개인 수준에서 잘못된 인식과 상관관계가 있다는 충분한 증거를 찾을 수 있었다.

1. 감정 표현의 정도

내 동료인 난도의 직감은 어느 정도 맞는 것으로 보인다. 에린 메이어Erin Meyer가 저서 《컬처맵The Culure Map》에서 주장했듯 국가적인 수준의 잘못된 인식과 그 국민이 감정을 얼마나 잘 표현하는지를 측정한 척도 간에는 상관관계가 있다.⁵ 메이어는 해당 문화의 사람들이 얼마나 언성을 높이고 서로를 만지는지(이상하게는 아니고), 또는 얼마나 열정적으로 웃음을 터뜨리는지 같은 요소를 기초로 감정 표현 정도를 측정한다. 만약 우리의 감정적 반응이 현실을 과장하거나 축소하는 이유 중 하나라면 잘못된 인식이 감정을 얼마나 표현하는가와 관련이 있다는 주장에도 일리가 있다.

예를 들어 에린의 척도에서 감정을 가장 잘 표현하는 국가로는 이탈리아와 프랑스가, 반대로 감정을 가장 잘 표현하지 못하는 국가로는 한국과 일본 그리고 스웨덴이 있다. 영국은 차분한 쪽에 가깝다. 이런 상관관계에 들어맞지 않는 사례로는 미국과 스페인이 있다(미국은 스펙트럼의 중간에, 스페인은 감정을 잘 표현하는 쪽에 있다).

그러므로 감정의 표현 정도는 완벽하게 들어맞는 설명은 아니지만 전반적인 패턴을 보면 어느 정도 관계가 있다고는 할 수 있다.

2. 교육 수준

국가 단위에서는 교육 수준 평가와 잘못된 인식 간에 직접적인 관련성을 거의 발견할 수 없었다. 하지만 PISA 평가에는 몇 가지 패턴이 있다. 예를 들어 이탈리아와 미국은 읽기와 수학을 가장 못한 국가에 속하고 한국과 일본은 가장 잘한 국가에 속한다. 하지만 스웨덴은 PISA 평가에서 특출난 평가를 받지 못했다. 캐나다는 우리의 잘못된 인식 지표에서는 낮은 점수를 받았으나 PISA 평가에서는 상위권에 속했다. 그러므로 교육 수준과 잘못된 인식 간에는 약간의 연관성밖에 없다고 할 수 있다.

하지만 개인 단위에서는 교육 수준과 대답의 정확성 간에 다른 관계가 나타났다. 인식의 위험을 연구하는 내내 가장 명확하게 나타난 패턴 중 하나는 개인의 교육 수준이 높을수록 현실을 더욱 정확하게 인식할 확률이 높다는 것이었다. 예를 들어 2017년에 설문을 실시한 38개국을 살펴보면 교육 수준이 낮은 사람(졸업장이 없거나 최소한의 필수 교육만 받은 사람)은 자신이 살고 있는 국가의 10대 소녀 중 29퍼센트가 매년 아이를 낳을 거라고 추측했지만 교육 수준이 높은 사람(학사 이상)은 그 비율을 21퍼센트로 추측했다(여전히 훌륭한 정도라고는 말할 수 없지만, 그래도 더 정확한 답이다). 이밖에도 교육 수준이 낮은 사람은 자국 수감자 중 이민자 비율을 35퍼센트로 지나치게 높게 추측했지만 교육 수준이 높은 사람은 24퍼센트로 추측해, 현실에 훨씬 근접한 답을 내놓았다. 하지만 이것은 연관성일 뿐이며, 인과관계라고 결론 내릴 수는 없다는 점을 다시 한 번 강조하고 싶다. 하지만 수년에 걸쳐 자료를 살펴본 결과, 교육 수준이 대답의 정확성과 어느 정도 관련이 있다고 보아도 무방할 듯하다.

3. 미디어와 정치 수준

우리는 국가 단위에서 잘못된 인식의 정도와 언론의 자유 · 미디어의 다양성 · 정부의 자료 공개 정도를 측정한 객관적 척도 사이에 어떤 상관관계도 발견하지 못했다. 잘못된 인식 지표는 사람들이 정부를 얼마나 높게 평가하는가, 사람들이 국가가 나아가는 방향에 얼마나 긍정적인가, 사람들이 국가기관을 얼마나 신뢰하는가와도 뚜렷한 관련성을 보이지 않았다.

하지만 국가 단위에서 잘못된 인식 지표와 강력한 상관관계를 보인 요소가 하나 있었다. 바로 '나는 현 정부 대신 더욱 강력한 지도자가 국가를 이끌었으면 좋겠다'라는 진술에 동의하는지의 여부였다. 이 진술에 가장 동의하지 않은 국가는 스웨덴이었다. 스웨덴 사람들이 이 진술에 동의한 비율은 이탈리아와 미국 사람의 절반 정도였다 (설문을 실시한 2016년 기준). 그리고 스페인과 프랑스, 오스트레일리아처럼 우리 연구에서 현실을 크게 오인한 국가들은 강한 지도자를 원한다는 주장에 동의했다. 하지만 해석은 신중해야 한다. 이 결과는 각국이 놓인 맥락에 따라 의미가 다를 것이며, 혹시 잘못된 인식 지표와 인과관계가 있다고 해도 그 관계를 명쾌하게 풀어내기는 상당히 어려울 것이다.

교육 수준과 마찬가지로 개인 단위에서는 잘못된 인식과 정치적 선호·미디어 소비 간에 분명한 상관관계가 나타났지만 이 역시 몇 가지 질문에 한정된 상관관계였다. 가장 최근에 실시한 2017년 연구에서 우리는 처음으로 영국과 미국에서 정당 선호도와 미디어 소비에 관해 설문을 실시했다. 이를 통해 이 두 가지 특징이 잘못된 인식과 어떻게 상호작용하는지를 알아보고 싶었던 것이다. 그 결과 우리가 질문한 사안 중 정당 선호도 및 미디어 소비와 관련을 보인 것은 매우 소수인 것으로 드러났다. 실제로 유의미한 상관관계를 보인 질문은 '수감자 중 이민자 비율은 얼마나 될까'와 '테러 공격으로 사망한 사람의 수는 어떻게 바뀌고 있을까', 이 두 가지뿐이었다.

이 두 가지 질문에서는 우리가 예상했을 법한 패턴이 드러났다. 예를 들어 미국에서 공화당 지지자들은 39퍼센트의 수감자가 이민자일 거라고 추측한 반면 민주당 지지자들은 28퍼센트로 추측했다(실제 비율은 5퍼센트). 영국에서 보수당 지지자들은 그 비율을 39퍼센트로, 노동당 지지자들은 31퍼센트로 추측했다(실제 비율은 12퍼센트). 미국에서는 우편향인 〈폭스뉴스〉 시청자의 47퍼센트가 지난 15년 동안 테러로 사망한 사람이 그전 15년에 비해 늘어났을 거라고 (잘못) 생각한 반면, 다른 뉴스 채널 시청자의 경우 그렇게 생각한 비율은 34퍼센트였다. 하지만 영국에서는 미디어 소비에 따른 대답의 차이를 발견하지 못했다.

우리 연구에서 정치적 선호와 미디어 소비에 따라 대답이 달랐던 질문은 이 두 가지뿐이었다. 10대 임신율, 당뇨 유병률, 자살률, 살인율의 변화에 관한 질문에서는 그 어떤 패턴도 나타나지 않았다. 결론은 우리가 예상한 것과 비슷하며, 앞에서 살펴봤듯 구독하는 신문과 이민에 대한 우려 간에 강한 상관관계가 나타난 것과도 맥락이 같다. 즉 이민과 테러처럼 정체성에 크게 좌우되는 사안의 경우 정치적 선호와 미디어 소비가 잘못된 인식과 어느 정도 관련이 있는 것으로 보인다. 그렇다고 이 두 요소가 더 광범위한 세계관이나 세상에 대한 정확한 인식에 영향을 미치는 것은 아니다.

팩트 감각 기르기

그러므로 기자들이 왜 잘못된 인식 수준이 국가별로 다르냐고 물으면 나는 어깨부터 으쓱이게 된다. 문제는 서로 너무 깊이 연결되어 있고, 원인이 될 만한 요인을 측정한 자료들은 너무 일반적이며, 우리가 가진 표본의 수는 너무 적다.

하지만 편견과 관련지을 만한 국가 간의 비교연구가 하나 남아 있다. 바로 더닝 크루거 효과Dunning-Kruger effect에 관한 것이다. 이 효과는 사회심리학자인 데이비드 더닝David Dunning과 저스틴 크루거Justin Kruger가 처음 소개했다. 두 사람은 기만적 우월감 편향(자신이 다른 사람보다 낫다고 생각하는 성향)이 인지 능력과 흥미로운 관계를 맺고 있음을 발견했다. 인지 능력이 낮은 사람은 자신이 문제를 겪고 있음을 알아챌 가능성이 더 낮고, 그 결과 인지 능력이 높은 사람에 비해 자신이 유능하다고 생각할 가능성이 더 높다.[6] 매우 직관적인 개념으로, 플라톤의 《대화편》에서 소크라테스가 자신은 아무것도 모른다는 사실을 알기 때문에 지혜롭다고 했던 대목을 연상시킨다. 더닝과 크루거는 멋진 사례를 통해 이 효과를 선명하게 그려낸다.

1995년 1월, 키 170센티미터에 몸무게는 122킬로그램에 달하는 중년 남성 맥아더 휠러McArthur Wheeler가 환한 대낮에 피츠버그에 있는 은행 두 곳을 털었다. 그 장면을 좀 더 구체적으로 설명하기 위해(마침 비만이 골칫거리라는 사실도 살펴본 참이니까) 그의 키와 몸무게를 BMI 지수로 환산하면 43이 나온다는 점을 짚고 넘어가야겠다. 이 수치는 명백하게 '병적인 비만' 영역에 속하므로 휠러는 상당히 눈에 띄는 사람이었다. 하지만 휠러는 얼굴을 마스크로 가리지도 않았고, 사람들 사이에 섞이려는 시도도 하지 않았다. 실제로 휠러는 두 은행에서 걸어 나오기 전에 감시 카메라를 보고 싱긋 웃기까지 했다. 그날 밤 경찰은 깜짝 놀란 휠러를 체포해, 그에게 녹화된 영상을 보여주었다. 그는 말문이 막힌 채 멍하니 비디오를 들여다봤다. 휠러가 말했다. "하지만 난 얼굴에 레몬즙을 발랐는데요." 휠러는 자신이 물리학을 잘 안다는 과도한 자신감이 있었다. 그는 얼굴에 레몬즙을 문지르면 카메라에 보이지 않을 거라고 생각했다. 그러니까 그의 사고는 '레몬즙은 눈에 보이지 않는 잉크다'에서 '그러므로 나는 보이지 않을 것이다'로 이어진 것이다.

Q 지금까지 대답한 것이 얼마나 맞을 거라고 얼마나 자신합니까?

자신의 모든 대답에 자신이 있다고 답한 비율

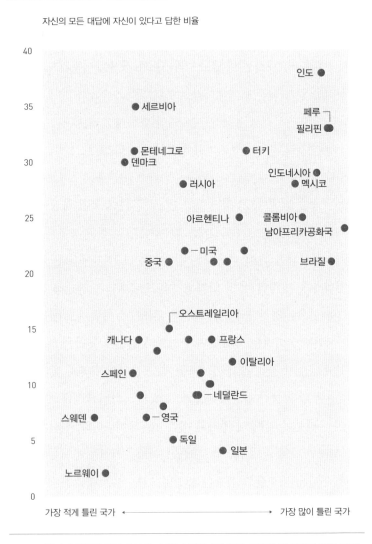

가장 적게 틀린 국가 ← ─────────────── → 가장 많이 틀린 국가

표 34 **자신감과 잘못된 인식 사이에는 강한 상관관계가 있다. 정답을 잘 맞히지 못한 국가는 정답을 잘 맞힌 국가보다 더 큰 자신감을 보였다.**

더닝과 크루거는 이 흥미진진한 이야기에서 시작하여, 성적이 낮은 학생들이 자신은 좋은 성적을 받을 거라고 자신감을 보이는 것에 서부터 아는 것이 별로 없는 총기 마니아들이 스스로 화기 안전을 잘 숙지하고 있다고 자부하는 것에 이르기까지 여러 다양한 사례를 살펴본다.

우리가 실시한 설문에서도 자신감이 국가 단위의 현실 인식에 영향을 미쳤을까? 정답을 잘 맞히지 못한 국가가 지나친 자신감을 보일까? [표 34]에서 나타나듯 그 대답은 '그렇다'인 것으로 보인다. 우리가 자신의 대답에 얼마나 자신이 있는지를 물은 것은 가장 최근에 가장 많은 국가를 대상으로 실시되었던 2017년 조사 때뿐이다. 그래도 여러 국가의 지나친 자신감을 보여준다는 점에서는 유용하다.

[표 34]는 더닝과 크루거의 관점에서 보면 믿기 어려울 만큼 만족스러운 도표로, 자신감과 잘못된 인식 사이에 (대체로) 강력한 선형 관계가 나타났다. 도표의 한쪽 끝에 있는 인도는 2017년 조사에서 정답을 가장 못 맞힌 국가였으나 놀랍게도 응답자의 38퍼센트가 자신의 모든 대답에 자신이 있다고 답했다. 도표 하단의 왼쪽에는 스웨덴과 노르웨이가 있다. 스웨덴에서는 7퍼센트, 노르웨이에서는 2퍼센트만이 자기 대답에 자신이 있다고 답했으나 이 두 국가는 2017년 연구에서 답을 가장 잘 맞힌 국가였다.

물론 모든 국가가 이 상관관계에 들어맞는 것은 아니라서 세르비아와 몬테네그로, 덴마크 같은 국가들은 정답률에 걸맞은 자신감을 보였다. 사람과 마찬가지로 더닝 크루거 효과가 특히 뚜렷하게 나타나는 국가가 있다. 인도와 필리핀, 페루처럼 더닝 크루거 효과가 뚜렷하게 나타난 국가는 대체로 인터넷 보급률이 낮다는 점을 고려하면, 이 결과는 응답자들이 자신의 비보편적인 경험과 비교집단을 실제보다 보편적일 거라고 생각한 탓일 수도 있다. 여기서 '내가 보는 것이 전부'라는 생각이 얼마나 위험한지를 알 수 있다. 이제 마지막 장으로 넘어가 이런 인식의 위험에 어떻게 대처할지를 살펴보자.

11장

팩트 감각을 살려주는 열 가지 방법

우리가 현실을 왜 그토록 잘못 인식하는지에 대한 논의는 대부분 그 원인이 외부에 오롯이 홀로 존재한다고 보는 데서부터 시작한다. '우리는 우리의 사고방식 때문이 아니라 오로지 외부적 요소 때문에 현실을 잘못 인식한다.' 이것이 바로 우리가 반복하는 실수다.

하지만 앞에서 살펴본 것처럼 단일한 독립적 원인은 없다. 오로지 미디어와 정치가 우리를 호도하기 때문에 우리가 세계를 잘못 인식하는 것이 아니라는 증거가 많다. 사실 정보에 대한 우리의 잘못된 인식과 무지는 역사가 길며, 시간과 장소가 바뀌어도 사라지지 않고 굳건히 자리를 지켜왔다. 1950년대 영국에서도 사람들은 범죄 통계를 무시했고, 1940년대 미국인들은 오늘날만큼 정치에 대해 아는 것이 없었다.

사람들은 현재를, 역사상 유례가 없을 정도로 제대로 아는 것이 없고 '가짜 뉴스'에 시달리는 '탈진실'의 시대라고 생각하는 경향이 있다. 하지만 정치 관련 허위 정보는 2016년 미국 대선에서 처음 생겨난 것이 아니다. 영국 버스에 붙은 유럽연합 예산에 관한 의심스러운 주장, 2017년 프랑스 대선 당시 나돌았던, 기독교인의 명절을 무

슬럼과 유대인 명절로 대체한다는 소문도 마찬가지다.[1]

각국의 정치 신뢰도 변화를 보면 황금시대는 없음을 알 수 있다. 노르망디 상륙작전이 대성공을 거둔 1944년 여름에조차 정부가 정치인과 정당의 이익보다 국가의 이익을 우선시할 것이므로 정부를 신뢰해도 좋다고 생각한 영국인은 고작 36퍼센트뿐이었다. 최근 들어 신뢰도가 급격히 하락하면서 탈진실의 세계가 열렸다는 것이 널리 통용되는 주장이지만,[2] 설문조사 결과에 따르면 그 주장은 지지하기 힘들다. 예를 들어 유럽연합 회원국 전체를 살펴보면 각국의 정부 신뢰도는 2001년(36퍼센트가 자국 정부를 신뢰한다고 말했다)이나 2017년 연말이나(38퍼센트가 정부를 신뢰했다) 그리 다를 게 없었다. 물론 그사이 신뢰도가 바닥을 친 국가도 있었지만(예를 들어 스페인의 정부 신뢰도는 55퍼센트에서 22퍼센트로 추락했다) 스웨덴과 독일처럼 신뢰도가 상승한 국가가 균형을 맞췄다.[3]

실제로 우리가 1983년부터 영국에서 실시한 여론조사 결과를 살펴보면 공무원에서 노동조합 간부와 경찰에 이르기까지 온갖 직업군에 대한 신뢰도가 상승했음을 알 수 있다. 브렉시트 캠페인 당시 가장 유명했던 발언 중 하나는 "이 나라 국민은 전문가에게 넌더리가 났다"는 정치인 마이클 고브Michael Gove의 말이었다.[4] 하지만 자료에서는 과학자와 교수에 대한 신뢰도가 엄청나게 상승한 것으로 나타났다. 실제로 최근 들어 신뢰도가 급격히 하락한 직업은 성직자가 유일하다. 우리가 새로운 '계몽의 시대'를 살고 있는 것은 분명 아니지만, 사람들이 여러 전문가의 진실성을 전면 부정하는 것 또한 아니다.

반면 정치인과 기자는 사람들이 가장 불신하는 직업 1위를 놓고 다투고 있으며, 최근 영국에서는 정치인이 '승리'를 차지했다. 하지만 요점은 이게 전혀 새로운 상황이 아니라는 것이다. 정치인과 기자에 대한 신뢰도는 우리가 연구를 시작한 1983년과 사실상 거의 똑같다. '신뢰도에 새로운 위기'가 도래했음을 주장하는 연구가 매년 쏟아져 나오지만 그 증거는 희박하며, 장밋빛 회상을 통해 상상 속에서 존중과 경의가 넘쳐흐르던 시대를 떠올렸을 가능성이 높다.

신뢰도 연구를 아무거나 하나만 살펴봐도 상황 특수적context-specific이라는 개념이 매우 모호하다는 것을 금방 알 수 있다. '어떤 상황에서 누가 무엇을 하는 것을 신뢰합니까?' 잘못된 인식이라는 관점에서는 '어떤 주제에 관해 특히 어떤 전문가를 신뢰합니까?'라는 질문이 중요하다. 커뮤니케이션 기술이 엄청나게 발전하면서 무언가를 고르고 선택하는 우리의 능력은 예전에 상상도 하지 못한 수준으로 커졌다. 정보원과 소셜미디어의 폭발적 증가에, 기존 시각을 확증해주는 정보를 추구하고 그렇지 않은 정보는 피하려는 우리의 본성이 합쳐진 결과 우리는 자신의 관점을 옹호해주는 전문가를 가까이하게 되었다.

외부 상황에도 우리의 사고방식에도 우리의 세계관을 왜곡하고 미혹하는 요인이 수없이 많다. 서문에서 설명했듯이 이 요소들은 우리의 능력과 사고방식(수리 및 통계 능력, 비평적 문해력, 감정적 수맹을 포함한 편견과 휴리스틱, 정신물리학에서 말하는 '중간 베팅 성향')처럼 우리 내

Q 다음 직업을 가진 사람들이 진실할 거라고 믿습니까?

각 직업이 진실을 말할 거라고 믿은 비율

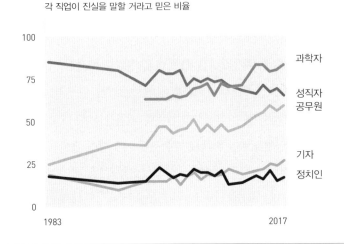

표 35 시간의 흐름에 따른 대중의 신뢰도 변화

부에 있는 요소에서부터 외부에 있는 요소(미디어와 소셜 커뮤니케이션 기술, 정치, 우리가 눈으로 직접 보고 경험하는 것)에 이르기까지 다양하다.

하지만 이런 설명 역시 현상을 단순화한 것이며, 각 요소는 서로 상호작용한다. 또한 이 요소들은 여러 사안에서 다르게 작동하며, 모든 요소가 똑같은 무게와 중요성을 지니는 것도 아니다. 특히 우리의 편견과 휴리스틱은 매우 넓은 범위에 걸쳐서 뚜렷한 원인으로 작용한다. 예를 들어 감정적 수맹만으로도 앞에서 살펴본 패턴의 상당 부분을 설명할 수 있다.

하지만 이 요소들은 우리가 고려해봐야 할 체크리스트를 제공한다. 우리가 어떤 사안을 잘못 인식하는 주요 이유를 이해하면 우리가 무엇을 할 수 있을지도 알게 된다.

무엇을 할 수 있을까?

"45년간 이 문제를 연구해왔지만 해결한 것은 한 개도 없습니다."[5]

여기서 대니얼 카너먼은 훨씬 폭넓은 상황에 대해, 또한 우리가 결정을 내릴 때마다 얼마나 잘못된 사고를 할 수 있는지에 대해 이야기하고 있다. 그의 경고는 우리가 현실을 인식하는 방식에도 똑같이 적용된다. 편견은 우리 안에 단단히 자리 잡고 있으며, 피하기 어려운 것으로 판명되었다.

그렇다면 희망은 있을까? 전 세계적으로 유명하고 크게 존경받는 노벨상 수상자이자 우리가 빠지기 쉬운 머릿속의 함정에 대해 누구보다도 잘 알고 있는 행동과학자가 아무 문제도 해결하지 못했다면 이 책 역시 그저 시간 낭비인 걸까?

물론 이게 카너먼이 말한 전부는 아니다. 인터뷰를 좀 더 살펴보면 자그마한 희망의 불빛을 발견할 수 있다.

대니얼 카너먼: 저는《생각에 관한 생각》이 자기계발서가 될 수 있다는 생각에 상당히 비관적입니다. 제 경험을 통해 알고 있지요.

말씀하신 대로 전 45년간 이 문제를 연구해왔지만 해결한 것은 하나도 없습니다. 사실 이 연구도 거기서 시작됐습니다. 우리(대니얼 카너먼과 그의 오랜 동료 아모스 트버스키) 자신의 틀린 직감에 대해 살펴보는 데서 시작했지요. 우리는 둘 다 통계학을 가르치고 있었고 우리의 직감은 우리가 가르치던 내용과 일치하지 않았습니다. 실제로 중요한 건 그겁니다. 우리의 직감이 어디서부터 어긋나는지를 이해하는 것 말입니다. 시스템 1은 변하지 않습니다.

사회자: 그러니까 요점은, 본질적으로 시스템 1을 가르칠 수는 없고, 오로지 시스템 2를 연습시켜서 시스템 1을 신뢰할 수 없을 때 시스템 2를 좀 더 활용해야 한다는 말씀인가요?

대니얼 카너먼: 그렇죠. "이런, 지금 실수를 저지를 것 같아"라고 말해주는 신호를 인지하는 겁니다. 자주 있는 일은 아닙니다. 그렇다면 해답은 침착하게 스스로를 가다듬은 다음 시스템 2를 끌어오는 겁니다.[6]

카너먼과 트버스키는 1973년에 발표한 독창적인 논문에서 우리가 세상을 바라보는 방식과 직접적으로 관련된 매우 현실적인 사례를 통해 이 조언을 뒷받침했다. 둘은 어떤 대상과 자신 사이의 거리는 그 대상이 얼마나 명료하게 보이느냐에 따라 결정되는 면이 있다고 지적한다. 대상이 선명하게 보일수록 더 가까워 보인다는 것이다. 그러므로 날씨가 맑으면 대상과의 거리는 과소평가된다. 우리는 이러한 인식 작용을 통제할 수 없다. 이 과정은 무의식적으로 일어나기

때문이다.[7]

하지만 우리의 최초 인식이 언제 편견의 영향을 받을 가능성이 큰지를 배울 수는 있다. 자신을 침착하게 가다듬고 우리가 잘못된 인식의 길로 빠지고 있는 것은 아닌지 생각해볼 수 있다. 그러므로 산을 오를지 말지를 결정할 때는 날이 맑기 때문에 산 정상이 실제보다 훨씬 가까워 보이는 것은 아닌지부터 생각해봐야 한다.

여러 인지적 오류를 훌륭하게 정리한 책《명료하게 생각하는 기술The Art of Thinking Clearly》의 저자 롤프 도벨리Rolf Dobelli 역시 비슷한 주장을 한다. 도벨리가 '실수 없는 삶을 위한 일곱 가지 방법' 같은 것을 알려주지는 않는다. 하지만 도벨리는 자신이 빠졌던 함정의 목록을 만든 다음 훨씬 차분해지고 정신이 맑아졌으며 실수를 더 빨리 깨닫게 되었다고 말한다.[8] 지금까지 내가 살펴본 모든 증거 역시 우리는 실수를 피하지 못할 거라고 말한다. 사실 실수를 모두 없애고 싶은 것도 아니다. 대부분의 실수는 우리의 사고방식과 감정을 보여주는 유용한 단서이기 때문이다. 하지만 우리가 흔히 빠지는 함정이 무엇인지 파악하면 완전히 왜곡된 관점으로 세상을 바라보는 최악의 상황을 피할 수 있다.

나는 이 함정들을 짚어보면서 우리가 함정의 노예인 것만은 아니라는 사실을 입증하기 위해 최선을 다했다. 이 책에서 함께 살펴본 고전적인 연구들의 결과를 보라. 선 길이를 비교하는 애시의 실험에서 동료 집단의 극심한 압력에 굴복한 피험자는 고작 3분의 1이었다. 리 로스의 샌드위치 광고판 실험에서 다른 사람이 자신처럼 행동했을 거라고 생각한 학생은 60~70퍼센트였다(두 개 중 한 개를 고르는 50 대 50의 확률과 그리 크게 차이나지 않는다). 애리얼리의 닻 효과 실험에서 사회보장번호의 마지막 두 자리가 높았던 학생들은 와인 값을 다소 높게 불렀지만 그렇다고 모두가 사회보장번호에 크게 영향을 받은 것은 아니었다.

무의식적으로 여러 사회적 특성을 과대평가하거나 과소평가할 수 있다는 정신물리학의 설명처럼, 우리가 사고 과정을 조종당하는 듯이 보일 때에도 '긍정적인' 측면이 있다. 이 주장에 따르면 우리의 부정확한 세계관은 대부분 우리 머릿속에서 숫자를 재조정하기 때문에 생겨난다. 즉 잘못된 세계관이 늘 뿌리 깊은 편견을 보여주는 것은 아니다.

잘못된 인식 하나하나와 맞서 싸우는 것도 중요하지만 커뮤니케이션 환경도 중요한 역할을 한다. 완벽하게 중립적인 정보만 오간 시대가 있었을 거라고 생각해서도 안 되지만 현 시대를 안일하게 받아들여서도 안 된다. 우리는 허위 정보가 그 어느 때보다도 많이 생겨나고 빠른 속도로 확산되는 세계를 향해 나아가고 있다. 커뮤니케이션 기술의 혁명적 발전은 우리 삶에 여러 가지 긍정적인 영향을 미쳤다. 특히 정치 영역에서 사람들을 연결하고 심각한 문제를 수면 위로 드러냄으로써 실질적인 변화를 이끌어내기도 했다. '아랍의 봄' 뿐만 아니라 해시태그 #MeToo와 #BlackLivesMatter(흑인의 생명도 중요하다)는 여러 주요한 사회운동에서 커뮤니케이션 기술이 중심 역할을 했음을 잘 보여준다. 하지만 이 기술이 정체성 정치의 부상과

손잡을 경우 기존 관점을 강화하고 여기에 부합하지 않는 정보는 무시하는 우리의 타고난 성향이 더욱 강해진다.

개인은 인식의 함정을 절대 피할 수 없다거나 여럿이 힘을 합쳐도 '정보 공해'를 개선할 수 없다고 생각하는 것은 아니다. 오히려 그 반대다. 우리에게는 희망을 가질 만한 근거가 있다.

이제 세계를 더욱 정확하게 인식하게 해줄 열 가지 방법을 살펴볼 것이다. 이 방법들은 시험에서 사회 현실에 관한 질문과 마주치거나 잘못된 인식 설문조사에 참여하는 것처럼 흔치 않은 상황에서만 유효한 것이 아니다. 결혼식 만찬에서 전 세계의 10대 출산율에 대한 지식을 뽐내며 결혼식 하객에게 감명을 줄 때만 유용한 것도 아니다(비록 난 그렇게 했지만). 이 방법들은 우리가 세계를 바라보는 방식에, 우리가 우선순위를 매기고 새로운 정보를 받아들이는 방식에 광범위하게 적용될 수 있다. 처음에는 개인의 사고방식과 관련된 방법에서 시작해 점차 사회적 차원에서 취해야 할 조치로 나아갈 것이다.

1. 대부분의 문제는 점점 나아지고 있다고 전제하라.

감정적 수맹은 우리가 왜 다양한 사회적 현실을 그토록 잘못 인식하는지를 설명할 때 가장 중요한 개념 중 하나다. 우리는 문제를 과대평가하기 때문에 걱정하기도 하지만, 문제를 걱정하기 때문에 과대평가하기도 한다. 그렇기에 잘못된 인식은 우리가 실제로 무엇을 걱정하는지를 보여주는 유일한 단서다. 이는 우리가 무엇을 걱정하는지를 깨달으면 잘못된 인식을 통제할 수 있다는 뜻이기도 하다.

이 개념은 대부분의 사회 현실이 점점 개선되고 있다는 사실과도 연결된다. 물론 모든 것이 나아지고 있는 것은 아니며, 개선되고 있다 해도 우리가 원하는 만큼 빨리 개선되지 않는 경우도 많다. 하지만 대부분의 문제가 점차 나아지고 있다고 가정하는 것이 그 반대로 생각하는 것보다 현실에 가까울 확률이 높다.

이 간단한 방법이 효과적인 이유는 우리가 그동안 이뤄낸 위대한 발전을 놓치고 있기 때문만은 아니다. 이 방법은 우리가 그 반대로 생각하도록 타고났기 때문에 중요하다. 우리는 과거의 좋지 않았던 기억을 지우고 좋았던 기억만 강조하는 '장밋빛 회상'에 시달리는 경향이 있다. 이 특성은 과거의 고통을 곱씹지 않게 함으로써 그만큼 심적 여유를 갖게 해주기 때문에 인간에게 도움이 된다. 하지만 한편으로 장밋빛 회상은 오늘날의 현실이 과거 어느 때보다도 나쁘다는 그릇된 시각을 불러온다. 이러한 인식을 피하는 것은 상당히 중요한 일이다. 우리가 어떻게 행동하고 느낄지에 성취감이 영향을 미치기 때문이다. 게다가 세상의 변화를 너무 비관적으로 바라보면 그동안의 진보를 제대로 볼 수 없게 되어 오히려 성과를 망가뜨리는 극단적인 결과가 발생할 수도 있다.

2. 감정은 받아들이되 신중하게 통제하라.

《팩트의 감각》은 마음챙김 책이 아니다. 또한 페이스북에 떠도는 '영감을 주는 하루 한마디'를 인용하는 책도 아니다. 이 구절이 중년의 위기를 다룬 앤드루 G. 마셜의 자기계발서에서 나온 것이긴 하지만 말이다(그렇다고 내가 이 책을 읽었다는 것은 아니다. 이 시리즈에 속한 다른 책도 전혀 읽지 않았다. 진짜다). 하지만 이 구절은 우리가 현실을 바라보는 방식에도 완벽하게 적용된다.[9]

예를 들어 우리가 이민에 대해 (긍정적이든 부정적이든) 어떤 감정을 느낀다는 사실 자체를 부정하는 것은 아무 의미가 없으며, 애초에 불가능한 일이다. 하지만 그 감정을 받아들이고 왜 그런 감정을 느꼈는지 이해하는 것은 매우 유용하다. 신중하고 차분하게 사고함으로써 즉각적인 감정적 반응을 진정시키는 것은 더욱 어려운 일이지만 그게 바로 핵심이다. 이는 시스템 1의 반응을 바꾸려 하지 말고, 필요할 때마다 시스템 2를 발동시키는 연습을 하라고 했던 카너먼의 조언과도 유사하다.

3. 냉소주의가 아닌 회의주의를 길러라.

스티븐 그린스펀Stephen Greenspan은 저서《어리석음의 연대기: 우리가 사기당하는 이유와 사기를 피하는 방법Annals of Gullibility: Why we get duped and how to avoid it》에서 회의주의를 기르되, 냉소주의는 기르지 말라고 조언한다. 스펙트럼의 양극단에는 위험이 도사리고 있기 때문이다.[10] 둘의 경계를 파악하는 것은 쉽지 않은 일이지만 그래도 중요하다.

지금까지 우리는 인지부조화를 피하고 싶다는 욕망을 극복하고 기존 신념을 떠나보낼 줄 알아야 올바른 세계관을 구축할 수 있다는 사실을 살펴보았다. 이런 욕망은 온갖 종류의 확증 편향과 일방향의 의도적 합리화, 비대칭 정보 갱신을 낳고, 이로써 우리는 기존 신념과 맞지 않는 정보는 무시하고 나의 의견을 지지하는 정보만 취하게 된다.

하지만 약간의 회의주의는 필요하며, 우리 태도에도 어느 정도 타성이 있어야 한다. 그렇지 않으면 귀를 팔랑거리며 늘 가장 마지막에 들은 정보를 믿게 될 것이다.[11] 냉소주의를 가지면 기존 시각과 반대되는 정보를 너무 쉽게 무시하게 되지만, 모든 정보를 너무 의심 없이 받아들이면 그만큼 쉽게 속아넘어가게 된다. 미디어는 우리가 경계해야 할 자극적인 내용으로 가득하다. '피를 흘리면 주목받는다'는 기자들의 클리셰처럼 선혈이 낭자한 내용만을 말하는 것이 아니다. BBC 기자 에번 데이비스Evan Davis는 탈진실에 관한 저서에서 미디어의 또 다른 격언을 소개한다. "우선 이해하기 쉽게 설명하라, 그리고 과장하라." 데이비스가 설명하듯 미디어 업계에서 일하는 사람들은 방송국 편집자와 시청자에게 자기 프로그램을 팔아야 하며, 이는 곧 '별게 아닌' 방송 소재도 큰 문제인 것처럼 만들어야 한다는 뜻이기도 하다. 데이비스의 설명에 따르면, 기자들은 먼저 사실 정보를 적당히 설명한 다음 "정당화할 수 없을 정도로 엄청나게 부풀린다". 사람들은 '가짜 뉴스'보다 이런 흔한 함정에 훨씬 속아넘어가기 쉽다.[12]

미국의 사회심리학자 제임스 페니베이커James Pennebaker는 실험을 통해 감정에 대해 적는 것만으로도 건강해질 수 있음을 증명했다. 페니베이커는 보다 능동적으로 미디어와 상호작용할 것을 제안하기도 했다. 즉 수동적으로 미디어를 받아들이지 말고 미디어가 전달하는 정보에 대해 능동적으로 사고하고 내용을 이해하는 쪽으로 뉴스 소비 방식을 바꾸라는 것이다. 이는 온라인 세계에서 팩트체커가 사용하는 수평적 읽기 전략과도 유사하다. 한시도 빠짐없이 이렇게 산다면 다소 피곤하겠지만, 그래도 어느 정도 이런 태도를 견지하면 도움이 될 것이다.[13]

4. 다른 사람이 우리와 비슷하지 않다고 인정하라.

우리 주위에는 혼란스럽고 모순되는 정보가 가득하므로 우리가 직접 경험한 것에 의지하고 직접 본 것이 전부라고 생각하는 것도 이해할 만하다. 사람들의 추측에서 나타난 가장 심각한 오류는 우리가, 그리고 우리의 친구들이 다른 사람들을 대표한다는 생각에 원인이 있었다. 이러한 경향이 문제인 이유는 (인터넷에 접속 가능한 인도인처럼) 우리가 스스로 생각하는 것만큼 타인을 대표하지 않을 뿐만 아니라 우리가 스스로의 특성을 잘못 인식하는 경우가 상당히 많기 때문이다(예를 들어 사람들은 자신의 몸무게나 설탕 소비량을 과소평가한다). 보다 정확한 세계관을 형성하려면 다른 사람이 자신과 얼마나 다른지, 스스로를 얼마나 오해하고 있는지를 제대로 인식해야 한다(이 책에서 소개한 사실 정보가 도움이 됐기를 바란다).

5. 극단적 사례에 휘둘리지 마라.

한편 우리가 최악의 사례를 가정하며 타인에 대해 고정관념을 갖는 경우도 많다. 기억에 남는 생생한 일화가 우리의 관점에 얼마나 큰 영향을 미치는지 생각해봐야 한다. 우리는 극단적인 사례에 이끌리도록 타고났다. 즉 실제로 일어나긴 했지만 현실에 거의 없는 사건이 필요 이상으로 우리 머릿속을 차지하고 있다는 뜻이다. 우리는 이민에 관해 질문을 받으면 찢어지게 가난한 망명 신청자를 떠올리고, 10대 엄마들에 관한 생생한 일화를 기억하며, 가장 끔찍했던 테러 공격에 대한 공포심으로 몸서리를 친다. 하지만 이런 사건은 나머지 인구를 대표하지 않는다. 대부분의 사건은 이만큼 주목받지 못한다. 사람들의 삶은 대개 우리 생각보다 따분하다.

이런 성향을 깨부수려면 그저 내가 사회에 어디쯤 자리하는지를 알고, 사회의 다양성을 받아들이며, 다양한 관점에 마음을 열면 된다.

6. 필터 없이 세상을 바라보라.

온라인에 머무는 시간이 점점 늘어나는 세상에서 다양한 관점에 마음을 열려면 우리를 둘러싼 필터 버블을 터뜨리고 에코 챔버에서 빠져나와야 한다. 이 필터를 없애기 위해 사회적 차원에서 어떤 노력을 해야 할지는 앞에서 이미 살펴보았다. 여기에 쉬운 해답은 없으며, 정부, 정보기술 기업, 교육자, 연구원 모두가 참여해야 한다. 페이스북/케임브리지애널리티카의 스캔들이 터진 지금, 적어도 현재보다는 강력한 조치를 취해야 한다는 압력이 더욱 커질 것으로 예상된다.

우리가 개인적 차원에서 취할 수 있는 실용적 방법들도 있다. 필터 버블을 터뜨리도록 도와주는 도구가 점점 늘어나고 있기 때문이다. 예를 들어 플립피드FlipFeed는 사용자와 대척점에 있는 트위터 유저의 트윗을 무작위로 보여준다. 앱 '리드 어크로스 디 아일Read Across The Aisle'은 우리가 확증 편향에서 벗어나도록 도와준다고 스스로를 소개한다. "이 앱은 당신이 필터 버블에서 지나치게 안주할 때를 파악하고 다른 사람들이 무엇을 읽는지 확인하라고 알려드립니다."[14]

주류 미디어도 이와 비슷한 접근법을 취하고 있다. 《월스트리트 저널》은 '블루 피드, 레드 피드Blue Feed, Red Feed'라는 공간을 마련하고 한 가지 사안에 대해 다양한 정치적 입장을 제공한다. 버즈피드의 '아웃사이드 유어 버블Outside Your Bubble'은 다양한 관점을 가진 이들의 의견을 보여주며, 《가디언》은 주간 칼럼 '버스트 유어 버블Burst Your Bubble'을 통해 좌편향된 독자들에게 '읽어볼 만한 보수적 기사 다섯 개'를 제공한다.[15]

7. 비판적 사고력과 통계 능력 그리고 뉴스 문해력을 길러라.

언젠가 잘못된 인식을 연구하는 정부 소속 통계학자들과 멋진 토론을 벌인 적이 있다. 우리는 사람들이 얼마나 자주 세계를 잘못 인식하는지, 이것이 얼마나 오랫동안 통계학자들의 걱정거리였는지에 대해 이야기를 나누었다. 우리가 무엇을 할 수 있는지로 이야기가 흘러가자 순식간에 통계적 소양과 비판적 사고를 길러야 한다는 결론에 이르렀다. 이 능력은 교육제도를 통해 어린 시절에 습득해야 한다. 어른이 되면 이미 늦기 때문이다. 우리는 실제 사례를 들어 통계 능력과 뉴스 문해력, 비판적 사고를 길러주는 수업을 개설해야 하며, 이를 통해 아이들이 자신들이 듣는 내용을 의심하도록 장려해야 한다고 입을 모았다. 그때 한 통계학자가 슬픈 얼굴로 고개를 끄덕이며, 이렇게 말했다.

"통계 수치를 잘못 전달하는 정보들과 함께 이 정보가 사람들의 인식에 심각한 영향을 미치는 것을 볼 때마다 저는 변화를 일으킬 방법이 세 가지 있다는 생각을 합니다. 그 세 가지는 학교의 교육 과정을 바꾸는 것, 정치인이 통계 자료를 더욱 정확하게 활용하도록 하는 것, 미디어의 변화에 주력하는 것입니다. 저는 먼저 정치인과 미디어를 바꿔보기로 했습니다. 학교의 교육과정을 바꾸는 것이 얼마나 어려운지 다들 아시잖아요."

무력하게 들릴 수도 있지만 통계 수업은 좌절감이 들 정도로 현실과 동떨어져 있다. 학생들은 통계적 사고와 비판적 사고에 관심이 없다. 아이들이 재미있어할 멋진 사례가 넘쳐흐르는 이 세상에서 이런 현실은 비극이다.

하지만 나는 뉴스 문해력에 대한 관심이 점점 높아지면 이 문제도 타개되리라 믿는다. 정보의 흐름이 크게 달라지면서 어떤 새로운 능력이 필요하게 되었는지를 보면 어디에 노력을 집중해야 하는지를 알 수 있다. 이탈리아 같은 국가들은 이미 통계적 소양을 배양해 줄 수업을 핵심 교육과정에 포함하고 있다. 현재 뉴스 문해력 교육은 중요한 사회·문화·정치적 문제가 되어가고 있으며, 이에 대처하기 위해서는 반드시 교육과정을 수정해야 한다.

물론 본성을 완전히 뜯어고칠 수 있다거나 능력만 향상시키면 모든 문제가 해결되리라는 생각은 위험하다. 아이들에게서 인간적 약점을 전부 제거하는 것은 불가능하며, 비판적 사고를 기른다고 해서 잘못된 인식이 전부 사라지는 것은 아니다. 하지만 우리의 목표는 '걸어 다니는 백과사전'을 만들어내는 것이 아니라, 유능한 시민에게 점점 필요해지는 기술(예를 들면 우리 내면의 편견을 깨닫는 것)을 가르치는 것이다.

8. 사실 정보는 여전히 중요하다. 팩트체크도 마찬가지다.

사실 정보를 이용해 잘못된 인식을 바로잡는 것이 가능한지를 연구한 학계 문헌들은 상당히 엇갈린 결과를 내놓는다. 어떤 경우는 성공했고, 어떤 경우는 한정적으로 성공했으며, 어떤 경우는 아예 실패했다. 효과가 오래 지속되는 것처럼 보일 때도 있었고 그렇지 않은 때도 있었다. 어떤 사안으로 실험을 하느냐, 어떤 방식으로 실험을 진행하느냐, 무엇이 바뀔 거라고 기대하느냐, 사실 정보에 대한 지식이냐 정치 선호도냐 신념이냐에 따라 연구 결과는 크게 달라진다.

인지부조화 이론을 기억하고 지금까지 살펴본 우리의 사고방식을 떠올리면 이처럼 엇갈리는 결과가 나오는 이유를 완벽하게 이해할 수 있다. 우리는 기존 신념을 확증해주는 정보를 추구하며, 기존 신념에 위배되는 정보는 무시하도록 타고났다. 증거가 임계점에 도달하고 현재 관점에 반하는 힘이 충분히 크다면 우리는 관점을 바꾼다. 부조화는 불쾌한 감정을 유발하므로, 우리가 현재의 의견에 애착을 느낀다고 해도 그 의견에 매달리는 것보다 관점을 바꾸는 것이 덜 불쾌하기 때문이다.

여기서 얻는 메시지는 사실 정보를 더 많이 아는 것만으로 늘 잘못된 인식 문제를 해결할 수는 없지만 사실 정보를 완전히 포기해서는 안 된다는 것이다. 사람들은 놀라울 정도로 다양하며, 상황과 사람에 따라 다양한 접근법을 취해야 한다.

사람들의 생각이나 정보를 바로잡는 것이 가능한가 하는 문제와는 상관없이 윤리적으로 고려해야 할 지점도 있다. 사실 정보를 오용하는 것은 그 자체로 잘못된 일이다. 특히 예방접종 비율처럼 허위의 정보가 심각한 결과를 불러올 수 있는 경우에는 허위 정보를 바로잡아야 할 책임이 있다. 정보를 생산하고 통제하는 자들이 사람들을 이용하고 휘두를 경우 사람들이 멍청해서 그런 문제가 발생하는 거라고 결론 내리기 쉽지만 이는 결코 옳은 결론이 아니다.

견제 장치가 없고 오류가 발견되거나 정정될 위험이 없으면 허위 정보가 훨씬 쉽게 판칠 수 있다. 팩트체크는 자신의 오류가 드러나는 것에 그다지 신경 쓰지 않는 사람에게는 별것 아닌 견제 장치일 수도 있지만 어떤 사람에게는 효과적이다. 다른 이의 오류를 꼬집는 것이 행동의 변화를 낳은 사례가 이미 있다. 예를 들어 영국의 주요 부처에 소속되어 통계 자료를 다루는 한 책임자는 영국의 팩트체크 팀인 풀팩트에 꼬투리를 잡히지 않는 것을 공식 목표로 설정했다.[16]

물론 팩트체크는 이미 통용되는 허위 정보를 바로잡거나 허위 정보를 생산·전파하는 사람을 망신 주는 것 이상의 일을 한다. 팩트체크는 한 발 앞서 사실 확인을 시스템화하고 허위 정보를 예방하는 쪽으로 나아가고 있다. 최소한 허위 정보를 퍼뜨리기 위해 각종 기술을 개발하는 사람들만큼이라도 헌신적이고 열정적으로 팩트체크에 투자해야 한다.

9. 때로는 이야기를 전달해야 한다.

사실 정보가 중요하긴 하지만 우리 뇌의 작동 방식을 고려하면 사실 정보만으로는 충분치 않다. 사람들이 사실 정보를 듣고 사용하는 방식을 알아야 한다. 사람들은 정보를 이야기로 바꾸지만 이런 과정이 늘 올바른 결론으로 이어지는 것은 아니다. 심리학자 로버트 치알디니 역시 기술적 규범descriptive norms(즉 대다수의 생각이나 행동 방식)으로 문제의 심각성을 설명하는 것은 위험하다고 주장한다. 인구 대다수가 과체중이거나 비만이라는 이야기를 들으면 깜짝 놀라 더는 현실에 안주하지 않을 수도 있다. 하지만 비만이 큰 문제라는 이야기를 들으면 비만이 규범이라고 생각할 위험도 있다. 이미 여러 번 살펴보았듯이 우리는 무리를 따른다. 다른 사람들이 무엇을 한다는 이야기를 들으면 우리는 더욱더 그것을 하고 싶어 한다. 심지어 그 행동이 나쁜 것일지라도 말이다.

그렇기 때문에 논란 많은 사안을 다루는 활동가들이 통계 수치가 아닌 이야기에 집중하는 것이다. 예를 들어 사람들이 떠올리는 전형적인 이민자의 이미지를 바꾸고 싶다면 이민자의 수만 이야기해서는 안 된다. 대신 실재하는 이민자의 사례를 제공해야 사람들의 고정관념을 바꿀 수 있다.

과학 전문 작가이자 스켑틱 소사이어티Skeptics Society의 설립자인 마이클 셔머Michael Shermer는 사람들에게 자신의 신념이 틀렸음을 납득시킬 방법을 소개한다. 중요한 것은 상대를 공격하지 않는 것이다. 상대가 그렇게 생각한 이유를 이해하고 있음을 표현하고, 사실 정보에 대한 인식을 바꾼다고 해서 반드시 세계관 전체가 바뀌는 것은 아님을 설명해야 한다.[17]

사실 정보와 이야기 사이에는 어떤 모순도 없다. 주장을 증명하기 위해 둘 중 하나를 선택할 필요는 없다. 이야기가 우리에게 강력한 영향을 미친다는 사실은 곧 사람들에게 사실 정보와 이야기가 모두 필요하다는 뜻이다.

10. 더 깊이 참여하라.

회의주의에 속하는 '합리적 무시' 학파는 우리의 정치사회적 지식이 크게 바뀌는 것은 불가능하다고 주장한다. 이는 먼 옛날부터 일관적으로 나타난 패턴이기 때문에 어떻게 해야 지식이 바뀔지를 알아보는 것은 매우 어려운 일이다. 하지만 합리적 무시를 지지하는 사람들은 정보가 충분히 제공된 숙의deliberation의 잠재력 또한 지적한다.

미국의 정치과학자 브루스 애커먼Bruce Ackerman과 제임스 피시킨James Fishkin은 2012년에 '전국 숙의민주주의의 날'이라는 다소 급진적인 개념을 제안했다. 이날 시민들은 지역사회의 공개 토론에 참여하게 된다.[18] 국가는 매 선거에 앞서 휴일을 지정한다. 그날 대략 500명 정도가 한곳에 모여서 발표를 들은 다음 전문가나 대표자에게 질문을 한다. 사람들은 모임에 참여할 것을 권장받으며, 이날 직원을 근무시키는 고용주는 처벌을 받는다. 돈이 많이 들어가는 방법이지만 그만한 가치가 있는 일이다.

물론 여기에는 여러 어려움이 있다. 실현 가능성과 비용, 조작될 가능성과 조작되었다고 여겨질 가능성, 사람들이 엄청난 양의 정보를 인지해야 한다는 사실 등이 그것이다. 하루나 일주일, 아니 1년이면 과연 충분할까?

나는 이와 비슷한 아이디어에 내재된 잠재력을 직접 목격한 적이 있다. 우리 회사는 정부나 다른 단체를 위해 생각을 한데 모으는 행사를 열곤 한다. 기간은 하루일 때도 있고 일주일일 때도 있다. 도시나 사회복지의 미래, 유전자 조작 식품에 대한 허용, 인공지능에 대한 우려처럼 주제가 복잡할 때에는 일주일 이상 토론을 벌이기도 했다. 어떻게 하면 정부의 입법 프로그램에 사람들을 참여시킬지처럼 믿기 어려울 정도로 지루한 주제도 다루었다. 단 한 번의 예외도 없이 사람들은 정보를 들으면서 자신의 의견을 형성해갔고 자신과 다른 이들의 생각에 도전했다. 또한 증거에 마음을 열었고 기꺼이 다른 이들의 말을 들으려 했으며 이러한 환경 속에서 심지어 자기 의견을 바꾸기도 했다. 사람들이 자기 세계관을 180도 바꾸는 것은 상당히 드문 일이지만 이 모임의 목표는 그게 아니다. 물론 '숙의민주주의의 날'이나 '대중 소통의 날' 같은 인위적인 환경 밖에서 이런 태도는 순식간에 퇴색되곤 한다. 하지만 이런 접근법이 어떤 영향을 미치는지는 온전히 측정된 적이 없다. 충분히 실행된 적이 없기 때문이다.

하지만 분명 잠재력이 있다. 새로운 기술의 등장으로 컴퓨터나 모바일로 이런 기법을 실행할 수 있는 환경이 조성되고 있으므로 분명 그 잠재력은 점점 커질 것이다. 사람들이 디지털상에서 대화를 나누고 토론에 참여하게 하는 흥미로운 방법들이 다양한 환경에서 수없이 시도되고 있으며, 이를 통해 사람들은 여러 가지 아이디어와 대화, 증거를 전보다 훨씬 폭넓게 접할 수 있게 되었다. 이러한 기법은 민주주의적 책임을 대체한다기보다는 보완하는 것이지만(사람들 대부분은 정부를 운영할 기술도 시간도 의향도 없다) 정보를 알리고 민주주의 과정에 사람들을 참여시키는 데 여전히 중요한 역할을 한다.[19]

*

잘못된 인식을 단번에 없애줄 마법 같은 방법은 없다. 잘못된 인식이 그토록 널리 퍼지고 오랜 시간 이어져 내려온 이유는 잘못된 인식이 우리 사고방식에 내재되어 있기 때문이다. 하지만 우리에게는 이에 맞설 실용적인 조치들이 있다. 감정이 중요하다는 사실을 인정하기 위해 사실 정보를 포기할 필요는 없다. 실제로 사실 정보와 감정을 구분하는 것은 잘못된 일이다. 둘은 불가분하게 엮여 있기 때문이다.[20] 이 책에서 내내 설명한 것처럼 우리는 정보를 완벽하게 갖추지 못하며, 합리적 존재와도 거리가 멀다. 하지만 그렇다고 우리가 증거를 보지 못하고 하나의 시각만 고집하는 기계인 것은 아니며, 한 가지 고정된 정체성을 보호하는 데만 급급한 것도 아니다.

다음 두 가지 측면에서 상황은 겉보기만큼 나쁘지 않다. 첫째, 세상은 경탄할 만큼(별로 경탄하고 싶지 않을 때도 있지만) 다채로운 것이 사실이지만 아무리 나빠 봤자 절대 우리 생각만큼 나쁘진 않다. 둘째, 우리는 실수를 저지르지만 우리 생각만큼 멍청하고 고집스러우며 편협한 것은 아니다. 그리 쉬운 일은 아니지만 어쨌거나 우리는 생각을 바꿀 줄도 안다. 우리의 약점을 더욱 잘 이해하자는 말이 곧 우리가 약점의 노예라거나 뻔한 행동만 한다는 의미는 아니다. 어쩌면 나는 심리학 수업을 들을 때 그렇게 겁먹을 필요가 없었을지도 모른다.

잘못된 인식을 완벽하게 관리하는 것이 불가능한 만큼 절대 잘못된 인식을 무시해서는 안 된다. 잘못된 인식은 우리가 어떻게 사고하고 무엇을 걱정하며 다른 사람과의 비교를 통해 자신을 어떻게 바라보고 무엇을 규범이라고 생각하는지, 즉 우리가 어떻게 행동할 것인지를 말해준다는 점에서 나름의 가치가 있다. 우리가 왜 그토록 자주 세상을 잘못 인식하는지를 이해하면 더 많은 것을 배울 수 있다.

감사의 말

저의 첫 책인 《팩트의 감각》을 집필하는 것은 정말 힘든 일이었습니다. 저뿐만 아니라 주위 사람들에게도, 특히 강박적일 정도로 이 책에 매달린 저를 넓은 마음으로 이해해준 제 파트너 루이즈에게도요. 루이즈의 지지가 없었다면 이 책을 쓸 수 없었을 것입니다. 루이즈 덕분에 몇 주 동안이나 런던 반대편 끝에 있는 셋방으로 도망가 (아이들을 피해) 숨어 있을 수 있었습니다.

학술 보고서와 기사를 쓰던 버릇을 떨쳐내기는 쉽지 않았습니다. 분명 그 버릇을 완전히 떨쳐내지도 못했겠지요. 하지만 편집자 마이크 하플리Mike Harpley와 줄리아 켈러웨이Julia Kellaway, 로빈 데니스Robin Dennis가 현명하게 이끌어주고 때로는 단호하게 개입해주지 않았더라면 분명 이만큼도 해내지 못했을 것입니다. 딱딱하고 따분한 대목이나 뜬금없는 부분이 남아 있다면 전부 저의 책임입니다.

이 책에 도움을 주신 분들이 너무 많습니다. 특히 연구 조교 레베

카 쿨리드잔Rebekah Kulidzan은 늘 긍정적인 자세로 저를 응원해주었으며, 방대한 분야를 매우 빠르게 조사해주었습니다.

그다음으로는 이 책에서 다룬 모든 연구를 계획하고 진행한 입소스의 멋진 팀원들, 특히 제임스 스태너드James Stannard와 레일라 타바콜리Leila Tavakoli, 샬럿 손더스Charlotte Saunders, 로지 하젤Rosie Hazell, 갈리니 판텔리두Galini Pantelidou, 해나 슈림튼Hannah Shrimpton, 쿨리 카우 밸러건Kully Kaur-Ballagan, 수잰 홀Suzanne Hall, 기디언 스키너Gideon Skinner, 마이클 클레멘스Michael Clemence, 자료를 모아준 동료 폴 아바테Paul Abbate, 케빈 지메르만Kevin Zimmerman, 니크 사모일로프Nik Samoylov, 훌륭하게 통계를 분석해준 파베우 팔러초스키Pawel Paluchowski, 핀탠 오코너Fintan O'Connor, 피터 해슬러Peter Hasler, 케빈 피커링Kevin Pickering에게 감사를 전합니다.

수백만 명의 사람들에게 연구 결과를 전달함으로써 인식의 위험 연구를 성공시키도록 공헌해준 입소스의 멋진 그래픽·커뮤니케이션 팀의 세라 건드리Sara Gundry, 줄리아 너스Julia Nurse, 해나 윌리엄스Hannah Williams, 덩컨 스트러더스Duncan Struthers, 해나 밀러드Hannah Millard, 클레어 워더스푼Claire Wortherspoon, 알리아 칸Aalia Khan, 짐 켈러허Jim Kelleher에게도 감사합니다.

제 상사들이 지원해주지 않았더라면 아무것도 해낼 수 없었을 것입니다. 제가 수년 동안 잘못된 인식에만 매달리며, 모든 상황에 잘못된 인식 문제를 끼워 넣을 때에도 아무 말 없이 참아준 벤 페이지Ben Page, 대럴 브리커Darrell Bricker, 난도 파그노첼리, 헨리 월러드Henri

Wallard, 디디에 트루처Didier Truchot께 감사드립니다.

입소스 외부에도 너그러이 시간을 내어 전문적 조언을 해준 분들이 있습니다. 인디애나 대학의 데이비드 랜디는 정신물리학을 소개해주었고 다트머스 대학의 브랜든 나이한은 자신의 탁월한 연구에 대해 설명해주었으며 맥스 로저는 세상이 어떻게 진보하고 있는지에 대한 훌륭한 자료원을 소개해주었습니다. 올라 로슬링은 사실 정보의 중요성에 대해 저와 반짝이는 대화를 나눠주었고 풀팩트의 윌 모이Will Moy와 에이미 시핏Amy Sippit은 팩트체크의 변화에 대한 귀중한 통찰을 제공해주었으며 케임브리지 대학의 데이비드 스피겔할터는 리스크 인식 측정에 대한 논의를 설명해주었습니다. 세이브더칠드런의 맷 윌리엄스Matt Williams는 자선단체가 겪는 어려움에 대해 이야기해주었고 스포츠잉글랜드의 리사 오키프Lisa O'keefe는 스포츠 관련 캠페인의 기조를 설명해주었으며 영국 행동경제학 전담조사팀의 오웨인 서비스Owain Service와 데이비드 할펀David Halpern은 왜 우리가 현실을 잘못 인식하는지를 보여주는 훌륭한 사례들을 제공해주었습니다.

주

인식의 위험 연구와 관련된 가장 최신 자료는 https://perils.ipsos.com에서, 전체 아카이브는 https://perils.ipsos.com/archive/index.html에서 살펴볼 수 있다.

Duffy, B., & Stannard, J. (2017). The Perils of Perception 2017. https://www.ipsos.com/ipsos-mori/en-uk/perils-perception-2017

Duffy, B. (2016). The Perils of Perception 2016. https://www.ipsos.com/en/perils-perception-2016

Duffy, B., & Stannard, J. (2015). The Perils of Perception 2015. https://www.ipsos.com/ipsos-mori/en-uk/perils-perception-2015

Duffy, B. (2014). Perceptions Are Not Reality: Things the World Gets Wrong. https://www.ipsos.com/ipsos-mori/en-uk/perceptions-are-not-reality-things-world-gets-wrong

프롤로그

1. Dylan, S. (2015). Why I Give My Students a 'Tragedy of the Commons' Extra Credit Challenge. Retrieved April 11, 2018, from https://www.washingtonpost.com/posteverything/wp/2015/07/20/why-i-give-my-students-a-tragedy-of-the-commons-extra-creditchallenge/?utm_term=.605ed5e5401a

2. Poundstone, W. (2016). *Head in the Cloud: The Power of Knowledge in the Age of Google*. London: Oneworld Publications.

3. The Local Europe AB. (2018). From Flat Earth to Moon Landings: How the French Love a Conspiracy Theory. Retrieved April 11, 2018, from https://www.thelocal.fr/20180108/from-flat-earth-theory-tothe-moon-

landings-what-the-french-think-of-conspiracy-theories; McKinnon, M., & Grant, W. J. (2013). Australians Seem to be Getting Dumber-But Does It Matter? Retrieved April 11, 2018, from https://theconversation. com/australians-seem-to-be-getting-dumber-butdoes-it-matter-16004; Rudin, M. (2011). Why the 9/11 Conspiracies Have Changed. Retrieved April 11, 2018, from http://www.bbc.co.uk/news/magazine-14572054; Wireclub Conversations. (2014). Conspiracy Theories That Were Proven True, Conspiracy Poll Results. Retrieved April 11, 2018, from https://www. wireclub.com/topics/politics/conversations/UZ5RfgOnSgewgJ3e0

4. Somin, I. (2016). *Democracy and Political Ignorance: Why Smaller Government Is Smarter.* Stanford: Stanford University Press; Delli Carpini, M. X., & Keeter, S. (1991). Stability and Change in the U.S. Public's Knowledge of Politics. *Public Opinion Quarterly*, 55(4), 583-612. https:// doi.org/10.1086/269283

5. Flynn, D. J., Nyhan, B., & Reifler, J. (2017). The Nature and Origins of Misperceptions: Understanding False and Unsupported Beliefs About Politics. *Political Psychology*, 38(1), 127-150. https://doi.org/10.1111/ pops.12394

6. Schultz, J. (2017). How Much Data is Created on the Internet Each Day? Retrieved April 11, 2018, from https://blog.microfocus.com/how-much-data-is-created-on-the-internet-each-day/

7. Reas, E. (2014). Our Brains Have a Map for Numbers. Retrieved April 11, 2018, from https://www.scientificamerican.com/article/our-brains-have-a-map-for-numbers/

8. Wells, H. G. (1903). *Mankind in the Making.*

9. RSS Web News Editor. (2013). New Data Reveals Mixed Public Attitudes to Statistics. Retrieved April 11, 2018, from https://www.statslife.org.uk/ news/138-new-data-reveals-mixed-public-attitudes-to-statistics

10. Laplace, P. S. (1814). *Théorie Analytique des Probabilités*, Volume 1. Paris: Courcier.

11. Ipsos MORI. (2013). Margins of Error: Public Understanding of Statistics in an Era of Big Data. Retrieved April 11, 2018, from https://www.slideshare. net/IpsosMORI/margins-of-error-publicunderstanding-of-statistics-in- an-era-of-big-data

12. Duffy, B. (2013b). In An Age of Big Data and Focus on Economic Issues, Trust in the Use of Statistics Remains Low. London. Retrieved April 11, 2018, from https://www.ipsos.com/ipsos-mori/en-uk/age-big-data- and-focus-economic-issues-trust-use-statisticsremains-low

13. Kahneman, D. (2011). *Thinking Fast and Slow.* Penguin.

14. Reuters Staff. (2018). Americans Less Likely to Trust Facebook than Rivals on Personal Data. Retrieved April 11, 2018, from https://www. reuters. com/article/us-facebook-cambridge-analytica-apology/americans-less- likely-to-trust-facebook-than-rivals-on-personaldata-idUSKBN1H10AF

15. Kiernan, L. (2017). 'Frondeurs' and Fake News: How Misinformation Ruled in 17th-century France. Retrieved April 11, 2018, from https://www. independent.co.uk/news/long_reads/frondeurs-and-fakenews-how- misinformation-ruled-in-17th-century-france-a7872276. html

16. Braun, S. (2017). National Archives to White House: Save All Trump Tweets. Retrieved February 6, 2018, from http://www. chicagotribune. com/news/nationworld/politics/ct-trump-tweetsnational-archive- 20170404-story.html

1장 건강: 나 정도면 비만 아니야

1. Ibid.

2. Poulter, S. (2017). Now Baby Food and Biscuits are Linked to Cancer: Food Watchdog Issues Alerts For 25 Big Brands After Claiming That Crunchy Roast Potatoes and Toast Could Cause the Disease. Retrieved April 16, 2018, from http://www.dailymail.co.uk/news/article-4149890/ Now-baby-food-biscuits-linked-cancer.html

3. Inman, P. (2016). Happiness Depends on Health and Friends, Not Money,

Says New Study. Retrieved April 11, 2018, from https://www. theguardian. com/society/2016/dec/12/happiness-depends-onhealth-and-friends-not-money-says-new-study

4. Centre for Health Protection, Department of Health, The Government of the Hong Kong Special Administrative Region. (2010). Body Mass Index (BMI) Distribution. Retrieved February 2, 2018, from https://www.chp.gov. hk/en/statistics/data/10/280/427. html

5. NHS. (2017). Being Overweight, Not Just Obese, Still Carries Serious Health Risks. Retrieved February 1, 2018, from http://www.nhs.uk/ news/2017/06June/Pages/Being-overweight-not-just-obese-stillcarries-serious-health-risks,aspx

6. Schwartz, N., Bless, H., Fritz, S., Klumpp, G., Rittenauer-Schatka, H., & Simons, A. (1991). Ease of Retrieval as Information: Another Look at the Availability Heuristic. *Journal of Personality and Social Psychology*, 61(2), 195-202. https://dornsife.usc.edu/assets/sites/780/docs/91_jpsp_schwarz_et_al_ease.pdf

7. Christakis, N. A., & Fowler, J. H. (2013). Social Contagion Theory: Examining Dynamic Social Networks and Human Behavior. *Statistics in Medicine*, 32(4), 556-577. https://doi.org/10.1002/sim.5408

8. Bailey, P., Emes, C., Duffy, B., & Shrimpton, H. (2017). *Sugar What Next?* London. Retrieved April 11, 2018, from https://www.ipsos.com/ipsos-mori/en-uk/sugar-what-next

9. Ipsos MORI. (2015). Major Survey Shows Britons Overestimate the Bad Behaviour of Other People. Retrieved April 11, 2018, from https://www. ipsos.com/ipsos-mori/en-uk/major-survey-shows-britonsoverestimate-bad-behaviour-other-people

10. Health and Social Care Information Centre, Lifestyle Statistics. (2009). Health Survey for England-2008: Physical Activity and Fitness. Retrieved February 1, 2018, from http://digital.nhs.uk/catalogue/PUB00430

11. Public Health England. (2016). National Diet and Nutrition Survey.

Retrieved February 2, 2018, from https://www.gov.uk/government/
collections/national-diet-and-nutrition-survey

12. Harper, H., & Hallsworth, M. (2016). Counting Calories: How
    Underreporting Can Explain the Apparent Fall in Calorie Intake.
    London. Retrieved April 11, 2018, from http://38r8om2xjhhl25mw2449
    2dir. wpengine.netdna-cdn.com/wp-content/uploads/2016/08/16-07-
    12Counting-Calories-Final.pdf

13. Cialdini, R. B., Reno, R. R., & Kallgren, C. A. (1990). A Focus Theory of
    Normative Conduct: Recycling the Concept of Norms to Reduce Littering
    in Public Places. *Journal of Personality and Social Psychology*, 58(6),
    1015-1026. http://www-personal.umich. edu/~prestos/Downloads/DC/
    pdfs/Krupka_Oct13_Cialdinietal1990. pdf

14. Asch, S. E. (1952). Effects of Group Pressure upon the Modification and
    Distortion of Judgements. *Swathmore College*, 222-236. Retrieved April
    11, 2018, from https://www.gwern.net/docs/psychology/1952-asch.pdf

15. Offit, P. A. (2006). *The Cutter Incident: How America's First Polio Vaccine
    Led to the Growing Vaccine Crisis.* Yale University Press.

16. Reagan, R. (1985). Proclamation 5335—Dr. Jonas E. Salk Day, 1985.
    Retrieved April 11, 2018, from http://www.presidency.ucsb.edu/ws/index.
    php?pid=38596

17. Global Citizen. (2013). Could You Patent the Sun? Retrieved April 16,
    2018, from https://www.youtube.com/watch?v=erHXKP386Nk

18. Taylor, L. E., Swerdfeger, A. L., & Eslick, G. D. (2014). Vaccines Are Not
    Associated With Autism: An Evidence-based Meta-analysis of Case-
    control and Cohort Studies. Vaccine, 32(29), 3623-3629. https://doi.
    org/10.1016/J.VACCINE.2014.04.085

19. The National Autistic Society. (2017). Our Position on Autism and
    Vaccines-There is no Connection. Retrieved February 2, 2018, from
    http://www.autism.org.uk/get-involved/media-centre/news/201702-15-
    trump-vaccines.aspx

20. Spiegelhalter, D. (2017). Risk and Uncertainty Communication. Annual Review of Statistics and Its Application, 4(1), 31-60. https://doi.org/10.1146/annurev-statistics-010814-020148

21. BBC Horizon. (2005). Does the MMR Jab Cause Autism? Retrieved April 16, 2018, from, http://www.bbc.co.uk/sn/tvradio/programmes/horizon/mmr_prog_summary.shtml

22. Sunstein, C. R., Lazzaro, S. C., & Sharot, T. (2016). How People Update Beliefs about Climate Change: Good News and Bad News. *SSRN Electronic Journal*. https://doi.org/10.2139/ssrn.2821919

23. McCarthy, J., & King, L. (2008). Jenny McCarthy's Autism Fight-Transcript of Interview with Larry King. Retrieved February 2, 2018, from http://archives.cnn.com/TRANSCRIPTS/0804/02/lkl.01.html

24. Gross, L. (2009). A Broken Trust: Lessons from the Vaccine-Autism Wars. *PLoS*, 7(5). https://doi.org/10.1371/journal.pbio.1000114

25. The National Autistic Society. (n.d.). Our Position-MMR Vaccine. Retrieved February 2, 2018, from http://www.autism.org.uk/getinvolved/media-centre/position-statements/mmr-vaccine.aspx

26. Jones, S. (2011). *BBC Trust Review of Impartiality and Accuracy of the BBC's Coverage of Science*. Retrieved April 11, 2018, from http://downloads.bbc.co.uk/bbctrust/assets/files/pdf/our_work/science_impartiality/science_impartiality.pdf

27. Inglehart, R. (1990). *Culture Shift in Advanced Industrial Society*. Princeton: Princeton University Press; Inglehart, R. F., Diener, E., & Tay, L. (2013). Theory and Validity of Life Satisfaction Scales. *Social Indicators Research*, 112(3), 497-537; Kahneman, D., & Krueger, A. B. (2006). Developments in the Measurement of Subjective Well-being. *Journal of Economic Perspectives*, 20, 3-24; Layard, R., Clark, A. E., Cornaglia, F., Powdthavee, N., & Vernoit, J. (2014). What Predicts a Successful Life? A Life-course Model of Well-being. *The Economic Journal*, 124(580), 720-738. https://doi.org/10.1111/ecoj.12170

28. Brickman, P., Coates, D., & Janoff-Bulman, R. (1978). Lottery Winners and Accident Victims: Is Happiness Relative? *Journal of Personality and Social Psychology*, 36(8), 917-927. http://dx.doi. org/10.1037/0022-3514.36.8.917

29. Kahneman, D. (2010). Daniel Kahneman: The Riddle of Experience Vs. Memory. Retrieved February 2, 2018, from https://www.ted.com/talks/daniel_kahneman_the_riddle_of_experience_vs_memory

30. CBS News. (2013). Everyone Thinks They Are Above Average. Retrieved April 11, 2018, from https://www.cbsnews.com/news/everyone-thinks-they-are-above-average/

31. Ipsos MORI. (2013). Margins of Error: Public Understanding of Statistics in an Era of Big Data. Retrieved April 11, 2018, from https://www.slideshare.net/IpsosMORI/margins-of-error-publicunderstanding-of-statistics-in-an-era-of-big-data

32. Marsden, P. D., & Wright, J. D. (2010). *Handbook of Survey Research*. Bingley: Emerald Group Publishing.

33. The British Election Study Team. (2016). BES Vote Validation Variable added to Face to Face Post-Election Survey. Retrieved April 11, 2018, from http://www.britishelectionstudy.com/bes-resources/bes-vote-validation-variable-added-to-face-to-face-post-electionsurvey/#.Ws4M0C7waUl

34. Just, D., & Wansink, B. (2009). Smarter Lunchrooms: Using Behavioral Economics to Improve Meal Selection. *Choices Magazine*, 24(3). Retrieved April 11, 2018, from https://foodpsychology.cornell.edu/research/smarter-lunchrooms-usingbehavioral-economics-improve-meal-selection; Thaler, R. H., & Sunstein, C. R. (2009). Nudge. *Nudge-Business Summaries*, 1-5. Retrieved April 11, 2018, from http://content.ebscohost.com/ContentServer.asp?T=P&P=AN&K=60448472&S=R&D=qbh&EbscoContent=dGJy MNLr40SeprA4zdnyOLCmr0qep7FSsaa4SL eWxWXS& ContentCustomer=dGJyMOzpr1Cvpq5KuePfgeyx44Dt6fIA

%5Cn, http://search.ebscohost.com/login. aspx?direct=true&db=qbh& AN=6044847

2장 섹스: 얼마나 하고 있습니까?

1. Binkowski, B. (n.d.). Dangle Debate. Retrieved April 11, 2018, from https://www.snopes.com/fact-check/hand-size-trump-debate/

2. Mustanski, B. (2011). How Often Do Men and Women Think about Sex? Retrieved February 1, 2018, from https://www. psychologytoday.com/blog/the-sexual-continuum/201112/how-often-do-men-and-women-think-about-sex

3. Poundstone, W. (2016). *Head in the Cloud: The Power of Knowledge in the Age of Google.* London: Oneworld Publications.

4. Spiegelhalter, D. (2015). *Sex by Numbers: What Statistics Can Tell Us About Sexual Behaviour.* Wellcome collection.

5. Ibid.

6. Gottschall, J. (2013). *The Storytelling Animal.* New York: Houghton Mifflin Harcourt Publishing Company.

7. McCombs, M. E., & Shaw, D. L. (n.d.). The Agenda-Setting Function of Mass Media. *The Public Opinion Quarterly.* Oxford University Press American Association for Public Opinion Research. https://doi.org/10.2307/2747787

8. Gavin, N. T. (1997). Voting Behaviour, the Economy and the Mass Media: Dependency, Consonance and Priming as a Route to Theoretical and Empirical Integration. *British Elections & Parties Review,* 7(1), 127-144. https://doi.org/10.1080/13689889708412993

9. Glynn, A. (2010). Pit Bulls' Bad Rap: How Much is the Media to Blame? Retrieved April 11, 2018, from https://blog.sfgate.com/pets/2010/09/09/pit-bulls-bad-rap-how-much-is-the-media-to-blame/

10. Delise, K. (2007). *The Pit Bull Placebo: The Media, Myths and Politics of Canine Aggression.* Sofia: Anubis Publishing.

11. U.S. Department of Health and Human Services. (2016). Trends in Teen Pregnancy and Childbearing. Retrieved April 11, 2018, from https://www.hhs.gov/ash/oah/adolescent-development/reproductive-health-and-teen-pregnancy/teen-pregnancy-andchildbearing/trends/index.html

12. Heath, C., & Heath, D. (2007). *Made to Stick: Why Some Ideas Take Hold and Others Come Unstuck.* Random House.

13. Bacon, F. (1620). Novum Organum. Retrieved February 2, 2018, from http://www.constitution.org/bacon/nov_org.htm

14. Festinger, L. (1962). *A Theory of Cognitive Dissonance.* Stanford University Press.

15. Killian, L. M., Festinger, L., Riecken, H. W., & Schachter, S. (1957). When Prophecy Fails. *American Sociological Review*, 22(2), 236-237. https://doi.org/10.2307/2088869

16. Ibid.

17. Taber, C. S., & Lodge, M. (2006). Motivated Skepticism in Beliefs the Evaluation of Political. *American Journal of Political Science*, 50(3), 755-769.

18. Dobelli, R. (2014). *The Art of Thinking Clearly: Better Thinking, Better Decisions.* New York: HarperCollins Publishers.

19. This Girl Can. Retrieved February 2, 2018, from http://www.thisgirlcan.co.uk/

20. Coupe, B. (1966). The Roth Test and Its Corollaries. *William & Mary Law Review*, 8(1), 121-132. http://scholarship.law.wm.edu/cgi/viewcontent.cgi?article=3035&context=wmlr

21. Strum, C. (1991). Brew Battle On Campus-Ban the Can Or the Keg? NYTimes.com. Retrieved February 1, 2018, from http://www.nytimes.com/1991/10/08/nyregion/brew-battle-on-campus-ban-thecan-or-the-keg.html

3장 돈: 은퇴 비용, 얼마가 필요할까?

1. Duffy, B., Hall, S., & Shrimpton, H. (2015). On the Money? Misperceptions and Personal Finance. London. Retrieved April 11, 2018, from https://www.ipsos.com/ipsos-mori/en-uk/money-misperceptions-and-personal-finance

2. Duffy, B. (2013c). Public Understanding of Statistics Topline Results. London. Retrieved April 11, 2018, from https://www.ipsos.com/sites/default/files/migrations/en-uk/files/Assets/Docs/Polls/rss-kingsipsos-mori-trust-in-statistics-topline.pdf

3. Thaler, R. H., & Sunstein, C. R. (2009). Nudge. *Nudge-Business Summaries*, 1-5. Retrieved April 11, 2018, from http://content.ebscohost.com/ContentServer.asp?T=P&P=AN&K=60448472&S=R&D=qbh&EbscoContent=dGJyMNLr40SeprA4zdnyOLCmr0qep7FSsaa4SLeWxWXS&ContentCustomer=dGJyMOzpr1Cvpq5KuePfgeyx44Dt6fIA%5Cn, http://search.ebscohost.com/login.aspx?direct=true&db=qbh&AN=6044847

4. Liverpool Victoria. (2016). Raising a Child More Expensive Than Buying a House. Retrieved February 1, 2018, from https://www. lv.com/about-us/press/article/cost-of-a-child-2016

5. Duffy, B., Hall, S., & Shrimpton, H. (2015). On the Money? Misperceptions and Personal Finance. London. Retrieved April 11, 2018, from https://www.ipsos.com/ipsos-mori/en-uk/money-misperceptions-and-personal-finance

6. Bullock, J. G., Gerber, A. S., Hill, S. J., & Huber, G. A. (2015). Partisan Bias in Factual Beliefs about Politics. *Quarterly Journal of Political Science*, 10, 519-578; Prior, M., Sood, G., & Khanna, K. (2015). You Cannot be Serious: The Impact of Accuracy Incentives on Partisan Bias in Reports of Economic Perceptions. *Quarterly Journal of Political Science*, 10(4), 489-518.

7. Vanham, P. (2017). Global Pension Timebomb: Funding Gap Set to Dwarf World GDP. Retrieved April 11, 2018, from https://www.weforum.org/

press/2017/05/global-pension-timebomb-funding-gap-set-to-dwarf-world-gdp

8. Jolls, C., Sunstein, C. R., & Thaler, R. (1998). A Behavioral Approach to Law and Economics. *Faculty Scholarship Series*, Paper 1765, 1471-1498 (part I).

9. Ipsos MORI. (2015). Major Survey Shows Britons Overestimate the Bad Behaviour of Other People. Retrieved April 11, 2018, from https://www.ipsos.com/ipsos-mori/en-uk/major-survey-shows-britonsoverestimate-bad-behaviour-other-people

10. Credit Suisse Research Institute. (2016). Global Wealth Report 2016. Retrieved April 11, 2018, from https://www.credit-suisse.com/corporate/en/research/research-institute/global-wealth-report

11. Kurt, D. (2018). Are You in the Top One Percent of the World? Retrieved April 11, 2018, from https://www.investopedia.com/articles/personal-finance/050615/are-you-top-one-percent-world.asp

12. Credit Suisse Research Institute. (2017). Global Wealth Report 2017. Retrieved April 11, 2018, from http://publications.credit-suisse.com/tasks/render/file/index.cfm?fileid=12DFFD63-07D1-EC63-A3D5F67356880EF3

13. Ponting, G. (2017). How Rich Are You? Retrieved April 16, 2018, from https://www.clearwaterwealth.co.uk/blog/2017/11/7/how-rich-are-you

14. Credit Suisse Research Institute. (2017). Global Wealth Report 2017. Retrieved April 11, 2018, from http://publications.credit-suisse.com/tasks/render/file/index.cfm?fileid=12DFFD63-07D1-EC63-A3D5F67356880EF3

15. Gimpelson, V., & Treisman, D. (2017). Misperceiving Inequality. *Economics and Politics*, 30(1), 27-54. https://doi.org/10.1111/ecpo.12103

16. Ariely, D., Loewenstein, G., & Prelec, D. (2003). 'Coherent Arbitrariness': Stable Demand Curves Without Stable Preferences. *The Quarterly Journal of Economics*, 118(1), 73-106. https://doi.org/10.1162/00335530360535153

17. Citizens Advice. (2015). *Financial Capability: A Review of the Latest Evidence*. Retrieved April 11, 2018, from https://www.citizensadvice.org.

uk/Global/Public/Impact/Financial%20Capability%20 Literature%20 Review.pdf

4장 이민과 종교: 외국인 노동자가 정말 내 일자리를 위협할까?

1. Citrin, J., & Sides, J. (2008). Immigration and the Imagined Community in Europe and the United States. *Political Studies*, 56(1), 33-56. https://doi. org/10.1111/j.1467-9248.2007.00716.x; Wong, C. J. (2007). 'Little' and 'Big' Pictures in our Heads Race, Local Context, and Innumeracy About Racial Groups in the United States. *Public Opinion Quarterly*, 71(3), 393-412. https://doi.org/10.1093/poq/nfm023

2. Hainmueller, J., & Hopkins, D. J. (2014). Public Attitudes Toward Immigration. *Annual Review of Political Science*, 17(1), 225-249. https:// doi.org/10.1146/annurev-polisci-102512-194818

3. Blinder, S. (2015). Imagined Immigration: The Impact of Different Meanings of 'Immigrants' in Public Opinion and Policy Debates in Britain. *Political Studies*, 63(1), 80-100. https://doi. org/10.1111/1467-9248.12053

4. Migration Watch UK. (n.d.). An Independent and Non-political Think Tank Concerned About the Scale of Immigration into the UK. Retrieved February 2, 2018, from https://www.migrationwatchuk. org/

5. Citrin, J., & Sides, J. (2008). Immigration and the Imagined Community in Europe and the United States. *Political Studies*, 56(1), 33-56. https:// doi.org/10.1111/j.1467-9248.2007.00716.x; Hainmueller, J., & Hopkins, D. J. (2014). Public Attitudes Toward Immigration. *Annual Review of Political Science*, 17(1), 225-249. https://doi.org/10.1146/annurev-polisci-102512-194818

6. Grigorieff, A., Roth, C., & Ubfal, D. (2016). Does Information Change Attitudes Towards Immigrants? Evidence from Survey Experiments. Retrieved April 11, 2018, from http://www.lse.ac.uk/iga/assets/ documents/events/2016/does-information-change-attitudestowards-immigrants.pdf

7. Campbell A. Converse P. E. Miller W. E. Stokes, D. E. (1960). *The American Voter*. New York: John Wiley and Sons. https://doi.org/10.2307/1952653

8. Nyhan, B., & Reifler, J. (2010). When Corrections Fail: The Persistence of Political Misperceptions. *Political Behavior*, 32(2), 303-330. https://doi.org/10.1007/s11109-010-9112-2

9. Ibid; Wood, T., & Porter, E. (2016). The Elusive Backfire Effect: Mass Attitudes' Steadfast Factual Adherence. *SSRN Electronic Journal*. https://doi.org/10.2139/ssrn.2819073

10. Ibid.

11. Duffy, B., & Frere-Smith, T. (2014). Perceptions and Reality: Public Attitudes to Immigration. London. Retrieved April 11, 2018, from https://www.ipsos.com/ipsos-mori/en-uk/perceptions-and-reality-public-attitudes-immigration

12. Ipsos MORI. (2018). Attitudes to Immigration: National Issue or Global Challenge? Retrieved April 11, 2018, from https://www.slideshare.net/IpsosMORI/attitudes-to-immigration-national-issue-or-global-challenge

13. Bell, B. (2013). Immigration and Crime: Evidence for the UK and Other Countries. Retrieved April 11, 2018, from http://www.migrationobservatory.ox.ac.uk/resources/briefings/immigration-and-crime-evidence-for-the-uk-and-other-countries/

14. Ibid.

15. Doyle, J., & Wright, S. (2012). 'Immigrant Crimewave' Warning: Foreign Nationals Were Accused of a QUARTER of All Crimes in London. Retrieved February 2, 2018, from http://www.dailymail.co.uk/news/article-2102895/Immigrant-crimewave-warningForeign-nationals-accused-QUARTER-crimes-London.html

16. Tversky, A., & Kahneman, D. (1974). Judgement Under Uncertainty: Heuristics and Biases. *Science*, 185(4157), 1124-1131. https://doi.

org/10.1126/science.185.4157.1124

17. Ariely, D., Loewenstein, G., & Prelec, D. (2003). 'Coherent Arbitrariness':
Stable Demand Curves Without Stable Preferences. *The Quarterly Journal
of Economics*, 118(1), 73-106. https://doi. org/10.1162/00335530360535153

18. Allen, C. (2012). Muslims & the Media: Headline Research Findings 2001-
12. *University of Birmingham*. Retrieved April 11, 2018, from https://
www.birmingham.ac.uk/Documents/college-social-sciences/social-
policy/IASS/news-events/MEDIA-ChrisAllen-APPGEvidenceOct2012.pdf

19. Ito, T. A., Larsen, J. T., Smith, N. K., & Cacioppo, J. T. (1998). Negative
Information Weighs More Heavily on the Brain: The Negativity Bias in
Evaluative Categorizations. *Journal of Personality and Social Psychology*,
75(4), 887-900. https://doi.org/10.1037/00223514.75.4.887; Ito, T. A., &
Cacioppo, J. T. (2005). Variations on a Human Universal: Individual
Differences in Positivity Offset and Negativity Bias. *Cognition and
Emotion*, 19(1), 1-26. https://doi. org/10.1080/02699930441000120

20. Cao, Z., Zhao, Y., Tan, T., Chen, G., Ning, X., Zhan, L., & Yang, J. (2014).
Distinct Brain Activity in Processing Negative Pictures of Animals and
Objects-The Role of Human Contexts. *Neuroimage*, 84. http://doi.
org/10.1016/j.neuroimage.2013.09.064

21. Benson, K., & Gottman, J. (2017). The Magic Relationship Ratio, According
to Science. Retrieved February 2, 2018, from https://www. gottman.com/
blog/the-magic-relationship-ratio-according-science/

22. Duffy, B. (2013c). Public Understanding of Statistics Topline Results.
London. Retrieved April 11, 2018, from https://www.ipsos.com/sites/
default/files/migrations/en-uk/files/Assets/Docs/Polls/rss-kingsipsos-
mori-trust-in-statistics-topline.pdf

23. Fechner, G. T. (1860). *Elemente der Psychophysik*. Breitkopf & Härtel.

24. Ibid.

25. Huxley, A. (1927). *Proper Studies*. Doubleday, Doran & Company.

5장 범죄와 안전: 전 세계 테러는 정말 급증하고 있을까?

1. *The Guardian.* (1950). From the Archive, 18 March 1950: The Flogging Debate. Retrieved February 1, 2018, from https://www.theguardian.com/theguardian/2011/mar/18/archive-flogging-debate-1950

2. Ibid.

3. Ibid.

4. Hanlon, G. (2014). Violence and Punishment: Civilizing the Body Through Time By Pieter Spierenburg (Review). *Journal of Interdisciplinary History*, 44(3), 379-381. https://muse.jhu.edu/article/526377/summary

5. Pew Research Center. (2013). Gun Homicide Rate Down 49% Since 1993 Peak; Public Unaware. Retrieved April 11, 2018, from http://assets.pewresearch.org/wp-content/uploads/sites/3/2013/05/firearms_final_05-2013.pdf

6. Beckwé, M., Deroost, N., Koster, E. H. W., De Lissnyder, E., & De Raedt, R. (2014). Worrying and Rumination Are Both Associated With Reduced Cognitive Control. *Psychological Research*, 78(5), 651-660. https://doi.org/10.1007/s00426-013-0517-5

7. Mitchell, T. R., Thompson, L., Peterson, E., & Cronk, R. (1997). Temporal Adjustments in the Evaluation of Events: The 'Rosy View.' *Journal of Experimental Social Psychology*, 33(4), 421-448. https://doi.org/10.1006/JESP.1997.1333

8. Hallinan, J. T. (2010). *Errornomics: Why We Make Mistakes and What We Can Do To Avoid Them.* Random House.

9. Full list of Perils of Perception studies on page 00.

10. Harcup, T., & O'Neill, D. (2001). What Is News? Galtung and Ruge Revisited. *Journalism Studies*, 2(2), 261-280. https://doi.org/10.1080/14616700118449

11. Ibid.

12. Dunbar, R. (1998). *Grooming, Gossip, and the Evolution of Language.* Cambridge: Harvard University Press.

13. Trump, D. J. (2017a). Just Out Report: 'United Kingdom Crime Rises 13% Annually Amid Spread of Radical Islamic Terror.' Not Good, We Must Keep America Safe! Retrieved April 11, 2018, from https://twitter.com/realdonaldtrump/status/921323063945453574?lang=en

14. Nelson, F. (2017). 'Amid' is a Word Beloved by Fake News Websites, to Conflate Correlation and Causation. UK crime is Also Up 'Amid' Spread of Fidget Spinners. Retrieved April 11, 2018, from https://twitter.com/frasernelson/status/921335089333723136?lang=en-gb

15. Trump, D. J. (2017b). Remarks by President Trump in Roundtable with County Sheriffs. Retrieved February 6, 2018, from https://www.whitehouse.gov/briefings-statements/remarks-president-trump-roundtable-county-sheriffs/

16. No author. (n.d.) Illusory Truth Effect. Retrieved April 11, 2018, from https://en.wikipedia.org/wiki/Illusory_truth_effect

17. Vedantam, S. (2015). How Emotional Responses to Terrorism Shape Attitudes Toward Policies. Retrieved April 11, 2018, from https://www.npr.org/2015/12/22/460656763/how-emotional-responses-toterrorism-shape-attitudes-toward-policies

18. ul Hassan, Z. (2015). A Data Scientist Explains Odds of Dying in a Terrorist Attack. Retrieved February 1, 2018, from https://www.techjuice.pk/a-data-scientist-explains-odds-of-dying-in-a-terrorist-attack/

19. Pinker, S. (2018). The Disconnect Between Pessimism and Optimism-On Why We Refuse to See the Bright Side, Even Though We Should. Retrieved February 1, 2018, from http://time.com/5087384/harvard-professor-steven-pinker-on-why-we-refuseto-see-the-bright-side/

20. The White House. (2016). Remarks by President Obama at Stavros Niarchos Foundation Cultural Center in Athens, Greece. Retrieved April 16, 2018, from https://obamawhitehouse.archives.gov/the-press-office/2016/11/16/remarks-president-obama-stavrosniarchos-foundation-cultural-center

6장 선거: 정치인들의 말에 속지 않으려면

1. BBC News, & Paxman, J. (2013). Boris Johnson's *Newsnight* Interview. Retrieved February 6, 2018, from http://www.bbc.co.uk/news/av/uk-politics-24343570/boris-johnson-s-newsnight-interview-in-full

2. Duffy, B., Hall, S., & Shrimpton, H. (2015). On the Money? Misperceptions and Personal Finance. London. Retrieved April 11, 2018, from https://www.ipsos.com/ipsos-mori/en-uk/money-misperceptions-and-personal-finance

3. Franklin, M. N. (2004). Voter Turnout and the Dynamics of Electoral Competition in Established Democracies Since 1945. Retrieved April 11, 2018, from https://doi.org/10.1017/CBO9780511616884

4. Ibid.

5. Downs, A. (1957). An Economic Theory of Political Action in a Democracy. *The Journal of Political Economy*, 65(2), 135-150. https://doi.org/10.1017/CBO9781107415324.004

6. Delli Carpini, M. X., & Keeter, S. (1991). Stability and Change in the U.S. Public's Knowledge of Politics. *Public Opinion Quarterly*, 55(4), 583-612. https://doi.org/10.1086/269283

7. Somin, I. (2016). *Democracy and Political Ignorance: Why Smaller Government Is Smarter*. Stanford: Stanford University Press.

8. World Economic Forum. (2017). The Global Gender Gap Report 2017. Retrieved April 11, 2018, from http://www3.weforum.org/docs/WEF_GGGR_2017.pdf

9. Kaur-Ballagan, K., & Stannard, J. (2018). International Women's Day: Global Misperceptions of Equality and the Need to Press for Progress. London. Retrieved April 11, 2018, from https://www. ipsos.com/ipsos-mori/en-uk/international-womens-day-globalmisperceptions-equality-and-need-press-progress

10. SKL Jämställdhet. (2014). Sustainable Gender Equality-A Film About Gender Mainstreaming In Practice. Retrieved April 11, 2018, from https://

www.youtube.com/watch?v=udSjBbGwJEg

11. International IDEA. (n.d.). Gender Quotas Data-Mexico. Retrieved February 6, 2018, from https://www.idea.int/data-tools/data/genderquotas/country-view/220/35; International IDEA. (n.d.). Gender Quotas Database-Voluntary Political Party Quotas. Retrieved February 6, 2018, from https://www.idea.int/data-tools/data/gender-quotas/voluntary-overview

12. Kessler, G. (2016). Donald Trump Still Does Not Understand the Unemployment Rate. Retrieved April 16, 2018, from https://www.washingtonpost.com/news/fact-checker/wp/2016/12/12/donald-trump-still-does-not-understand-the-unemploymentrate/?utm_term=.ec1d66e9a8d7

13. Horsley, S. (2017). Donald Trump Says 'Real' Unemployment Higher Than Government Figures Show. Retrieved February 6, 2018, from https://www.npr.org/2017/01/29/511493685/ahead-of-trumps-firstjobs-report-a-look-at-his-remarks-on-the-numbers; Kessler, G. (n.d.). Fact Checker. Retrieved February 6, 2018, from https://www. washingtonpost.com/news/fact-checker/?utm_term=.a54148f4ef99

14. Trump, D. J. (2016). President Elect Donald Trump Holds Rally Des Moines Iowa, Dec 8 2016. Retrieved February 6, 2018, from https://www.c-span.org/video/?419792-1/president-elect-donald-trump-holds-rally-des-moines-iowa

15. ABC News. (2017). Transcript: ABC News Anchor David Muir Interviews President Trump. Retrieved April 11, 2018, from http://abcnews.go.com/Politics/transcriptabc-news-anchor-david-muir-interviews-president/story?id=45047602

16. d'Ancona, M. (2017). *Post-Truth: The New War on Truth and How to Fight Back.* Ebury Press.

17. Guo, J. & Cramer, K. (2016). A New Theory for Why Trump Voters are So Angry. Retrieved February 6, 2018, from https://www.

washingtonpost.com/news/wonk/wp/2016/11/08/a-new-theory-for-why-trump-voters-are-so-angrythat-actually-makes-sense/?utm_term=.4cf2a7a177ea

18. Lenz, G. S. (2012). *Follow the Leader?*: *How Voters Respond to Politicians' Policies And Performance*. The University of Chicago Press Books.

19. Duffy, B. (2013b). In An Age of Big Data and Focus on Economic Issues, Trust in the Use of Statistics Remains Low. London. Retrieved April 11, 2018, from https://www.ipsos.com/ipsos-mori/en-uk/age-big-data-and-focus-economic-issues-trust-use-statisticsremains-low

7장 정치: 브렉시트와 트럼프 당선이 말하는 교훈

1. d'Ancona, M. (2017). *Post-Truth*: *The New War on Truth and How to Fight Back*. Ebury Press.

2. Duffy, B., & Shrimpton, H. (2016). The Perils of Perception and the EU. London. Retrieved April 11, 2018, from https://www.ipsos.com/ipsos-mori/en-uk/perils-perception-and-eu

3. Evans-Pritchard, A. (2016). AEP: 'Irritation and Anger' May Lead to Brexit, Says Influential Psychologist. Retrieved February 6, 2018, from http://www.telegraph.co.uk/business/2016/06/05/british-voters-succumbing-to-impulse-irritation-and-anger---and/

4. Kahan, D. M., Peters, E., Dawson, E. C., & Slovic, P. (2017). Motivated Numeracy and Enlightened Self-government. *Behavioural Public Policy*, 1(1), 54-86. https://doi.org/10.1017/bpp.2016.2

5. Kahan, D. M. (2012). Ideology, Motivated Reasoning, and Cognitive Reflection: An Experimental Study. *SSRN Electronic Journal*, 8(4), 407-424. https://doi.org/10.2139/ssrn.2182588

6. Wring, D. (2016). Going Bananas Over Brussels: Fleet Street's European Journey. Retrieved April 16, 2018, from https://theconversation.com/going-bananas-over-brussels-fleet-streets-european-journey-61327

7. Simons, N. (2016). Boris Johnson Claims EU Stops Bananas Being Sold

in Bunches of More Than Three. That Is Not True. Retrieved February 6, 2018, from http://www.huffingtonpost.co.uk/entry/boris-johnson-claims-eu-stops-bananas-being-sold-in-bunches-ofmore-than-three-that-is-not-true_uk_573b2445e4b0f0f53e36c968

8. The European Commission. (2011). Commission Implementing Regulation (EU) No 1333/2011 of 19 December 2011 Laying Down Marketing Standards for Bananas, Rules on the Verification of Compliance With Those Marketing Standards and Requirements For Notifications in the Banana Sector. *Official Journal of the European Union.* Retrieved April 11, 2018, from http://eur-lex.europa.eu/LexUriServ/LexUriServ.do?uri=OJ:L:2011:336:0023:0034:EN:PDF

9. Duffy, B., & Shrimpton, H. (2016). The Perils of Perception and the EU. London. Retrieved April 11, 2018 from https://www.ipsos.com/ipsos-mori/en-uk/perils-perception-and-eu

10. Murphy, M. (2017). Question Time Audience Member Says She Voted for Brexit at Last Minute Because 'A Banana is Straight.' Retrieved February 6, 2018, from http://www.independent.co.uk/news/uk/home-news/question-time-woman-banana-is-straight-audiencemember-brexit-vote-last-minute-eu-referendum-a7560781.html

11. Ibid.

12. Norgrove, D. (2017). Letter from Sir David Norgrove to Foreign Secretary. Retrieved April 11, 2018, from https://www. statisticsauthority.gov.uk/wp-content/uploads/2017/09/Letter-from-Sir-David-Norgrove-to-Foreign-Secretary.pdf ; (For further detail on official statistics relating to the UK's financial contributions to the EU, see: Dilnot, A. (2016). UK Contributions to the European Union, UK Statistics Authority. Retrieved April 11, 2018, from https://www.statisticsauthority.gov.uk/wp-content/uploads/2016/04/Letter-from-Sir-Andrew-Dilnot-to-NormanLamb-MP-210416.pdf.)

13. Dilnot, A. (2016). UK Contributions to the European Union, UK Statistics

Authority. Retrieved April 11, 2018, from https://www. statisticsauthority. gov.uk/wp-content/uploads/2016/04/Letterfrom-Sir-Andrew-Dilnot-to-Norman-Lamb-MP-210416.pdf

14. BBC News. (2018). £350m Brexit Claim Was 'Too Low', Says Boris Johnson. Retrieved February 6, 2018, from http://www.bbc.co.uk/news/uk-42698981

15. Farage, N. (2017). Farage: Why I Didn't Refute '£350m for NHS' Figure Until After Brexit. Retrieved February 6, 2018, from http://www.lbc.co.uk/radio/presenters/nigel-farage/faragedidnt-refute-350m-nhs-figure-after-brexit/

16. Stone, J. (2016). Nearly Half of Britons Believe Vote Leave's False '£350 Million a Week to the EU' Claim. Retrieved April 16, 2018, from https://www.independent.co.uk/news/uk/politics/nearly-half-of-britons-believe-vote-leaves-false-350-million-aweek-to-the-eu-claim-a7085016.html

17. Fisher, S., & Renwick, A. (2016). Do People Tend to Vote Against Change in Referendums? Retrieved February 6, 2018, from https://constitution-unit.com/2016/06/22/do-people-tend-to-vote-against-change-in-referendums/

18. Bell, E. (2016). The Truth About Brexit Didn't Stand a Chance in the Online Bubble. Retrieved February 6, 2018, from https://www.theguardian.com/media/2016/jul/03/facebook-bubble-brexit-filter

19. Menon, A. (2016). Facts Matter More in This Referendum Than in Any Other Popular Vote, But They Are Scarce. Retrieved April 11, 2018, from http://ukandeu.ac.uk/facts-matter-more-in-thisreferendum-than-in-any-other-popular-vote-but-they-are-scarce/

20. Salmon, N. (2017). Donald Trump Takes Credit for Inventing the Word 'Fake'. Retrieved April 16, 2018, from https://www. independent.co.uk/news/world/americas/donald-trump-takescredit-for-inventing-the-word-fake-a7989221.html

21. Silverman, C., & Singer-Vine, J. (2016). Most Americans Who See Fake News Believe It, New Survey Says. Retrieved February 6, 2018, from https://www.buzzfeed.com/craigsilverman/fake-newssurvey?utm_term=.dqxK8oRXO#.teYG32pl1

22. Ibid.

23. Flynn, D. J., Nyhan, B., & Reifler, J. (2017). The Nature and Origins of Misperceptions: Understanding False and Unsupported Beliefs About Politics. *Political Psychology*, 38(682758), 127-150. https://doi.org/10.1111/pops.12394

24. Paulhus, D. L., Harms, P. D., Bruce, M. N., & Lysy, D. C. (2003). The Over-claiming Technique: Measuring Self-enhancement Independent of Ability Contemporary Measures of Selfenhancement. Retrieved April 11, 2018, from http://digitalcommons.unl.edu/leadershipfacpub

25. Stone, J. (2015). The MP Tricked Into Condemning a Fake Drug Called 'Cake' Is to Chair a Committee Debating New Drugs Law. Retrieved April 16, 2018, from https://www.independent.co.uk/news/uk/politics/the-mp-tricked-into-condemning-a-fake-drug-called-cakehas-been-put-in-charge-of-scrutinising-drugs-a6704671.html

26. Robin, N. (2006). Interview with Stephen Colbert. Retrieved February 6, 2018, from https://tv.avclub.com/stephen-colbert-1798208958

27. Suskind, R. (2004). Faith, Certainty and the Presidency of George W. Bush. Retrieved April 11, 2018, from https://www.nytimes.com/2004/10/17/magazine/faith-certainty-and-the-presidency-ofgeorge-w-bush.html

28. Andersen, K. (2017). How America Lost Its Mind. Retrieved February 6, 2018, from https://www.theatlantic.com/magazine/archive/2017/09/how-america-lost-its-mind/534231/

29. Surowiecki, J. (2005). The Wisdom of Crowds. *American Journal of Physics*, 75(908), 336. https://doi.org/10.1038/climate.2009.73

30. The Onion Politics. (2017). Fearful Americans Stockpiling Facts Before Federal Government Comes To Take Them Away. Retrieved February 6,

2018, from https://politics.theonion.com/fearful-americans-stockpiling-facts-before-federal-gove-1819579589

8장 온라인 세계: 거품 가득한 세상에서 제정신으로 살아가는 법

1. Manyinka, J., & Varian, H. (2009). Hal Varian on How the Web Challenges Managers. Retrieved February 6, 2018, from https://www.mckinsey.com/industries/high-tech/our-insights/hal-varian-on-how-the-web-challenges-managers

2. Ipsos MORI. (2013). Margins of Error: Public Understanding of Statistics in an Era of Big Data. Retrieved April 11, 2018, from https://www.slideshare.net/IpsosMORI/margins-of-error-publicunderstanding-of-statistics-in-an-era-of-big-data

3. Manyinka, J., & Varian, H. (2009). Hal Varian on How the Web Challenges Managers. Retrieved February 6, 2018, from https://www.mckinsey.com/industries/high-tech/our-insights/hal-varian-on-how-the-web-challenges-managers

4. Williams, J.(2017). Are digital technologies making politics impossible? Retrieved February 16, 2018, https://ninedotsprize.org/winners/james-williams/

5. Pariser, E. (2011). The Filter Bubble: What the Internet Is Hiding from You. ZNet, 304. https://doi.org/10.1353/pla.2011.0036

6. Rashid, F. Y. (2014). Surveillance is the Business Model of the Internet: Bruce Schneier. Retrieved April 11, 2018, from https://www.securityweek.com/surveillance-business-model-internet-bruce-schneier

7. Heffernan, M. (2017). Speaking at Ipsos MORI EOY Event 2017. London.

8. Muir, N. (2018). If These Algorithms Know Me So Well, How Come They Aren't Advertising Poundstretcher and Wetherspoons? Retrieved February 6, 2018, from http://www.thedailymash.co.uk/news/science-technology/if-these-algorithms-know-me-so-well-how-come-they-arentadvertising-poundstretcher-and-wetherspoons-20180111142199

9. Habermas, J. (2006). Political Communication in Media Society: Does Democracy Still Enjoy an Epistemic Dimension? The Impact of Normative Theory on Empirical Research. *Communication Theory*, 16(4), 411-426. https://doi.org/10.1111/j.1468-2885.2006.00280.x

10. Epstein, R., & Robertson, R. E. (2015). The Search Engine Manipulation Effect (SEME) and Its Possible Impact on the Outcomes of Elections. *Proceedings of the National Academy of Sciences of the United States of America*, 112(33), E4512-21. https://doi.org/10.1073/pnas.1419828112

11. Graham, D. A. (2018). Not Even Cambridge Analytica Believed Its Hype. Retrieved April 11, 2018, from https://www.theatlantic.com/politics/archive/2018/03/cambridge-analyticas-self-own/556016/

12. Wardle, C., & Derakhshan, H. (2017). Information Disorder: Toward an Interdisciplinary Framework for Research and Policy Making. Retrieved April 11, 2018, from https://rm.coe.int/information-disorder-toward-an-interdisciplinary-framework-forresearc/168076277c

13. Silverman, C. (2016). This Analysis Shows How Viral Fake Election News Stories Outperformed Real News on Facebook. Retrieved February 6, 2018, from https://www.buzzfeed.com/craigsilverman/viral-fake-election-news-outperformed-real-news-onfacebook?utm_term=.nwQB7N9by#.pi8BYrng0

14. McGhee, A. (2017). Cyber Warfare Unit Set to be Launched by Australian Defence Forces. Retrieved April 11, 2018, from http://www.abc.net.au/news/2017-06-30/cyber-warfare-unit-to-belaunched-by-australian-defence-forces/8665230

15. Arendt, H. (1951). *The Origins of Totalitarianism.*

16. Wardle, C., & Derakhshan, H. (2017). Information Disorder: Toward an Interdisciplinary Framework for Research and Policy Making. Retrieved April 11, 2018, from https://rm.coe.int/information-disorder-toward-an-interdisciplinary-framework-forresearc/168076277c

17. Stray, J. (n.d.). Defense Against the Dark Arts: Networked Propaganda and

Counter-propaganda. https://doi.org/https://medium.com/tow-center/
defense-against-the-dark-arts-networkedpropaganda-and-counter-
propaganda-deb7145aa76a

18. Obama, B. (2017). President Obama Farewell Address: Full Text [Video].
    Retrieved February 6, 2018, from https://edition.cnn. com/2017/01/10/
    politics/president-obama-farewell-speech/index. html

19. Carey, J. W. (n.d.). A Cultural Approach to Communication. Retrieved
    April 11, 2018, from http://faculty.georgetown.edu/irvinem/theory/Carey-
    ACulturalAproachtoCommunication.pdf

20. Strusani, D. (2014). Value of Connectivity: Benefits of Expanding Internet
    Access. Retrieved April 11, 2018, from https://www2.deloitte.com/uk/
    en/pages/technology-media-andtelecommunications/articles/value-of-
    connectivity.html

21. Constine, J. (2017). Facebook Changes Mission Statement to 'Bring the
    World Closer Together'. Retrieved April 16, 2018, from https://techcrunch.
    com/2017/06/22/bring-the-world-closer-together/

22. Zephoria. (2018). The Top 20 Valuable Facebook Statistics-Updated
    April 2018. Retrieved April 11, 2018, from https://zephoria.com/top-15-
    valuable-facebook-statistics/

23. Foer, F. (2017). Facebook's War on Free Will. Retrieved April 16, 2018,
    from https://www.theguardian.com/technology/2017/sep/19/facebooks-
    war-on-free-will

24. Reuters Staff. (2018). Americans Less Likely to Trust Facebook than Rivals
    on Personal Data. Retrieved April 11, 2018, from https://www. reuters.
    com/article/us-facebook-cambridge-analytica-apology/americans-less-
    likely-to-trust-facebook-than-rivals-on-personaldata-idUSKBN1H10AF

25. Abbruzzese, J. (2017). Facebook and Google Dominate in Online
    News - But For Very Different Topics. Retrieved April 17, 2018, from
    https://mashable.com/2017/05/23/google-facebook-dominatereferrals-
    different-content/#BcTajPpdbiqk

26. Trafton, A. (2014). In the Blink of an Eye. Retrieved February 6, 2018, from http://news.mit.edu/2014/in-the-blink-of-an-eye-0116

27. Langston, J. (2017). Lip-syncing Obama: New Tools Turn Audio Clips Into Realistic Video. Retrieved February 6, 2018, from http://www.washington. edu/news/2017/07/11/lip-syncing-obama-new-tools-turn-audio-clips-into-realistic-video/

28. Lee, D. (2018). Deepfakes Porn Has Serious Consequences. Retrieved April 11, 2018, from http://www.bbc.co.uk/news/technology-42912529

29. Bode, L., & Vraga, E. K. (2015). In Related News, That Was Wrong: The Correction of Misinformation Through Related Stories Functionality in Social Media. *Journal of Communication*, 65(4), 619-638. https://doi. org/10.1111/jcom.12166

30. Wardle, C., & Derakhshan, H. (2017). Information Disorder: Toward an Interdisciplinary Framework for Research and Policy Making. Retrieved April 11, 2018, from https://rm.coe.int/information-disorder-toward-an-interdisciplinary-framework-forresearc/168076277c

31. Sippit, A. (2017). Interview Conducted by Bobby Duffy with Amy Sippit at FullFact. London.

32. Paul, C., & Matthews, M. (2016). The Russian 'Firehose of Falsehood' Propaganda Model: Why It Might Work and Options to Counter It. RAND Corporation. https://doi.org/10.7249/PE198

33. Soros, G. (2018). Remarks Delivered at the World Economic Forum. Retrieved February 6, 2018, from https://www.georgesoros. com/2018/01/25/remarks-delivered-at-the-world-economic-forum/

34. Naughton, J. (2018). The New Surveillance Capitalism. Retrieved February 6, 2018, from https://www.prospectmagazine.co.uk/science-and-technology/how-the-internet-controls-you

35. Ibid.

36. NPR Morning Edition. (2017). Italy Takes Aim at Fake News with New Curriculum for High School Students. Retrieved April 11, 2018, from

https://www.npr.org/2017/10/31/561041307/italy-takes-aim-at-fakenews-with-new-curriculum-for-high-school-students

37. BBC Media Centre. (2017). BBC Journalists Return to School to Tackle 'Fake News'. Retrieved April 11, 2018, from http://www.bbc.co.uk/mediacentre/latestnews/2017/fake-news

9장 전 지구적 이슈: 세상은 나빠지고 있다? 나아지고 있다!

1. DiJulio, B., Norton, M., & Brodie, M. (2016). Americans' Views on the U.S. Role in Global Health. Retrieved April 11, 2018, from https://www.kff.org/global-health-policy/poll-finding/americans-views-on-the-u-s-role-in-global-health/

2. Rosling, H. (2006). Hans Rosling: The Best Stats You've Ever Seen. Retrieved February 6, 2018, from https://www.ted.com/talks/hans_rosling_shows_the_best_stats_you_ve_ever_seen

3. Gapminder (n.d.) Retrieved April 16, 2018, from https://www.gapminder.org/

4. Rosling, A., & Rosling, O. (2018). Lecture at the London School of Economics and Political Science April 2018.

5. BBC News. (2013). Hans Rosling: Do You Know More About the World Than a Chimpanzee? Retrieved February 6, 2018, from http://www.bbc.co.uk/news/magazine-24836917

6. Vanderslott, S., & Roser, M. (2018). Vaccination. Retrieved April 11, 2018, from https://ourworldindata.org/vaccination

7. CBC News. (2015). Child Vaccines Out of Reach for Developing Countries, Charity Warns. Retrieved February 1, 2018, from http://www.cbc.ca/news/health/child-vaccines-out-of-reach-fordeveloping-countries-charity-warns-1.2919787

8. Roser, M. (2017). Newspapers Could Have Had the Headline 'Number of People in Extreme Poverty Fell by 137,000 Since Yesterday' Every Day in the Last 25 Years. Retrieved April 11, 2018, from https://twitter.com/

maxcroser/status/852813032723857409?lang=en

9. Pinker, S. (2018). The Disconnect Between Pessimism and Optimism- on Why We Refuse to See the Bright Side, Even Though We Should. Retrieved February 1, 2018, from http://time.com/5087384/harvard- professor-steven-pinker-on-why-we-refuseto-see-the-bright-side/

10. Pinker, S. (2011). *The Better Angels of Our Nature: Why Violence Has Declined.* Viking Books.

11. Loewy, K. (2016). I'm Not Saying that David Bowie was Holding the Fabric of the Universe Together, but *Gestures Broadly at Everything*. Retrieved April 12, 2018, from https://twitter.com/sweetestcyanide/status/ 752831763269967872?lang=en

12. Duffy, B. (2017). *Is the World Getting Better or Worse?* Retrieved April 11, 2018, from https://www.ipsos.com/sites/default/files/ct/publication/ documents/2017-11/ipsos-mori-almanac-2017.pdf

13. Psychology and Crime News Blog. (n.d.). If I Look at the Mass I Will Never Act. If I Look at the One, I Will. Retrieved February 1, 2018, from http://crimepsychblog.com/?p=1457

14. Kristof, D. N. (2009). Nicholas Kristof's Advice for Saving the World. Retrieved February 1, 2018, from https://www.outsideonline. com/1909636/nicholas-kristofs-advice-saving-world

15. Ibid.

16. Small, D. A., & Verrochi, N. M. (2009). The Face of Need: Facial Emotion Expression on Charity Advertisements. *Journal of Marketing Research*, 46(6), 777-787. https://doi.org/10.1509/jmkr.46.6.777

17. Small, D. A., & Loewenstein, G. (2003). Helping a Victim or Helping the Victim: Altrusim and Identifiability. *Journal of Risk and Uncertainty*, 26(1), 5-16. https://doi.org/10.1023/A:1022299422219

18. Post, S.G. (2005). Altruism, Happiness, and Health: It's Good to Be Good. *International Journal of Behavioural Medicine*, 12(2), 66-77.

19. Wallace-Wells, D. (2017). When Will Climate Change Make the Earth Too

Hot For Humans? Retrieved February 1, 2018, from http://nymag.com/daily/intelligencer/2017/07/climate-change-earth-toohot-for-humans.html

20. Mann, E. M., Hassol, J. S., & Toles, T. (2017). Doomsday Scenarios are as Harmful as Climate Change Denial. Retrieved February 1, 2018, from https://www.washingtonpost.com/opinions/doomsday-scenarios-are-as-harmful-as-climate-changedenial/2017/07/12/880ed002-6714-11e7-a1d7-9a32c91c6f40_story. html?utm_term=.cca57c62761d

21. Roberts, D. (2017). Does Hope Inspire More Action on Climate Change Than Fear? We Don't Know. Retrieved February 6, 2018, from https://www.vox.com/energy-and-environment/2017/12/5/16732772/emotion-climate-change-communication

22. The Climate Group, & Ipsos MORI. (2017). *Survey Results Briefing: Climate Optimism*. London. Retrieved April 11, 2018, from https://www.climateoptimist.org/wp-content/uploads/2017/09/IpsosSurvey-Briefing-Climate-Optimism.pdf

10장 어느 국가가 가장 많이 틀렸을까?

1. Rivlin-Nadler, M. (2013). More Buck For Your Bang: People Who Have More Sex Make The Most Money. Retrieved April 12, 2018, from http://gawker.com/more-bang-for-your-buck-people-who-havemore-sex-make-1159315115

2. Ibid.; Lamb, E. (2013). Sex Makes You Rich? Why We Keep Saying 'Correlation Is Not Causation' Even Though It's Annoying. Retrieved February 6, 2018, from https://blogs.scientificamerican. com/roots-of-unity/sex-makes-you-rich-why-we-keep-sayinge2809ccorrelation-is-not-causatione2809d-even-though-ite28099sannoying/

3. Vigen, T. Spurious Correlations. Retrieved February 6, 2018, from http://www.tylervigen.com/spurious-correlations; Vigen, T. (2015). *Spurious Correlations*. Hachette Books.

4. Full list of Perils of Perception studies on page 00.

5. Meyer, E. (2014). *The Culture Map*. PublicAffairs.

6. Schlösser, T., Dunning, D., Johnson, K. L., & Kruger, J. (2013). How Unaware are the Unskilled? Empirical Tests of the 'Signal Extraction' Counterexplanation for the Dunning-Kruger Effect in Self-evaluation of Performance. *Journal of Economic Psychology*, 39, 85-100. https://doi.org/10.1016/j.joep.2013.07.004

11장 팩트 감각을 살려주는 열 가지 방법

1. Bell, C. (2017). Fake News: Five French Election Stories Debunked. Retrieved April 12, 2018, from http://www.bbc.co.uk/news/world-europe-39265777

2. d'Ancona, M. (2017). *Post-Truth: The New War on Truth and How to Fight Back*. Ebury Press.

3. European Commission. (n.d.) Public Opinion-Eurobarometer Interactive. Retrieved April 16, 2018, from http://ec.europa.eu/COMMFrontOffice/publicopinion/index.cfm

4. Mance, H. (2016). Britain Has Had Enough of Experts, Says Gove. Retrieved April 16, 2018, from https://www.ft.com/content/3be49734-29cb-11e6-83e4-abc22d5d108c#

5. LSE Public Lectures and Events. (2012). In Conversation with Daniel Kahneman [mp3]. Retrieved February 6, 2018, from https://richmedia.lse.ac.uk/publiclecturesandevents/20120601_1300_inConversationWithDanielKahneman.mp3

6. Ibid.

7. Tversky, A., & Kahneman, D. (1974). Judgement under Uncertainty: Heuristics and Biases. *Science*, 185(4157), 1124-1131. https://doi.org/10.1126/science.185.4157.1124

8. Dobelli, R. (2014). *The Art of Thinking Clearly: Better Thinking, Better Decisions*. HarperCollins.

9. Marshall, A. G. (2015). *Wake Up and Change Your Life: How to Survive a*

Crisis and be Stronger, Wiser and Happier. Marshall Method Publishing.

10. Greenspan, S. (2009). *Annals of Gullibility: Why We Get Duped and How to Avoid It.* Praeger.

11. Taber, C. S., & Lodge, M. (2006). Motivated Skepticism in Beliefs the Evaluation of Political. *American Journal of Political Science*, 50(3), 755-769.

12. Davis, E. (2017). *Post-Truth: Why We Have Reached Peak Bullshit and What We Can Do about It.* Little, Brown.

13. Pennebaker, J.W., & Evans, J.F. (2014). *Expressive Writing: Words that Heal.* Idyll Arbor.

14. Read Across the Aisle (n.d.). A Fitbit For Your Filter Bubble. Retrieved April 16, 2018, from http://www.readacrosstheaisle.com/

15. Wardle, C., & Derakhshan, H. (2017). Information Disorder: Toward an Interdisciplinary Framework for Research and Policy Making. Retrieved April 11, 2018, from https://rm.coe.int/information-disorder-toward-an-interdisciplinary-framework-forresearc/168076277c

16. Sippit, A. (2017). Interview Conducted by Bobby Duffy with Amy Sippit at FullFact. London.

17. Shermer, M. (2016). When Facts Backfire. *Scientific American*, 316(1), 69-69. https://doi.org/10.1038/scientificamerican0117-69

18. Ackerman, B., & Fishkin, J. S. (2008). Deliberation Day. In *Debating Deliberative Democracy* (pp. 7-30). https://doi.org/10.1002/9780470690734.ch1

19. Mulgan, G. (2015). Designing Digital Democracy: A Short Guide. Retrieved April 12, 2018, from https://www.nesta.org.uk/blog/designing-digital-democracy-short-guide

20. Lakoff, G. (2010). Why 'Rational Reason' Doesn't Work in Contemporary Politics. Retrieved February 6, 2018, from http://www.truth-out.org/buzzflash/commentary/george-lakoff-why-rationalreason-doesnt-work-in-contemporary-politics/8893-george-lakoffwhy-rational-reason-doesnt-work-in-contemporary-politics

팩트의 감각

초판 1쇄 발행 2019년 6월 17일
초판 2쇄 발행 2019년 7월 15일

지은이 | 바비 더피
옮긴이 | 김하현
발행인 | 김형보
편집 | 최윤경, 박민지, 강태영, 이환희
마케팅 | 이연실, 김사룡, 김지현
경영지원 | 최윤영

발행처 | 어크로스출판그룹(주)
출판신고 | 2018년 12월 20일 제 2018-000339호
주소 | 서울시 마포구 양화로10길 50 마이빌딩 3층
전화 | 070-5080-4037(편집) 070-8724-5877(영업) 팩스 | 02-6085-7676
e-mail | across@acrossbook.com

한국어판 출판권 ⓒ 어크로스출판그룹(주) 2019

ISBN 979-11-90030-09-0   03310

이 도서의 국립중앙도서관 출판예정도서목록(CIP)은 서지정보유통지원시스템 홈페이지 (http://seoji.
nl.go.kr)와 국가자료공동목록시스템(http://www.nl.go.kr/kolisnet)에서 이용하실 수 있습니다.(CIP
제어번호 : CIP2019022055)

만든 사람들
편집 | 강태영
교정교열 | 윤정숙
표지디자인 | 김아가다
본문 조판 | 성인기획